U1069926

中国人民大学研究报告系列

中国人民大学复印报刊资料转载指数排名研究报告

2015

THE SELECTED MATERIALS REPRINTING INDEX RANKING REPORT BY RENMIN UNIVERSITY OF CHINA

主　编　武宝瑞

副主编　钱　蓉　杨红艳

中国人民大学出版社

· 北京 ·

总序

当前中国的各类研究报告层出不穷，种类繁多，写法各异，成百舸争流、各领风骚之势。中国人民大学经过精心组织、整合设计，隆重推出由人大学者协同编撰的“研究报告系列”。这一系列主要是应用对策型研究报告，集中推出的本意在于，直面重大社会现实问题，开展动态分析和评估预测，建言献策于咨政与学术。

“学术领先，内容原创，关注时事，咨政助企”是中国人民大学“研究报告系列”的基本定位与功能。研究报告是一种科研成果载体，它承载了人大学者立足创新，致力于建设学术高地和咨询智库的学术责任和社会关怀；研究报告是一种研究模式，它以相关领域指标和统计数据为基础，评估现状，预测未来，推动人文社会科学研究成果的转化应用；研究报告还是一种学术品牌，它持续聚焦经济社会发展中的热点、焦点和重大战略问题，以扎实有力的研究成果服务于党和政府以及企业的计划、决策，服务于专门领域的研究，并以其专题性、周期性和翔实性赢得读者的识别与关注。

中国人民大学推出“研究报告系列”，有自己的学术积淀和学术思考。我校素以人文社会科学见长，注重学术研究咨政育人、服务社会的作用，曾陆续推出若干有影响力的研究报告。譬如自2002年始，我们组织跨学科课题组研究编写的《中国经济发展研究报告》、《中国社会发展研究报告》、《中国人文社会科学发展研究报告》，紧密联系和真实反映我国经济、社会和人文社会科学发展领域的重大现实问题，十年不辍，近年又推出《中国法律发展报告》等，与前三种合称为“四大报告”。此外还有一些散在的不同学科的专题研究报告，也连续多年在学界和社会上形成了一定的影响。这些研究报告都是观察分析、评估预测政治经济、社会文化等领域重大问题的专题研究，其中既有客观数据和事例，又有深度分析和战略预测，兼具实证性、前瞻性和学术性。我们把这些研究报告整合起来，与人民大学出版资源相结合，再做新的策划、征集、遴选，形成了这个“研究报告系列”，以期放大规模效应，扩展社会服务功能。这个系列是开放的，未来会依情势有所增减，使其动态成长。

中国人民大学推出“研究报告系列”，还具有关注学科建设、强化育人功能、推进协同创新等多重意义。作为连续性出版物，研究报告可以成为本学科学者展示、交流学术成果的平台。编写一部好的研究报告，通常需要集结力量，精诚携手，合作者随报告之连续而成为稳定团队，亦可增益学科实力。研究报告立足于丰厚素材，常常动员学生参与，可使他们在系统研究中得到学术训练，增长才干。此外，面向社会实践的研究报告必然要与政府、企业保持密切联系，关注社会的状况与需要，从而带动高校与行业企业、政府、学界以及国外科研机构之间的深度合作，收“协同创新”之效。

为适应信息化、数字化、网络化的发展趋势，中国人民大学的“研究报告系列”在出版纸质版本的同时将开发相应的文献数据库，形成丰富的数字资源，借助知识管理工具实现信息关联和知识挖掘，方便网络查询和跨专题检索，为广大读者提供方便适用的增值服务。

中国人民大学的“研究报告系列”是我们在整合科研力量，促进成果转化方面的新探索，我们将紧扣时代脉搏，敏锐捕捉经济社会发展的重点、热点、焦点问题，力争使每一种研究报告和整个系列都成为精品，都适应读者需要，从而铸造高质量的学术品牌、形成核心学术价值，更好地担当学术服务社会的职责。

前言

“中国人民大学复印报刊资料转载指数”是基于中国人民大学复印报刊资料转载论文数据研制的人文社会科学成果评价系统，按年度展现了中国人文社会科学的重要研究成果和基本发展趋向，是分析研判人文社会科学成果、期刊和科研机构发展水平的重要依据。中国人文大学人文社会科学学术成果评价研究中心（以下简称“评价研究中心”）以这一评价系统为基本工具，每年对中国人文社科学术期刊和教学科研机构的发展水平进行评价，形成“中国人民大学复印报刊资料转载指数排名”（以下简称“转载指数排名”）这一评价成果，内容包括年度人文社科学术期刊排名和学术科研机构排名等160余张排名表组成的发布体系，以及相应的转载状况研究报告。

“转载指数排名”于每年3月在《光明日报》、《中国新闻出版报》等各大媒体及中国人民大学网、新浪网、光明网、中国网、中国高校人文社科信息网等数十家网络媒体发布。自2014年起，我们将这一成果的研制过程、方法、指标体系、排名结果、结果分析、反响等内容结集为《中国人民大学复印报刊资料转载指数排名研究报告》，作为中国人民大学研究报告系列之一正式出版。

“转载指数排名”的研制遵循“同行评议与文献计量并重”的复合评价理念，同时也强调“加强同行评议主体地位”的重要性。“定性与定量综合评价”是当前学术评价领域的基本共识，其中定性评价主要是指同行专家的判断，定量评价则以各类引文计量数据为典型代表。然而，在当前中国的人文社科成果评价中，引文计量占显著主体地位、同行评议数据普遍缺乏，管理部门和人文社科学术界均已认识到这一点，并呼吁“适当使用各类引文计量工具，加强同行评议的主体地位”。转载指数排名以中国人民大学复印报刊资料大规模论文同行评议的现实基础强调的复合评价理念，正是顺应了人文社会科学发展以及学术成果评价的这种客观要求，也有利于推进“创新和质量导向”学术评价体系的建立和完善。

本成果是依托中国人民大学复印报刊资料对海量论文的同行评议工作，辅之以转载分析定量方法研制而成的。复印报刊资料系列刊从国内公开出版的近4 000种报刊上精选文献，按学科门类进行分类、编辑、精选、转载和出版，是中国最具规模化、专业化、门类齐全的精选学术刊群，覆盖了中国人文社科的所有一级学科和大部分二级学科。复印报刊资料“精选千家报刊”的特性使其从诞生伊始就具备了“评”的雏形。

经过不断地调整和发展，复印报刊资料从学科覆盖、专业团队、流程规范、学术精选等自身特色上具备了学术评价的条件，它最大的特点是依据统一的体系标准，通过分类评估、同类比较，直接对单篇论文进行同行主观评选。这一由学科专家编辑共同遴选学术文献的工作，一定程度彰显了其不可替代的同行专家评议功能，为中国人文社科成果评价提供了一种有价值的崭新视野。

2008 年评价研究中心成立后，凝聚提炼了复印报刊资料 50 余年的选文经验，借鉴国内外人文社会科学学术评价研究的优秀成果，遴选出能较为全面真实反映学术论文质量水平的 6 个同行评议核心指标，即学术创新程度、论证完备程度、社会价值、难易程度、课题立项、发表载体，研制形成了“人文社科论文质量评估指标体系”。这一指标体系坚持“以学术成果为直接评价对象”，强调以直接反映论文内容质量的定性指标为主，以间接反映论文质量的定量指标为辅，已成为复印报刊资料编辑和同行专家团队选文评文的主要依据。

复印报刊资料不仅具有 100 余名经验丰富的学术编辑队伍，而且聘请了来自全国各地多家人文社科学术机构的 1 600 余位知名专家担任期刊编委和专家顾问。这些编辑和顾问共同构成了评价学术论文的“学术共同体”，他们开展选文、评文、编辑的生产流程实质是对学术成果进行同行评议的过程，较好的保证了每一篇论文都能得到较充分、合理的评价。在确保选文质量的前提下，依据人文社科期刊和机构的转载量、转载率、同行评议得分、综合指数等多维度、多指标形成较为成熟的转载指数排名评价体系。

自 2001 年起，我们每年 3 月都定期发布上一年的“转载指数排名”，至今已连续发布了 15 年。15 年中，我们的研制工作逐步改进，这一历程可大致分为三个阶段：

第一，初创探索阶段（2000—2006 年）。此阶段转载指数排名的指标较为单一，以“转载量排名”为主，即以转载量的多少为基本依据发布的人文社科报刊排名（包括期刊和报纸）与机构排名。同时，此阶段排名表的数量尚不多，其中，综合性报刊排名逐步形成“一个大综合刊排名＋三大系统（即高等院校、社科院联、党政干部院校）综合刊排名”的发布体系，专业性报刊排名按“九大类”学科领域发布，报纸和期刊混排。

第二，调整变革阶段（2007—2009 年）。此阶段转载指数排名尝试较大创新与变革，主要表现为：机构排名逐步细化，形成“三大系统”排名、高校分学科排名和高校所属院所分学科排名三类组成的发布体系；排名表学科分类进一步细化，由“九大类”修改为“12 个学科”；尝试研制并发布期刊转载率排名；专门对学术期刊进行排名，不再发布报纸转载排名；排名榜数量从 10 余张逐步扩展为 60 余张；排名数据的处理规则进一步明确和规范；开始尝试发布转载分析报告。

第三，体系成熟阶段（2010 年至今）。此阶段转载指数排名走向体系化，进入成熟稳定阶段。在转载量、转载率、转载篇均得分的基础上，提出转载“综合指数”概念，发布“综合指数”排名；分学科的期刊排名和机构排名由 12 个学科细化为 21 个分学科，排名榜数量增至 160 余张；转载排名分析研究也进行了深化创新，首创的“转载进步因子”概念、绘制的转载学术地图等，均引发人文社会科学领域的热切关注。

与往年相比，此次出版的报告，做了两项重要完善：一是将教育类转载排名由学术研究层面拓展到教学实践领域，新增“基础教育教学类期刊排名”，基于复印报刊资料基础教育教学类专题刊的转载数据，分别发布了基础教育教学类综合期刊（23种）排名表和专业期刊排名表（37种）；二是引入近年来在多个学科领域广泛应用的可视化方法，绘制出人文社科期刊和机构转载指数学术地图、转载地区分布地图和转载学术热点地图，从一个新视角展示我国人文社会科学发展格局。

目前，复印报刊资料的转载量、转载率、综合指数等已逐渐被学术界和期刊界视为人文社科学术评价的参考依据之一，越来越多的科研机构以此作为评价论文、作者、期刊、机构水平和影响力的重要参数；也成为北京大学《中文核心期刊要目总览》，中国社科院《中国人文社会科学核心期刊要览》，教育部“名刊名栏”工程，高校文科学报学会期刊评优，武汉大学的大学排名、期刊排名，中国校友会大学排名等评价工作的重要指标和数据来源。2015年3月底，数百家人文社科学术期刊出版单位、教学科研机构、科研管理部门等社会各界人士出席了此报告的成果发布论坛，希望这一成果能够为人文社会科学的研究和发展提供新的参考。

需要指出的是，虽然复印报刊资料已积累了数十年的选文经验，并在不断强化其学术评价功能、努力提升选文质量，但其选文过程毕竟是一种见仁见智的主观价值判断。尽管我们不断反思并对转载指数排名的研制思路和流程细节进行了诸多改进，但这项研制工作仍有不少需要继续探研之处。我们将在未来的工作中继续加以完善，也期待专家、学者和社会各界多加批评、指正，指出疏漏、谬误和不足，多提建设性意见，共同促进我国人文社科学术成果评价向科学化、规范化、应用化方向发展。

借本书出版之际，我们向关心和支持转载指数排名工作的各界人士表示感谢！感谢众多人文社科学者、办刊者、管理者和媒体对此成果研制过程的关注，感谢中国人民大学书报资料中心、评价研究中心专家顾问对此成果研制的指导，感谢中国人民大学科学研究处对本报告研制和出版的资助与支持，感谢中国人民大学出版社对本报告辛勤的编辑出版工作，感谢中国人民大学书报资料中心复印报刊资料系列刊所有编辑和顾问的选文和评文贡献。此外，参与本次报告撰写的还有韩帅、李晓彤、宣晓红、林清华、胡静和杨英伦等7位同志。

中国人民大学人文社会科学学术成果评价研究中心

2015年3月

目录

第一章　转载学术论文指数排名的研制说明

第一节　研制方法与排名指标

一、研制方法

我们采用转载分析法作为研制转载排名的基本方法。转载分析法也称摘转法，指通过一次文献被著名学术文摘全文转载、摘要、索引的数量、比例等数据，分析期刊和科研机构的影响力、学科或专业分布规律等状况的定量研究方法。这些转载期刊的专家顾问和学科编辑构成了一个学术共同体，他们精选出新出现、价值大、反映学科前沿的论文报道出来，服务学术研究活动，这个过程实际上也是同行专家对论文质量的再次认定过程。因此，这一方法有助于便捷且较快地了解期刊及科研机构的发展水平和状况。

转载分析法在本质上是以专家对论文的同行评议结果为基础的。在当前中国人文社科学术成果评价中，引文计量、核心期刊等方法占据主导地位的情况下，利用转载分析法开展成果评价具有鲜明的特色，也符合《教育部关于进一步改进高等学校哲学社会科学研究评价的意见》强调的“合理使用引文索引工具、加强同行评议作用”的基本精神。在本成果的研制过程中，复印报刊资料的专家顾问和学科编辑依据论文评估标准精选论文的过程，实际上就是成果评价过程。与引用行为相比，同行专家对论文的评价行为更为直接，评价目的更为明确，更有利于确保评价的针对性和精确度。

二、排名指标

复印报刊资料转载指数是以其当年全文转载文章的各项数据为基础得出，复印报刊资料的评文、编辑工作，为转载排名的研制提供了三方面的有效数据：

（1）转载量：即被复印报刊资料学术系列期刊①全文转载的论文数量，不包含非学

---

① 复印报刊资料系列刊共有 115 种，2014 年列为学术系列刊的共 93 种，是本成果研制的参照范围。详见：http：//www.zlzx.org/rssi2012/pdf/Journal_List.pdf。

术系列刊转载论文、学术系列刊转载的非学术文章和摘要转载论文。

（2）发文数：原发刊刊发的论文数量。

（3）论文得分：由复印报刊资料编辑和顾问等同行专家按评价研究中心研制的"人文社科论文质量指标体系实施方案"评价形成的 6 个指标分数，评价过程和指标详见第三节。

根据以上三个方面的数据，我们设置了三个基本的转载排名指标：转载量、转载率和篇均分。

（1）转载量：主要反映了期刊或作者机构被复印报刊资料全文转载的绝对量情况。

（2）转载率：指该期刊被复印报刊资料某年全文转载的篇数/该刊当年总发文数，主要反映了期刊优质学术论文的占比情况，即相对量情况。

（3）篇均分：指某期刊或作者机构被复印报刊资料转载论文的平均得分，即每篇论文的得分。

根据以上三个指标的分数，形成人文社科期刊或科研机构的"复印报刊资料转载综合指数"（以下简称"综合指数"）。综合指数是对转载量、转载率、篇均分三项指标的加权求和，既反映了期刊或作者机构全文转载的绝对量情况，又反映了期刊或作者机构论文转载的相对量情况。期刊和机构综合指数的计算公式如下：

期刊综合指数＝0.4×转载量归一值＋0.3×转载率归一值＋0.3×篇均分归一值

机构综合指数＝0.6×转载量归一值＋0.4×篇均分归一值

由于转载量、转载率和篇均分三个指标的"量纲不同"，因此需要进行归一化处理后才能加权求和。某指标得分归一值＝该指标得分值/该类数据中该指标的最大值。

第二节　研制步骤与数据处理

一、研制步骤

转载排名的研制工作主要包括整理和规范基础数据，组织专家在线论文评分，制作排名榜并核查数据和撰写转载排名研究报告四个步骤。2014 年转载排名的研制步骤具体如下：

（一）整理和规范基础数据

需要整理和规范的数据包括如下四类（数据处理规则详见本节第二部分）：

（1）复印报刊资料学术专题刊数据。整理和规范复印报刊资料专题，确定复印报刊资料系列期刊中哪些为学术专题期刊。只有被学术专题期刊全文转载的论文才计入转载排名的转载量中。

（2）论文基本信息。整理和规范被复印报刊资料转载论文的主标题、副标题、作者、作者机构、原发期刊及其版别、原发刊期、转载专题号、转载专题名称等信息，确保其规范化和标准化。

（3）作者机构数据。修改、规范与补充复印报刊资料转载论文作者的机构信息

(一级单位和所属院所),确保作者机构信息的完整性、准确性、规范性和标准化。

(4) 报刊基本信息。整理和规范被复印报刊资料转载论文涉及的原发报刊名称、版别、国际刊号、国内刊号、报刊品种、是否核心期刊、是否重点期刊、报刊出版地、发文数、主办单位及其所属系统、特色院校等信息,确保这些报刊的基本信息完整、准确、规范和标准化。

(二) 组织专家在线论文评分

在整理和规范数据后,依据评价研究中心研制的"人文社科论文质量评估指标体系实施方案"①,组织复印报刊资料编辑和顾问等同行专家,在"人文社科论文质量评估系统"中,对每篇论文的学术创新程度、论证完备程度、社会价值、难易程度四个方面进行评分,指标的含义与评估内容见表1—1。

表1—1　　同行评议指标的含义与评估内容

评估指标	指标内涵	评估内容
学术创新程度	衡量论文提供的新知识对学术发展的促进程度	以下内容对学术发展的促进程度: ● 提出新的(或修正完善已有的)学说、理论、观点、问题、阐释等 ● 提出新的(或改进运用已有的)方法、视角等 ● 发现新的资料、史料、证据、数据等 ● 对已有成果做出新的概括、评析(仅指综述文章)
论证完备程度	衡量论文的研究规范程度和严谨程度	研究方法有效性: ● 研究方法科学性 ● 研究方法适当性(对于研究问题)
		论据可靠性: ● 资料占有全面性 ● 资料来源真实性 ● 资料引证规范性
		论证逻辑性: ● 理论前提科学性 ● 概念使用准确性 ● 论证过程系统性 ● 逻辑推理严密性
社会价值	衡量论文对社会发展进步可能产生的推动作用的大小	● 对解决经济、政治、社会建设中问题的推动作用 ● 对思想道德文化建设的促进作用
难易程度	衡量论文研究投入劳动的多少	论题复杂度: ● 理论难点的多少 ● 实证研究的难度
		资料难度: ● 资料搜集难度 ● 资料处理难度

① 由中国人民大学人文社会科学学术成果评价研究中心研制的《人文社会科学论文质量评估指标体系及实施方案》,详见:http://www.zlzx.org/files/otherFiles/2011rssi.pdf.

同行评议指标还有两个辅助指标，分别是课题立项和发表载体，也体现了论文形成和发表过程中同行专家的评估意见，一般都与论文质量关系密切，将由系统按客观数据直接赋分。

课题立项是指资助单位所处的层级，包括国家级（21 分）、省部级（14 分）、其他立项（8 分）、无立项（1 分）四种。国际、横向和商业项目，将由评委根据实际情况，确定相应等级。由于国际项目较少，不再单独设置细分等级，根据国际资助机构层级，归入国家级、省部级或其他立项；高等院校研究基金资助项目，统一归入“其他立项”。

发表载体是指论文发表当年被认定的报刊分级结果，包括核心报刊（21 分）和非核心报刊（11 分）。2014 年转载排名的“核心报刊”指以下“四大评估体系”中任何一个体系所认定的报刊：（1）北京大学《核心期刊要目总览》（2011）；（2）南京大学 CSSCI 来源期刊（2014 图 5—2015）；（3）《中国人文社会科学核心期刊要览》（2013）；（4）复印报刊资料重要转载来源期刊（2014）。

在“人文社科论文质量评估系统”中，论文的刊载报刊信息、所属学科、作者机构名称、评价指标权重等已实现了标准化的元数据管理，还可以通过统计算法辅助评委了解评分分布情况，修正不同评委的不合理评分，完成论文总分的合成计算，自动计算形成每篇论文各指标的得分和总分。

（三）制作排名数据表并核查数据

“人文社科论文质量评估系统”不仅提供了所有被转载论文的按指标得分，还自动统计了期刊和作者机构的转载量、转载率、篇均得分、综合指数等数据。我们按照一系列数据处理规则和制表要求（详见本节第二部分），从“人文社科论文质量评估系统”中导出数据用以制作排名发布的基础数据表。经过对基础数据表进行反复核查，并提供给熟知相关领域学术期刊和机构发展状况的复印报刊资料编辑和顾问审议，分别形成期刊或作者机构的转载量排名表、转载率排名表和综合指数排名表。

（四）撰写转载排名报告

通过对转载数据的统计分析，确定每年转载排名报告的主题，撰写复印报刊资料转载系列年度研究报告，探讨当年中国人文社会科学期刊和学术机构学术布局、学术创新态势、竞争合作状况等呈现出的新特征，为人文社会科学的研究和发展提供参考。2014 年的研究报告引入了近年来在多个学科领域中广泛应用的可视化方法，以转载排名的数据作样本，绘制出一系列复印报刊资料转载学术地图，从一个新的视角展示中国人文社会科学研究现状，并通过分析揭示新的发展规律。

二、数据处理

如前所述，我们选取复印报刊资料 93 种学术系列刊，每年 1—12 月期间全文转载原发期刊学术论文的转载数据和评分数据，作为研制转载排名的数据样本。受发行周期和编辑出版过程的影响，原发期刊当年刊发的文章，有一部分被选入下年的复印报刊资料中，因此，每年发布的转载排名数据都以复印报刊资料出版年而非原发期刊的出版年为准。

2014 年共有 1 444 种原发期刊（不含报纸、图书）被复印报刊资料转载论文 1 篇以上。因为一种期刊被转载 1 篇或 2 篇论文的情况具有较大的偶然性和随机性，统计意义不大，并且被转载论文数量呈现出集聚趋势，即约 25％的学术期刊被转载了约 85％的学术论文[①]，所以我们选取 2014 年中被复印报刊资料转载论文不少于 3 篇的期刊和机构作为进入排行榜的基本标准。

在统计转载数和发文数、处理论文分数和排名次序时，遵循以下原则：

（1）严格按国家新闻出版广电总局批准的正式刊号逐一统计。对于一号多版的期刊，转载数、发文数一律合并计算，如《美与时代·创意》、《美与时代·美术学刊》、《美与时代·Beauty》均为同一刊号的不同版本，合并计算其转载数及发文数；对同一家学报有两个刊号、两个版的情况，发文数分开计算，如《武汉大学学报（哲学社会科学版）》和《武汉大学学报（人文科学版）》分别拥有各自刊号，因而，分别计算各自的转载数和发文数。

（2）“增刊”论文不在统计范围。

（3）对于图书、报纸上发表的论文，不纳入期刊排名的转载量统计。

（4）剔除会议消息、报道、花絮、补白等明显的非学术性文章。

（5）被复印报刊资料不同专题刊重复转载的论文，转载量不重复计算，在各学科期刊或机构排名时，取论文最高得分。

（6）在同一种期刊上的论文被拆分为两篇及以上在不同刊期上发表时，转载量按复印报刊资料的实际转载量统计。

（7）在期刊排名的转载量统计中，若组文中的某篇论文少于 3 000 字，则该组论文数相应减 1；以此类推。若组文中的每篇论文都不足 3 000 字，则一组文章按 1 篇计算。

（8）复印报刊资料系列刊转载论文一般比原发报刊出版延迟 3 个月，如复印报刊资料 2013 年第 1 期转载的绝大部分论文是原发报刊 2012 年第 10 期刊发的论文，因此，期刊当年“总发文数”指上年 10 月至当年 9 月各期发文数之和。

（9）机构排名中，作者所属单位按照“第一作者的第一单位”进行统计。

（10）关于单篇论文得分，针对不同评委在按照“指标体系”对论文进行评分过程中容易出现“松紧程度不一”的情况，在计算期刊或机构的综合指数之前，首先通过“数据修正公式”，将同一评委对同一篇论文的打分，除以该论文平均值并乘以修正系数，以减少这一因素对评分结果的影响。[②]

（11）当期刊转载量相同时，按发文数从小到大排列（当转载量和发文数都相同时，按音序排列）；当期刊排名榜的末尾出现并列名次且不能全部进入排名榜的范围

① 详见《2011 年复印报刊资料转载学术论文指数分析报告》，http：//www. zlzx. org/newsDetail. action?newsId=cd3f586d-b732-4179-9e65-a3625584746c。

② 公式详情请参见《人文社科论文质量评估指标体系实施方案（试行）》，见 http：//www. zlzx. org/files/otherFiles/2011rssi. pdf。

时，删掉年发文数量相对较大的期刊；当期刊/机构的转载量、转载率或综合指数得分完全相同时，按音序排列。

第三节　分类方法与排名体系

一、分类方法

转载排名的研制遵循“分类筛选，同类比较”的基本原则，对所涉及的原发期刊按学科和主办单位、转载论文的作者单位机构分别按所属系统进行分类，之后再在同类期刊或作者机构中进行数据的对比分析和排名。

在判断某一期刊或作者机构归属哪一学科时，以其被转载论文的所属学科为主要依据。比如某期刊被转载论文 10 篇均为法学论文，那么该刊归属法学专业；若某期刊被转载政治学论文 5 篇，哲学论文 5 篇，那么该刊就同时被划分到政治学和哲学中，分别以其在各自学科转载论文的数量来反映该刊在不同学科的影响力。这里要说明的是，被复印报刊资料转载的每篇论文，在划分其学科归属时，实行的是将论文划归一个唯一的一级学科的规则，因此不存在一篇论文归属两个以上一级学科的情况。在对论文进行学科分类时，主要依据 2011 年国务院学位委员会、教育部发布的《学位授予和人才培养学科目录》并结合复印报刊资料期刊学科布局和选文需要确定，共分为哲学、理论经济学、应用经济学、法学、政治学、社会学、民族学、马克思主义理论、教育学、心理学、体育学、中国语言文学、外国语言文学、新闻传播学、艺术学、历史学、地理学、工商管理、农林经济管理、公共管理、图书情报与档案管理 21 个一级学科。

我们还发现，复印报刊资料在多年的选文中，中国人文社科综合性学术期刊的主办单位主要来自“三大系统”，即高等院校学报、社科院（联）主办期刊和党政干部院校学报（含党校、行政学院、社会主义学院、干部管理学院）；作者机构也主要来自“三大系统”，即高等院校、社科院（联）和党政干部院校。因而，在发布综合性期刊排名榜时，我们采用“综合性期刊总排名＋三大系统综合性期刊排名”的分类体系，作者机构排名榜也分别采用“三大系统”的分类体系，在各自系统内部进行同类比较。

二、排名体系

本次复印报刊资料转载排名使用的排名体系如图 1—1、图 1—2 所示，共分为期刊排名和机构排名两大类。

按照此分类方法，共形成如下四大类排名榜：

（1）综合性期刊总排名及按系统排名：综合性期刊总排名收录了转载量、转载率、综合指数排名前 100 名的期刊。综合性期刊按主办单位的分类根据期刊管理和评价研究的实际需要，结合主办单位差异、期刊布局数量等现实因素，将其划分为高等院校主办学报、社科院（联）主办综合性期刊和党政干部院校学报三个类别。这“三大系统”主办的综合性期刊是人文社科学术研究的重要阵地，对于学术研究的发展变化起着

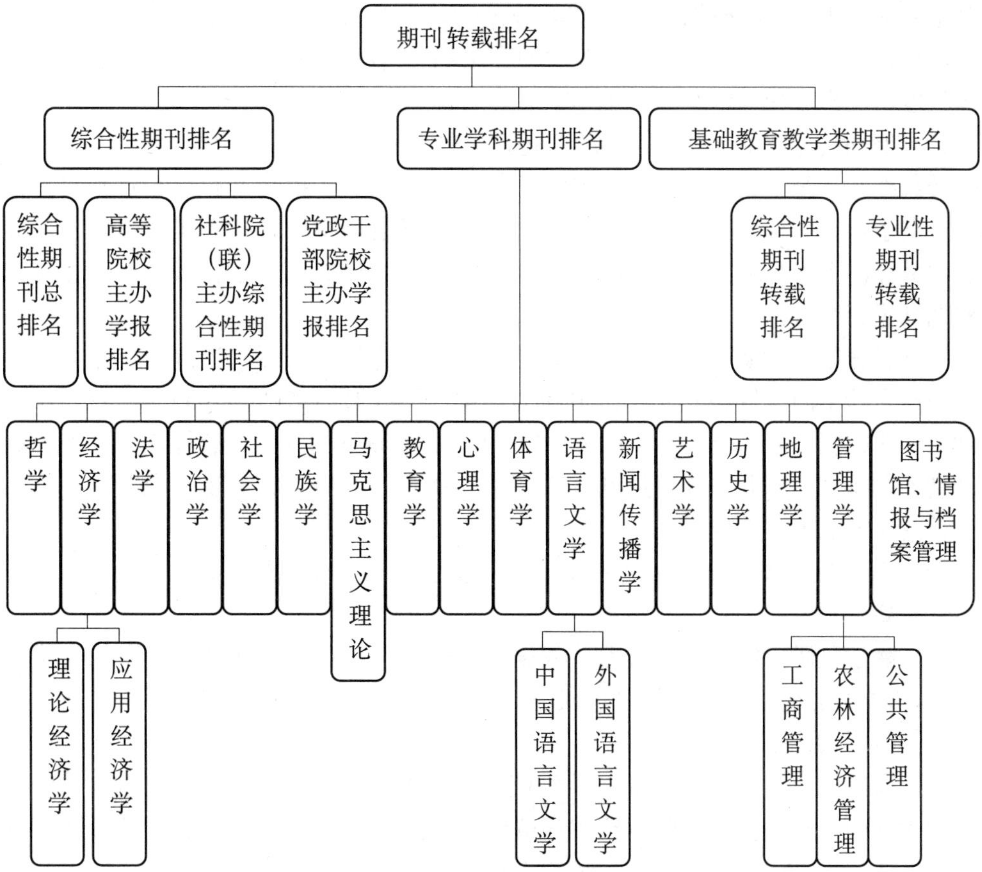

图 1—1　期刊排名体系

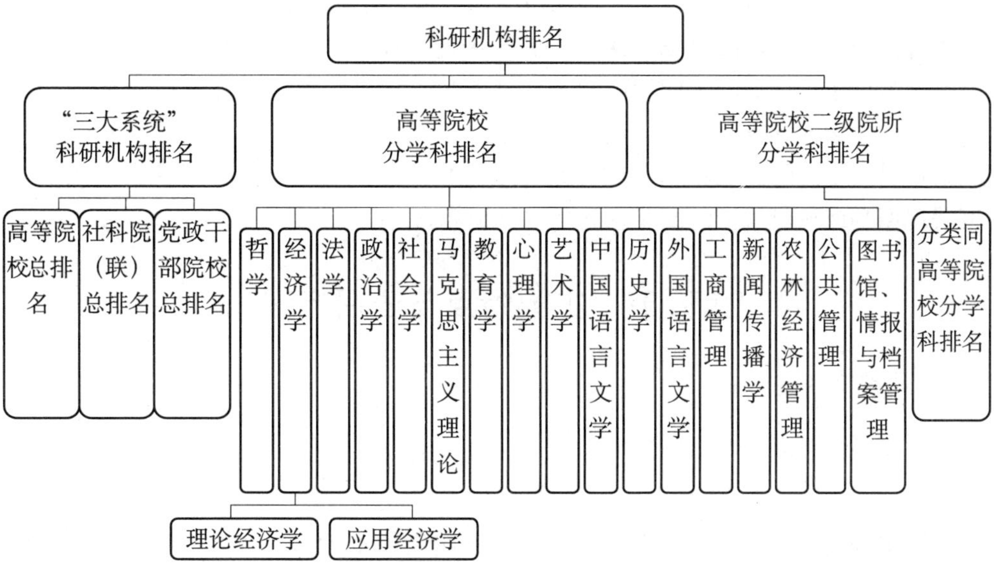

图 1—2　机构排名体系

十分重要的作用。在判断综合性期刊的分类时，主要参照两个标准：一是主办单位的所属系统；二是期刊是否为该主办单位的“主刊”。我们从转载量、转载率和综合指数三个量度，共形成如上四类、12 张综合性期刊排名榜。

（2）期刊按专业学科排名：如前所述，对 21 个人文社科一级学科的期刊，从转载量、转载率和综合指数三个量度，按学科对期刊进行专业排名。此外，对于交叉性很强的一级学科，如理论经济学与应用经济学，中国语言文学与外国语言文学，工商管理、农林经济管理与公共管理，我们既分别按一级学科对期刊进行排名，又按交叉学科对期刊进行综合排名。

基础教育教学类期刊排名为首次发布，其研制的数据来源和评价指标与其他学术研究类排名榜不同。依据人大复印报刊资料 12 种基础教育教学类期刊在 2014 年全文转载的论文数据研制而成，为了便于比较，将 60 个原发刊分为综合性期刊和专业性期刊分别列表排名。部分综合性期刊在教育学类期刊排名中也有呈现，说明这些刊物既关注理论研究也关注实践研究。

2014 年，期刊按专业学科排名共形成 72 张排名表，基础教育教学类期刊排名形成 2 张排名表。

（3）教学科研机构按系统排名：根据论文作者所属单位，从转载量和综合指数两个量度，对中国高等院校、社科院（联）、党政干部院校三大系统内各教学科研单位进行排名。共形成 6 张排名表。

（4）高等院校及其所属院所按学科排名：对于高等院校这类作者机构，从转载量和综合指数两个量度，按专业学科对高等院校及其所属院所进行排名。共形成高等院校排名表 38 张，高等院校所属院所排名表 38 张。由于作者机构转载排名数据较少，民族学、体育学和地理学三个学科的高等院校及其所属二级院所未进行排名。

由于分类体系同时兼顾了“主办单位所属系统”和“所属学科”，来自同一期刊或同一作者机构的论文可能隶属于多个学科，因此，同一期刊或机构会同时出现在不同类别的排名榜中，比如同一期刊可能同时出现在“高等院校学报排名”、“法学期刊排名”和“政治学期刊排名”中，同一个高校所属院所也可能同时出现在“法学高校所属院所排名”、“法学期刊排名”和“政治学高校所属院所排名”中，这样可以从多个角度展现期刊或科研机构的发展状况和学科优势。

第四节　主要特点与适用范围

一、主要特点

转载排名具有如下四个主要特点：

（一）数据样本：数量较大、覆盖齐全

复印报刊资料的选稿范围涉及了中国公开出版的绝大多数人文社科学术期刊，在近 4 000 种人文社科报刊、来自 1 000 多家科研机构的作者群体、近 40 万篇论文的基

础上，优中选优，精炼权威上榜期刊600种，上榜的作者一级机构140家（包括高校一级单位118家、党政干部院校11家、社科院（联）11家），上榜的高校所属院所161家。

（二）评价思路：论文为本、同行评议

复印报刊资料的论文评选，坚持“不问出处、只看论文质量”的原则，专家对单篇论文内容质量进行直接评估，针对性更强，有利于得出更准确的结果。我们以论文的被转载数据来判断期刊或科研机构的发展水平和变化趋势，可以有效地调节人文社会科学发展的“马太效应”，也有利于及时发现和培养有潜力的新期刊、机构和作者，形成以评价促进良性竞争和发展的学术环境。

（三）分类体系：同类比较、多维展示

由于同系统所提供的资源、环境等办刊或科研条件较为类似，在综合性期刊和科研机构排名中，我们按主办单位的所属系统进一步划分了高等院校、社科院（联）、党政干部院校三个类别，分别对比相同系统主办单位的综合型期刊和科研单位，有利于深化“分类评价、同类比较”原则。此外，人文学科与社会学科之间，以及内部各细分学科之间，在研究方法和研究性质上均存在一定差异，排名又分为21个学科。整个排名体系按照系统和学科两大标准、期刊和机构两大类别，排列组合形成160余张表。在分学科排名中，期刊或科研机构的所属学科由被转载论文的学科决定，因此，相同期刊和科研机构可能会交叉出现在多个学科的排名榜中，这样有利于更加全面、客观、准确地反映期刊或科研机构在不同学科中的多重影响力。

（四）研制方法：转载分析、彰显特色

虽然各类转载数据在其他“核心期刊”体系中也得到了应用，但均处于辅助地位。转载排名的研制，则以被转载论文的同行评议结果为基础，以论文转载数据的定量分析为主要依据。在当前中国人文社科成果评价中引文计量方法占据主导地位的情况下，转载分析的方法和结果，是一类有益的补充，它能更快捷地反映出期刊学术质量和影响力的变化情况。当文献计量数据尚无法提供参考时，复印报刊资料的转载数据不失为一个可以及时了解期刊或科研机构发展状况的工具。

二、适用范围

转载排名对于不同的学术群体具有不同的参考价值：可帮助期刊办刊者和管理者明确期刊优劣势、调整期刊内容定位、判断期刊发展变化；可帮助科研管理者了解各期刊和科研机构在不同领域中的学术影响力；可作为学者研究学科发展和期刊发展的参考。

当然，任何评价排名都不是完美无缺的，人文社科成果的评价更存在“仁者见仁、智者见智”的问题。我们发布的排名结果虽然是基于同行评议打分和客观数据统计，但也只是从某些角度看具有相对合理性，即反映了期刊界和教学科研机构的学术实力和基本态势，尚有许多方面有待在今后的深入研究中继续补充完善。

我们只是总结出被复印报刊资料转载的期刊和科研机构的影响力，这并不等同于对人文社科期刊和科研机构的全面评价。作为一个特殊的二次文献期刊群，尽管复印报刊资料的期刊布局也在不断调整和完善，但受限于期刊的学科和栏目设置，它对中国人文社科论文的收集和转载不可避免地存在论文转载不均衡的情况。同时，由于复印报刊资料学术系列刊的容量有限（每年从约 40 万篇论文中选出近 2 万篇左右进行转载，不足 5%），只能反映一小部分被转载优质论文的质量，其遴选结果也未完全包括全部的优秀人文社科期刊和科研机构，因此并不能完整地反映期刊或科研机构论文的总体质量，更不是对期刊或科研机构的全面综合评价。在使用时应注意这些局限性，并根据具体的评价需求进行参考。

第二章　2014年复印报刊资料人文社科期刊转载指数排名榜

期刊排名榜分为两大类：一是综合性期刊排名，包括综合性期刊总排名，高等院校、社科院（联）、党政干部院校三大系统主办的综合性期刊排名；二是21个学科分类期刊排名。期刊排名的维度包括转载量排名、转载率排名和综合指数排名。其中，综合指数是基于转载量、转载率、期刊论文的篇均分三个指标加权计算得出。这些排名榜从横向、纵向、专业学科等不同角度，为分析研究各期刊的发展状况提供了基本量化依据。

2014年，复印报刊资料转载的期刊论文（不含报纸、图书发表的论文）共12 667篇，涉及期刊1 444种。

按期刊内容跨学科情况来看，1 444种期刊中，专业期刊904种，被转载论文8 059篇；综合期刊540种，被转载论文4 608篇。

按主办单位来看，高等院校主办期刊386种，被转载论文2 509篇；社科院（联）主办期刊78种，被转载论文1 567篇；党政干部院校主办期刊75种，被转载论文505篇；来自其他系统主办的期刊905种，被转载论文8 086篇。

2014年，被复印报刊资料转载论文3篇及以上的期刊共有946种，是当年排行榜的遴选范围。在此范围中，按照被转载论文的所属学科和主办单位情况，我们共发布了人文社科期刊排名榜86张，共有600种期刊入选一张或多张排名榜。

第一节　综合性期刊排名

一、综合性期刊总排名

被2014年复印报刊资料全文转载的综合性期刊有540种，约占复印报刊资料全年涉及期刊总数（1 444种）的37.4%。被转载全文总数4 608篇，约占复印报刊资料学术刊全文转载总量（12 667篇）的36.4%，其中，转载量排在前100名的期刊共被转载2 699篇，约占复印报刊资料全文转载总量的21.3%。综合性期刊全文转载量见表2—1，全文转载率排名见表2—2，综合指数排名见表2—3。

表 2—1 全文转载量排名

期刊名称	转载数	名次
《学术月刊》	82	1
《中国社会科学》	70	2
《社会科学》	68	3
《学术研究》	65	4
《改革》	60	5
《南京社会科学》	56	6
《江海学刊》	50	7
《北京大学学报（哲学社会科学版）》	46	8
《教学与研究》	45	9
《人民论坛》	45	
《中国人民大学学报》	43	11
《江汉论坛》	43	
《复旦学报（社会科学版）》	42	13
《探索与争鸣》	42	
《学习与探索》	42	
《中州学刊》	41	16
《社会科学战线》	41	
《人文杂志》	37	18
《华中师范大学学报（人文社会科学版）》	36	19
《国外理论动态》	35	20
《河北学刊》	34	21
《山东社会科学》	34	
《江西社会科学》	33	23
《南京大学学报（哲学・人文科学・社会科学）》	31	24
《中山大学学报（社会科学版）》	31	
《学海》	31	
《澳门理工学报（人文社会科学版）》	30	27
《南开学报（哲学社会科学版）》	30	
《浙江社会科学》	30	
《学术界》	30	
《中国高校社会科学》	28	31
《北京师范大学学报（社会科学版）》	28	
《西北师大学报（社会科学版）》	28	
《求是学刊》	28	
《江苏社会科学》	28	
《甘肃社会科学》	28	
《西南民族大学学报（人文社会科学版）》	28	
《苏州大学学报（哲学社会科学版）》	27	38
《社会科学研究》	27	
《清华大学学报（哲学社会科学版）》	26	40
《中央财经大学学报》	26	

续前表

期刊名称	转载数	名次
《华东政法大学学报》	25	42
《贵州社会科学》	25	
《欧洲研究》	23	44
《浙江大学学报（人文社会科学版）》	23	
《陕西师范大学学报（哲学社会科学版）》	23	
《河南社会科学》	23	
《西南大学学报（社会科学版）》	22	48
《浙江学刊》	22	
《福建论坛（人文社会科学版）》	22	
《天津社会科学》	21	51
《广东社会科学》	21	
《探索》	21	
《学习论坛》	21	
《同济大学学报（社会科学版）》	20	55
《华中科技大学学报（社会科学版）》	20	
《江苏行政学院学报》	20	
《中共中央党校学报》	20	
《湖北大学学报（哲学社会科学版）》	20	
《中南民族大学学报（人文社会科学版）》	20	
《湖北社会科学》	20	
《开放时代》	19	62
《杭州师范大学学报（社会科学版）》	19	
《武汉大学学报（哲学社会科学版）》	19	
《北京行政学院学报》	19	
《郑州大学学报（哲学社会科学版）》	19	
《理论与改革》	19	
《东岳论丛》	19	
《社会科学家》	19	
《国际安全研究》	18	70
《南京师大学报（社会科学版）》	18	
《山东大学学报（哲学社会科学版）》	18	
《吉林大学社会科学学报》	18	
《安徽大学学报（哲学社会科学版）》	18	
《中国青年政治学院学报》	18	
《学术论坛》	18	
《日本学刊》	17	77
《上海大学学报（社会科学版）》	17	
《南京农业大学学报（社会科学版）》	17	
《上海师范大学学报（哲学社会科学版）》	17	
《新视野》	17	
《理论学刊》	17	

续前表

期刊名称	转载数	名次
《四川大学学报（哲学社会科学版）》	16	83
《厦门大学学报（哲学社会科学版）》	16	
《中国地质大学学报（社会科学版）》	16	
《华东师范大学学报（哲学社会科学版）》	16	
《河南大学学报（社会科学版）》	16	
《深圳大学学报（人文社会科学版）》	16	
《江淮论坛》	16	
《社会科学辑刊》	16	
《重庆社会科学》	16	
《学习与实践》	16	
《理论探讨》	16	
《暨南学报（哲学社会科学版）》	16	
《华东理工大学学报（社会科学版）》	15	95
《北京工商大学学报（社会科学版）》	15	
《中共浙江省委党校学报》	15	
《哈尔滨工业大学学报（社会科学版）》	15	
《首都师范大学学报（社会科学版）》	15	
《黑龙江社会科学》	15	

表 2—2　　全文转载率排名

期刊名称	转载数	发文数	转载率（%）	名次
《中国社会科学》	70	124	56.45	1
《北京大学学报（哲学社会科学版）》	46	101	45.54	2
《复旦学报（社会科学版）》	42	106	39.62	3
《中国人民大学学报》	43	111	38.74	4
《学术月刊》	82	223	36.77	5
《国际安全研究》	18	50	36.00	6
《南京大学学报（哲学·人文科学·社会科学）》	31	89	34.83	7
《中国高校社会科学》	28	82	34.15	8
《澳门理工学报（人文社会科学版）》	30	89	33.71	9
《欧洲研究》	23	69	33.33	10
《华东政法大学学报》	25	80	31.25	11
《日本学刊》	17	56	30.36	12
《华中师范大学学报（人文社会科学版）》	36	122	29.51	13
《南开学报（哲学社会科学版）》	30	104	28.85	14
《清华大学学报（哲学社会科学版）》	26	92	28.26	15
《港澳研究》	11	39	28.21	16
《北京师范大学学报（社会科学版）》	28	100	28.00	17
《社会科学》	68	249	27.31	18
《改革》	60	224	26.79	19
《教学与研究》	45	168	26.79	

续前表

期刊名称	转载数	发文数	转载率（%）	名次
《江海学刊》	50	193	25.91	21
《中山大学学报（社会科学版）》	31	120	25.83	22
《开放时代》	19	76	25.00	23
《学术研究》	65	269	24.16	24
《浙江大学学报（人文社会科学版）》	23	97	23.71	25
《上海大学学报（社会科学版）》	17	72	23.61	26
《西北师大学报（社会科学版）》	28	130	21.54	27
《同济大学学报（社会科学版）》	20	94	21.28	28
《南京社会科学》	56	269	20.82	29
《求是学刊》	28	136	20.59	30
《上海交通大学学报（哲学社会科学版）》	14	70	20.00	31
《国外理论动态》	35	184	19.02	32
《上海行政学院学报》	14	74	18.92	33
《甘肃行政学院学报》	12	65	18.46	34
《杭州师范大学学报（社会科学版）》	19	104	18.27	35
《南京农业大学学报（社会科学版）》	17	97	17.53	36
《苏州大学学报（哲学社会科学版）》	27	155	17.42	37
《中国农业大学学报（社会科学版）》	12	69	17.39	38
《上海师范大学学报（哲学社会科学版）》	17	98	17.35	39
《人文杂志》	37	215	17.21	40
《华东理工大学学报（社会科学版）》	15	88	17.05	41
《华中科技大学学报（社会科学版）》	20	120	16.67	42
《南京师大学报（社会科学版）》	18	109	16.51	43
《山东大学学报（哲学社会科学版）》	18	109	16.51	
《学海》	31	189	16.40	45
《江苏行政学院学报》	20	122	16.39	46
《俄罗斯研究》	8	49	16.33	47
《陕西师范大学学报（哲学社会科学版）》	23	141	16.31	48
《武汉大学学报（哲学社会科学版）》	19	118	16.10	49
《天津社会科学》	21	131	16.03	50
《中共中央党校学报》	20	128	15.63	51
《西南大学学报（社会科学版）》	22	141	15.60	52
《四川大学学报（哲学社会科学版）》	16	104	15.38	53
《厦门大学学报（哲学社会科学版）》	16	104	15.38	
《北京工商大学学报（社会科学版）》	15	98	15.31	55
《探索与争鸣》	42	276	15.22	56
《吉林大学社会科学学报》	18	121	14.88	57
《中央财经大学学报》	26	177	14.69	58
《中国地质大学学报（社会科学版）》	16	109	14.68	59
《安徽大学学报（哲学社会科学版）》	18	123	14.63	60
《中共杭州市委党校学报》	13	89	14.61	61

续前表

期刊名称	转载数	发文数	转载率（%）	名次
《北京行政学院学报》	19	131	14.50	62
《台湾研究集刊》	9	64	14.06	63
《社会科学研究》	27	195	13.85	64
《华东师范大学学报（哲学社会科学版）》	16	117	13.68	65
《河南大学学报（社会科学版）》	16	118	13.56	66
《江汉论坛》	43	317	13.56	
《上海财经大学学报（哲学社会科学版）》	10	74	13.51	68
《中共浙江省委党校学报》	15	113	13.27	69
《北京交通大学学报（社会科学版）》	10	76	13.16	70
《湖北大学学报（哲学社会科学版）》	20	159	12.58	71
《阿拉伯世界研究》	7	56	12.50	72
《国际社会科学杂志（中文版）》	5	40	12.50	
《台湾研究》	9	72	12.50	
《国学学刊》	7	57	12.28	75
《江苏社会科学》	28	229	12.23	76
《浙江学刊》	22	181	12.15	77
《广东财经大学学报》	8	66	12.12	78
《学习与探索》	42	350	12.00	79
《现代日本经济》	7	59	11.86	80
《新疆师范大学学报（哲学社会科学版）》	13	110	11.82	81
《哈尔滨工业大学学报（社会科学版）》	15	129	11.63	82
《首都师范大学学报（社会科学版）》	15	129	11.63	
《浙江社会科学》	30	259	11.58	84
《甘肃政法学院学报》	10	87	11.49	85
《山东师范大学学报（人文社会科学版）》	10	87	11.49	
《天津行政学院学报》	11	96	11.46	87
《阅江学刊》	14	123	11.38	88
《广东社会科学》	21	187	11.23	89
《武汉大学学报（人文科学版）》	14	125	11.20	90
《中国青年政治学院学报》	18	163	11.04	91
《云南大学学报（社会科学版）》	9	82	10.98	92
《中国井冈山干部学院学报》	14	128	10.94	93
《中共宁波市委党校学报》	13	122	10.66	94
《南亚研究》	4	38	10.53	95
《中国延安干部学院学报》	10	95	10.53	
《新视野》	17	162	10.49	97
《南京工业大学学报（社会科学版）》	7	67	10.45	98
《华中农业大学学报（社会科学版）》	13	126	10.32	99
《中州学刊》	41	400	10.25	100

表 2—3　　综合指数排名

期刊名称	转载量归一值	转载率归一值	篇均分归一值	综合指数	名次
《中国社会科学》	0.853 659	1.000 000	0.980 138	0.935 505	1
《学术月刊》	1.000 000	0.651 377	0.914 446	0.869 747	2
《社会科学》	0.829 268	0.483 764	0.919 240	0.752 608	3
《北京大学学报（哲学社会科学版）》	0.560 976	0.806 789	0.914 430	0.740 756	4
《学术研究》	0.792 683	0.428 040	0.909 131	0.718 225	5
《改革》	0.731 707	0.474 490	0.905 007	0.706 532	6
《复旦学报（社会科学版）》	0.512 195	0.701 887	0.922 378	0.692 158	7
《中国人民大学学报》	0.524 390	0.686 229	0.921 381	0.692 039	8
《江海学刊》	0.609 756	0.458 919	0.933 716	0.661 693	9
《南京社会科学》	0.682 927	0.368 773	0.909 840	0.656 755	10
《教学与研究》	0.548 780	0.474 490	0.903 924	0.633 036	11
《南京大学学报（哲学·人文科学·社会科学）》	0.378 049	0.617 014	0.923 699	0.613 434	12
《华中师范大学学报（人文社会科学版）》	0.439 024	0.522 717	0.934 258	0.612 702	13
《澳门理工学报（人文社会科学版）》	0.365 854	0.597 111	0.922 122	0.602 112	14
《中国高校社会科学》	0.341 463	0.604 878	0.936 213	0.598 913	15
《南开学报（哲学社会科学版）》	0.365 854	0.510 989	0.915 602	0.574 319	16
《中山大学学报（社会科学版）》	0.378 049	0.457 619	0.934 503	0.568 856	17
《探索与争鸣》	0.512 195	0.269 565	0.940 324	0.567 845	18
《国际安全研究》	0.219 512	0.637 714	0.956 572	0.566 091	19
《北京师范大学学报（社会科学版）》	0.341 463	0.496 000	0.927 939	0.563 767	20
《清华大学学报（哲学社会科学版）》	0.317 073	0.500 621	0.953 068	0.562 936	21
《欧洲研究》	0.280 488	0.590 476	0.911 453	0.562 774	22
《江汉论坛》	0.524 390	0.240 288	0.895 624	0.550 530	23
《人文杂志》	0.451 220	0.304 850	0.926 817	0.549 988	24
《华东政法大学学报》	0.304 878	0.553 571	0.863 440	0.547 055	25
《学习与探索》	0.512 195	0.212 571	0.908 080	0.541 073	26
《国外理论动态》	0.426 829	0.336 957	0.896 554	0.540 785	27
《西北师大学报（社会科学版）》	0.341 463	0.381 538	0.910 769	0.524 277	28
《浙江大学学报（人文社会科学版）》	0.280 488	0.420 029	0.937 898	0.519 573	29
《中州学刊》	0.500 000	0.181 571	0.879 304	0.518 263	30
《求是学刊》	0.341 463	0.364 706	0.905 571	0.517 668	31
《日本学刊》	0.207 317	0.537 755	0.897 109	0.513 386	32
《开放时代》	0.231 707	0.442 857	0.954 914	0.512 014	33
《社会科学战线》	0.500 000	0.116 392	0.920 079	0.510 941	34
《学海》	0.378 049	0.290 552	0.906 249	0.510 260	35
《人民论坛》	0.548 780	0.047 140	0.865 498	0.493 303	36
《同济大学学报（社会科学版）》	0.243 902	0.376 900	0.935 606	0.49 1313	37
《港澳研究》	0.134 146	0.499 634	0.958 803	0.491 190	38
《苏州大学学报（哲学社会科学版）》	0.329 268	0.308 571	0.882 906	0.489 150	39
《社会科学研究》	0.329 268	0.245 275	0.916 716	0.480 305	40

续前表

期刊名称	转载量归一值	转载率归一值	篇均分归一值	综合指数	名次
《山东社会科学》	0.414 634	0.150 949	0.897 011	0.480 242	41
《浙江社会科学》	0.365 854	0.205 185	0.899 159	0.477 645	42
《河北学刊》	0.414 634	0.170 619	0.866 966	0.477 129	43
《江苏社会科学》	0.341 463	0.216 594	0.912 300	0.475 253	44
《上海大学学报（社会科学版）》	0.207 317	0.418 254	0.883 912	0.473 577	45
《陕西师范大学学报（哲学社会科学版）》	0.280 488	0.288 956	0.908 234	0.471 352	46
《天津社会科学》	0.256 098	0.283 969	0.942 541	0.470 392	47
《中央财经大学学报》	0.317 073	0.260 210	0.876 717	0.467 907	48
《江苏行政学院学报》	0.243 902	0.290 398	0.927 947	0.463 064	49
《江西社会科学》	0.402 439	0.107 458	0.892 738	0.461 034	50
《杭州师范大学学报（社会科学版）》	0.231 707	0.323 626	0.901 138	0.460 112	51
《西南大学学报（社会科学版）》	0.268 293	0.276 393	0.894 667	0.458 635	52
《学术界》	0.365 854	0.128 364	0.901 960	0.455 439	53
《上海师范大学学报（哲学社会科学版）》	0.207 317	0.307 289	0.932 800	0.454 954	54
《武汉大学学报（哲学社会科学版）》	0.231 707	0.285 230	0.908 758	0.450 879	55
《中共中央党校学报》	0.243 902	0.276 786	0.894 953	0.449 083	56
《上海交通大学学报（哲学社会科学版）》	0.170 732	0.354 286	0.913 804	0.448 720	57
《山东大学学报（哲学社会科学版）》	0.219 512	0.292 529	0.910 241	0.448 636	58
《华中科技大学学报（社会科学版）》	0.243 902	0.295 238	0.871 628	0.447 621	59
《南京农业大学学报（社会科学版）》	0.207 317	0.310 457	0.902 533	0.446 824	60
《南京师大学报（社会科学版）》	0.219 512	0.292 529	0.891 233	0.442 933	61
《华东理工大学学报（社会科学版）》	0.182 927	0.301 948	0.929 951	0.442 741	62
《上海行政学院学报》	0.170 732	0.335 135	0.911 721	0.442 350	63
《浙江学刊》	0.268 293	0.215 312	0.899 648	0.441 805	64
《四川大学学报（哲学社会科学版）》	0.195 122	0.272 527	0.928 053	0.438 223	65
《吉林大学社会科学学报》	0.219 512	0.263 518	0.902 610	0.437 643	66
《安徽大学学报（哲学社会科学版）》	0.219 512	0.259 233	0.903 504	0.436 626	67
《厦门大学学报（哲学社会科学版）》	0.195 122	0.272 527	0.917 919	0.435 183	68
《甘肃社会科学》	0.341 463	0.134 417	0.859 216	0.434 675	69
《湖北大学学报（哲学社会科学版）》	0.243 902	0.222 821	0.900 341	0.434 509	70
《广东社会科学》	0.256 098	0.198 930	0.906 686	0.434 124	71
《河南大学学报（社会科学版）》	0.195 122	0.240 194	0.942 683	0.432 912	72
《西南民族大学学报（人文社会科学版）》	0.341 463	0.093 939	0.892 831	0.432 616	73
《甘肃行政学院学报》	0.146 341	0.327 033	0.907 121	0.428 783	74
《华东师范大学学报（哲学社会科学版）》	0.195 122	0.242 247	0.916 817	0.425 768	75
《河南社会科学》	0.280 488	0.137 645	0.904 536	0.424 850	76
《中国农业大学学报（社会科学版）》	0.146 341	0.308 075	0.912 768	0.424 789	77
《中国地质大学学报（社会科学版）》	0.195 122	0.260 026	0.892 767	0.423 887	78
《探索》	0.256 098	0.173 023	0.897 739	0.423 668	79
《北京行政学院学报》	0.231 707	0.256 925	0.844 962	0.423 249	80

续前表

期刊名称	转载量归一值	转载率归一值	篇均分归一值	综合指数	名次
《中国青年政治学院学报》	0.219 512	0.195 618	0.917 460	0.421 728	81
《中共杭州市委党校学报》	0.158 537	0.258 748	0.931 479	0.420 483	82
《中共浙江省委党校学报》	0.182 927	0.235 145	0.920 826	0.419 962	83
《贵州社会科学》	0.304 878	0.117 781	0.870 736	0.418 506	84
《福建论坛（人文社会科学版）》	0.268 293	0.105 901	0.915 816	0.413 832	85
《北京工商大学学报（社会科学版）》	0.182 927	0.271 137	0.860 487	0.412 658	86
《台湾研究集刊》	0.109 756	0.249 107	0.974 542	0.410 997	87
《学习论坛》	0.256 098	0.166 816	0.861 252	0.410 860	88
《中南民族大学学报（人文社会科学版）》	0.243 902	0.164 021	0.877 668	0.410 068	89
《哈尔滨工业大学学报（社会科学版）》	0.182 927	0.205 980	0.913 436	0.408 996	90
《新视野》	0.207 317	0.185 891	0.900 212	0.408 758	91
《首都师范大学学报（社会科学版）》	0.182 927	0.205 980	0.912 428	0.408 693	92
《新疆师范大学学报（哲学社会科学版）》	0.158 537	0.209 351	0.937 628	0.407 509	93
《理论与改革》	0.231 707	0.116 865	0.923 408	0.404 765	94
《阅江学刊》	0.170 732	0.201 626	0.919 101	0.404 511	95
《武汉大学学报（人文科学版）》	0.170 732	0.198 400	0.920 955	0.404 099	96
《俄罗斯研究》	0.097 561	0.289 213	0.924 498	0.403 138	97
《中国井冈山干部学院学报》	0.170 732	0.193 750	0.902 874	0.397 280	98
《深圳大学学报（人文社会科学版）》	0.195 122	0.171 775	0.886 794	0.395 620	99
《中共宁波市委党校学报》	0.158 537	0.188 759	0.915 691	0.394 750	100

二、高等院校主办学报排名

全国各类高等院校主办学报约1 150种，被2014年复印报刊资料学术刊全文转载的学报有386种，约占总数的33.6%；共被转载全文总数为2 509篇，约占复印报刊资料学术刊全文转载总量（12 667篇）的19.8%，其中，转载量排在前100名的期刊共被转载1 687篇，约占复印报刊资料学术刊全文转载总量的13.3%。高等院校主办学报全文转载量排名见表2—4，全文转载率排名见表2—5，综合指数排名见表2—6。

表2—4　　全文转载量排名

期刊名称	转载数	名次
《北京大学学报（哲学社会科学版）》	46	1
《中国人民大学学报》	43	2
《复旦学报（社会科学版）》	42	3
《华中师范大学学报（人文社会科学版）》	36	4
《法律科学（西北政法大学学报）》	34	5
《南京大学学报（哲学·人文科学·社会科学）》	31	6
《中山大学学报（社会科学版）》	31	
《澳门理工学报（人文社会科学版）》	30	8
《南开学报（哲学社会科学版）》	30	

续前表

期刊名称	转载数	名次
《北京师范大学学报（社会科学版）》	28	10
《西北师大学报（社会科学版）》	28	
《求是学刊》	28	
《西南民族大学学报（人文社会科学版）》	28	
《苏州大学学报（哲学社会科学版）》	27	14
《清华大学学报（哲学社会科学版）》	26	15
《中央财经大学学报》	26	
《华东政法大学学报》	25	17
《财经科学》	25	
《浙江大学学报（人文社会科学版）》	23	19
《陕西师范大学学报（哲学社会科学版）》	23	
《国家检察官学院学报》	22	21
《西南大学学报（社会科学版）》	22	
《现代传播（中国传媒大学学报）》	22	
《同济大学学报（社会科学版）》	20	24
《华中科技大学学报（社会科学版）》	20	
《湖北大学学报（哲学社会科学版）》	20	
《中南民族大学学报（人文社会科学版）》	20	
《杭州师范大学学报（社会科学版）》	19	28
《武汉大学学报（哲学社会科学版）》	19	
《郑州大学学报（哲学社会科学版）》	19	
《国际安全研究》	18	31
《南京师大学报（社会科学版）》	18	
《山东大学学报（哲学社会科学版）》	18	
《吉林大学社会科学学报》	18	
《安徽大学学报（哲学社会科学版）》	18	
《中国青年政治学院学报》	18	
《外交评论（外交学院学报）》	17	37
《上海大学学报（社会科学版）》	17	
《南京农业大学学报（社会科学版）》	17	
《上海师范大学学报（哲学社会科学版）》	17	
《中国劳动关系学院学报》	17	
《四川大学学报（哲学社会科学版）》	16	42
《厦门大学学报（哲学社会科学版）》	16	
《中国地质大学学报（社会科学版）》	16	
《华东师范大学学报（哲学社会科学版）》	16	
《河南大学学报（社会科学版）》	16	
《深圳大学学报（人文社会科学版）》	16	
《暨南学报（哲学社会科学版）》	16	

续前表

期刊名称	转载数	名次
《华东理工大学学报（社会科学版）》	15	49
《北京工商大学学报（社会科学版）》	15	
《哈尔滨工业大学学报（社会科学版）》	15	
《首都师范大学学报（社会科学版）》	15	
《河北师范大学学报（教育科学版）》	15	
《上海交通大学学报（哲学社会科学版）》	14	54
《武汉大学学报（人文科学版）》	14	
《中央民族大学学报（哲学社会科学版）》	14	
《新疆师范大学学报（哲学社会科学版）》	13	57
《华中农业大学学报（社会科学版）》	13	
《华南师范大学学报（社会科学版）》	13	
《西北大学学报（哲学社会科学版）》	13	
《河北大学学报（哲学社会科学版）》	13	
《中南大学学报（社会科学版）》	13	
《中国农业大学学报（社会科学版）》	12	63
《山西大学学报（哲学社会科学版）》	12	
《山西财经大学学报》	12	
《湖南师范大学社会科学学报》	12	
《四川师范大学学报（社会科学版）》	12	
《南昌大学学报（人文社会科学版）》	12	
《湘潭大学学报（哲学社会科学版）》	12	
《安徽师范大学学报（人文社会科学版）》	11	70
《现代财经（天津财经大学学报）》	11	
《云南民族大学学报（哲学社会科学版）》	11	
《上海财经大学学报（哲学社会科学版）》	10	73
《北京交通大学学报（社会科学版）》	10	
《甘肃政法学院学报》	10	
《山东师范大学学报（人文社会科学版）》	10	
《外语教学与研究》	10	
《中国政法大学学报》	10	
《北方民族大学学报（哲学社会科学版）》	10	
《江西师范大学学报（哲学社会科学版）》	10	
《南都学坛（南阳师范学院人文社会科学学报）》	10	
《南京政治学院学报》	10	
《武汉体育学院学报》	10	
《北京体育大学学报》	10	
《海南师范大学学报（社会科学版）》	10	

续前表

期刊名称	转载数	名次
《云南大学学报（社会科学版）》	9	86
《北京电影学院学报》	9	
《徐州工程学院学报（社会科学版）》	9	
《北京第二外国语学院学报》	9	
《贵州师范大学学报（社会科学版）》	9	
《重庆大学学报（社会科学版）》	9	
《重庆理工大学学报（社会科学）》	9	
《会计与经济研究》	8	93
《苏州大学学报（教育科学版）》	8	
《广东财经大学学报》	8	
《江西财经大学学报》	8	
《烟台大学学报（哲学社会科学版）》	8	
《上海体育学院学报》	8	
《东北大学学报（社会科学版）》	8	
《内蒙古大学学报（哲学社会科学版）》	8	

表 2—5　　　　　　　　　　全文转载率排名

期刊名称	转载数	发文数	转载率（%）	名次
《北京大学学报（哲学社会科学版）》	46	101	45.54	1
《复旦学报（社会科学版）》	42	106	39.62	2
《中国人民大学学报》	43	111	38.74	3
《国际安全研究》	18	50	36.00	4
《南京大学学报（哲学·人文科学·社会科学）》	31	89	34.83	5
《澳门理工学报（人文社会科学版）》	30	89	33.71	6
《华东政法大学学报》	25	80	31.25	7
《华中师范大学学报（人文社会科学版）》	36	122	29.51	8
《外交评论（外交学院学报）》	17	58	29.31	9
《南开学报（哲学社会科学版）》	30	104	28.85	10
《清华大学学报（哲学社会科学版）》	26	92	28.26	11
《北京师范大学学报（社会科学版）》	28	100	28.00	12
《法律科学（西北政法大学学报）》	34	123	27.64	13
《中山大学学报（社会科学版）》	31	120	25.83	14
《浙江大学学报（人文社会科学版）》	23	97	23.71	15
《上海大学学报（社会科学版）》	17	72	23.61	16
《西北师大学报（社会科学版）》	28	130	21.54	17
《同济大学学报（社会科学版）》	20	94	21.28	18
《国家检察官学院学报》	22	105	20.95	19
《求是学刊》	28	136	20.59	20
《上海交通大学学报（哲学社会科学版）》	14	70	20.00	21

续前表

期刊名称	转载数	发文数	转载率（%）	名次
《杭州师范大学学报（社会科学版）》	19	104	18.27	22
《南京农业大学学报（社会科学版）》	17	97	17.53	23
《苏州大学学报（哲学社会科学版）》	27	155	17.42	24
《中国农业大学学报（社会科学版）》	12	69	17.39	25
《上海师范大学学报（哲学社会科学版）》	17	98	17.35	26
《华东理工大学学报（社会科学版）》	15	88	17.05	27
《华中科技大学学报（社会科学版）》	20	120	16.67	28
《南京师大学报（社会科学版）》	18	109	16.51	29
《山东大学学报（哲学社会科学版）》	18	109	16.51	
《陕西师范大学学报（哲学社会科学版）》	23	141	16.31	31
《武汉大学学报（哲学社会科学版）》	19	118	16.10	32
《西南大学学报（社会科学版）》	22	141	15.60	33
《四川大学学报（哲学社会科学版）》	16	104	15.38	34
《厦门大学学报（哲学社会科学版）》	16	104	15.38	
《北京工商大学学报（社会科学版）》	15	98	15.31	36
《财经科学》	25	168	14.88	37
《吉林大学社会科学学报》	18	121	14.88	
《中央财经大学学报》	26	177	14.69	39
《中国地质大学学报（社会科学版）》	16	109	14.68	40
《安徽大学学报（哲学社会科学版）》	18	123	14.63	41
《会计与经济研究》	8	56	14.29	42
《华东师范大学学报（哲学社会科学版）》	16	117	13.68	43
《河南大学学报（社会科学版）》	16	118	13.56	44
《苏州大学学报（教育科学版）》	8	59	13.56	
《上海财经大学学报（哲学社会科学版）》	10	74	13.51	46
《北京交通大学学报（社会科学版）》	10	76	13.16	47
《湖北大学学报（哲学社会科学版）》	20	159	12.58	48
《广东财经大学学报》	8	66	12.12	49
《苏州大学学报（法学版）》	7	58	12.07	50
《新疆师范大学学报（哲学社会科学版）》	13	110	11.82	51
《哈尔滨工业大学学报（社会科学版）》	15	129	11.63	52
《首都师范大学学报（社会科学版）》	15	129	11.63	
《甘肃政法学院学报》	10	87	11.49	54
《山东师范大学学报（人文社会科学版）》	10	87	11.49	
《华东师范大学学报（教育科学版）》	7	62	11.29	56
《武汉大学学报（人文科学版）》	14	125	11.20	57
《外语教学与研究》	10	90	11.11	58
《中国青年政治学院学报》	18	163	11.04	59
《云南大学学报（社会科学版）》	9	82	10.98	60
《北京青年研究》	7	67	10.45	61
《南京工业大学学报（社会科学版）》	7	67	10.45	

续前表

期刊名称	转载数	发文数	转载率（%）	名次
《华中农业大学学报（社会科学版）》	13	126	10.32	63
《中国劳动关系学院学报》	17	166	10.24	64
《工会理论研究（上海工会管理职业学院学报）》	7	71	9.86	65
《深圳大学学报（人文社会科学版）》	16	165	9.70	66
《山西大学学报（哲学社会科学版）》	12	127	9.45	67
《北京电影学院学报》	9	96	9.38	68
《中国政法大学学报》	10	107	9.35	69
《中南民族大学学报（人文社会科学版）》	20	216	9.26	70
《中央音乐学院学报》	5	54	9.26	
《河北师范大学学报（教育科学版）》	15	163	9.20	72
《江西财经大学学报》	8	87	9.20	
《安徽师范大学学报（人文社会科学版）》	11	120	9.17	74
《烟台大学学报（哲学社会科学版）》	8	89	8.99	75
《华南师范大学学报（社会科学版）》	13	146	8.90	76
《现代财经（天津财经大学学报）》	11	124	8.87	77
《山西财经大学学报》	12	136	8.82	78
《湖南师范大学社会科学学报》	12	138	8.70	79
《中央民族大学学报（哲学社会科学版）》	14	161	8.70	
《山东科技大学学报（社会科学版）》	7	81	8.64	81
《华南农业大学学报（社会科学版）》	6	74	8.11	82
《徐州工程学院学报（社会科学版）》	9	113	7.96	83
《四川师范大学学报（社会科学版）》	12	153	7.84	84
《西北大学学报（哲学社会科学版）》	13	169	7.69	85
《郑州大学学报（哲学社会科学版）》	19	248	7.66	86
《南昌大学学报（人文社会科学版）》	12	157	7.64	87
《浙江工商大学学报》	6	79	7.59	88
《北方民族大学学报（哲学社会科学版）》	10	132	7.58	89
《上海体育学院学报》	8	107	7.48	90
《国际商务研究（上海对外贸易学院学报）》	4	54	7.41	91
《天津商业大学学报》	5	68	7.35	92
《江西师范大学学报（哲学社会科学版）》	10	138	7.25	93
《东北大学学报（社会科学版）》	8	112	7.14	94
《天津师范大学学报（社会科学版）》	6	85	7.06	95
《金融经济学研究》	5	71	7.04	96
《内蒙古大学学报（哲学社会科学版）》	8	115	6.96	97
《云南民族大学学报（哲学社会科学版）》	11	159	6.92	98
《吉首大学学报（社会科学版）》	8	117	6.84	99
《北京第二外国语学院学报》	9	135	6.67	100
《戏剧艺术（上海戏剧学院学报）》	6	90	6.67	
《云南财经大学学报》	8	120	6.67	

表 2—6　　**综合指数排名**

期刊名称	转载量归一值	转载率归一值	篇均分归一值	综合指数	名次
《北京大学学报（哲学社会科学版）》	1.000 000	1.000 000	0.921 220	0.976 366	1
《中国人民大学学报》	0.934 783	0.850 568	0.928 223	0.907 551	2
《复旦学报（社会科学版）》	0.913 043	0.869 975	0.929 227	0.904 978	3
《华中师范大学学报（人文社会科学版）》	0.782 609	0.647 897	0.941 195	0.789 771	4
《南京大学学报（哲学·人文科学·社会科学）》	0.673 913	0.764 778	0.930 559	0.778 166	5
《澳门理工学报（人文社会科学版）》	0.652 174	0.740 107	0.928 970	0.761 593	6
《法律科学（西北政法大学学报）》	0.739 130	0.606 928	0.887 657	0.744 028	7
《南开学报（哲学社会科学版）》	0.652 174	0.633 361	0.922 401	0.727 598	8
《中山大学学报（社会科学版）》	0.673 913	0.567 210	0.941 443	0.722 161	9
《北京师范大学学报（社会科学版）》	0.608 696	0.614 783	0.934 830	0.708 362	10
《清华大学学报（哲学社会科学版）》	0.565 217	0.620 510	0.960 146	0.700 284	11
《华东政法大学学报》	0.543 478	0.686 141	0.869 852	0.684 189	12
《国际安全研究》	0.391 304	0.790 435	0.963 676	0.682 755	13
《西北师大学报（社会科学版）》	0.608 696	0.472 910	0.917 533	0.660 611	14
《求是学刊》	0.608 696	0.452 046	0.912 296	0.652 781	15
《浙江大学学报（人文社会科学版）》	0.500 000	0.520 619	0.944 862	0.639 644	16
《外交评论（外交学院学报）》	0.369 565	0.643 553	0.967 497	0.631 141	17
《苏州大学学报（哲学社会科学版）》	0.586 957	0.382 468	0.889 463	0.616 362	18
《同济大学学报（社会科学版）》	0.434 783	0.467 160	0.942 553	0.596 827	19
《中央财经大学学报》	0.565 217	0.322 525	0.883 228	0.587 813	20
《国家检察官学院学报》	0.478 261	0.460 041	0.858 456	0.586 854	21
《陕西师范大学学报（哲学社会科学版）》	0.500 000	0.358 156	0.914 979	0.581 941	22
《财经科学》	0.543 478	0.326 734	0.869 435	0.576 242	23
《上海大学学报（社会科学版）》	0.369 565	0.518 418	0.890 476	0.570 494	24
《西南大学学报（社会科学版）》	0.478 261	0.342 584	0.901 311	0.564 473	25
《杭州师范大学学报（社会科学版）》	0.413 043	0.401 129	0.907 830	0.557 905	26
《西南民族大学学报（人文社会科学版）》	0.608 696	0.116 436	0.899 461	0.548 248	27
《华中科技大学学报（社会科学版）》	0.434 783	0.365 942	0.878 100	0.547 126	28
《武汉大学学报（哲学社会科学版）》	0.413 043	0.353 537	0.915 507	0.545 930	29
《上海师范大学学报（哲学社会科学版）》	0.369 565	0.380 878	0.939 727	0.544 008	30
《山东大学学报（哲学社会科学版）》	0.391 304	0.362 585	0.917 000	0.540 397	31
《南京农业大学学报（社会科学版）》	0.369 565	0.384 805	0.909 235	0.536 038	32
《南京师大学报（社会科学版）》	0.391 304	0.362 585	0.897 851	0.534 652	33
《上海交通大学学报（哲学社会科学版）》	0.304 348	0.439 130	0.920 590	0.529 655	34
《湖北大学学报（哲学社会科学版）》	0.434 783	0.276 183	0.907 027	0.528 876	35
《吉林大学社会科学学报》	0.391 304	0.326 626	0.909 313	0.527 303	36
《安徽大学学报（哲学社会科学版）》	0.391 304	0.321 315	0.910 214	0.525 980	37
《华东理工大学学报（社会科学版）》	0.326 087	0.374 259	0.936 857	0.523 770	38
《四川大学学报（哲学社会科学版）》	0.347 826	0.337 793	0.934 944	0.520 952	39

续前表

期刊名称	转载量归一值	转载率归一值	篇均分归一值	综合指数	名次
《厦门大学学报（哲学社会科学版）》	0.347 826	0.337 793	0.924 736	0.517 889	40
《河南大学学报（社会科学版）》	0.347 826	0.297 716	0.949 684	0.513 350	41
《中国青年政治学院学报》	0.391 304	0.242 465	0.924 273	0.506 543	42
《华东师范大学学报（哲学社会科学版）》	0.347 826	0.300 260	0.923 625	0.506 296	43
《中国地质大学学报（社会科学版）》	0.347 826	0.322 298	0.899 397	0.505 639	44
《现代传播（中国传媒大学学报）》	0.478 261	0.094 161	0.949 940	0.504 535	45
《中南民族大学学报（人文社会科学版）》	0.434 783	0.203 301	0.884 186	0.500 159	46
《中国农业大学学报（社会科学版）》	0.260 870	0.381 853	0.919 546	0.494 768	47
《北京工商大学学报（社会科学版）》	0.326 087	0.336 069	0.866 877	0.491 319	48
《哈尔滨工业大学学报（社会科学版）》	0.326 087	0.255 308	0.920 219	0.483 093	49
《首都师范大学学报（社会科学版）》	0.326 087	0.255 308	0.919 204	0.482 788	50
《郑州大学学报（哲学社会科学版）》	0.413 043	0.168 215	0.870 566	0.476 852	51
《新疆师范大学学报（哲学社会科学版）》	0.282 609	0.259 486	0.944 591	0.474 267	52
《武汉大学学报（人文科学版）》	0.304 348	0.245 913	0.927 794	0.473 851	53
《深圳大学学报（人文社会科学版）》	0.347 826	0.212 912	0.893 379	0.471 018	54
《中国劳动关系学院学报》	0.369 565	0.224 856	0.834 817	0.465 728	55
《会计与经济研究》	0.173 913	0.313 665	0.994 502	0.462 015	56
《中央民族大学学报（哲学社会科学版）》	0.304 348	0.190 926	0.936 524	0.459 974	57
《暨南学报（哲学社会科学版）》	0.347 826	0.145 167	0.901 582	0.453 155	58
《华南师范大学学报（社会科学版）》	0.282 609	0.195 503	0.926 696	0.449 703	59
《山西财经大学学报》	0.260 870	0.193 734	0.954 404	0.448 789	60
《山东师范大学学报（人文社会科学版）》	0.217 391	0.252 374	0.939 466	0.444 508	61
《外语教学与研究》	0.217 391	0.243 961	0.946 215	0.444 009	62
《河北师范大学学报（教育科学版）》	0.326 087	0.202 054	0.841 344	0.443 454	63
《山西大学学报（哲学社会科学版）》	0.260 870	0.207 463	0.921 235	0.442 957	64
《北京交通大学学报（社会科学版）》	0.217 391	0.288 902	0.895 090	0.442 154	65
《苏州大学学报（教育科学版）》	0.173 913	0.297 716	0.930 890	0.438 147	66
《四川师范大学学报（社会科学版）》	0.260 870	0.172 208	0.939 991	0.438 008	67
《西北大学学报（哲学社会科学版）》	0.282 609	0.168 896	0.904 704	0.435 124	68
《华中农业大学学报（社会科学版）》	0.282 609	0.226 536	0.839 464	0.432 844	69
《湖南师范大学社会科学学报》	0.260 870	0.190 926	0.898 871	0.431 287	70
《现代财经（天津财经大学学报）》	0.239 130	0.194 776	0.911 961	0.427 673	71
《南昌大学学报（人文社会科学版）》	0.260 870	0.167 821	0.909 428	0.427 523	72
《上海财经大学学报（哲学社会科学版）》	0.217 391	0.296 710	0.838 319	0.427 465	73
《甘肃政法学院学报》	0.217 391	0.252 374	0.879 833	0.426 619	74
《云南大学学报（社会科学版）》	0.195 652	0.240 986	0.904 700	0.421 967	75
《安徽师范大学学报（人文社会科学版）》	0.239 130	0.201 268	0.881 235	0.420 403	76
《广东财经大学学报》	0.173 913	0.266 140	0.888 266	0.415 887	77
《河北大学学报（哲学社会科学版）》	0.282 609	0.134 639	0.870 670	0.414 636	78
《湘潭大学学报（哲学社会科学版）》	0.260 870	0.132 401	0.901 102	0.414 399	79

续前表

期刊名称	转载量归一值	转载率归一值	篇均分归一值	综合指数	名次
《苏州大学学报（法学版）》	0.152 174	0.264 993	0.912 291	0.414 055	80
《南京工业大学学报（社会科学版）》	0.152 174	0.229 396	0.939 435	0.411 519	81
《江西师范大学学报（哲学社会科学版）》	0.217 391	0.159 105	0.919 524	0.410 545	82
《中国政法大学学报》	0.217 391	0.205 201	0.872 000	0.410 117	83
《北京电影学院学报》	0.195 652	0.205 842	0.899 930	0.409 992	84
《江西财经大学学报》	0.173 913	0.201 899	0.928 655	0.408 731	85
《北京青年研究》	0.152 174	0.229 396	0.924 597	0.407 068	86
《中南大学学报（社会科学版）》	0.282 609	0.099 455	0.878 605	0.406 462	87
《云南财经大学学报》	0.173 913	0.146 377	0.973 601	0.405 559	88
《华东师范大学学报（教育科学版）》	0.152 174	0.247 896	0.894 678	0.403 642	89
《北京体育大学学报》	0.217 391	0.074 429	0.978 623	0.402 872	90
《北方民族大学学报（哲学社会科学版）》	0.217 391	0.166 337	0.880 491	0.401 005	91
《徐州工程学院学报（社会科学版）》	0.195 652	0.174 875	0.878 312	0.394 217	92
《北京第二外国语学院学报》	0.195 652	0.146 377	0.905 182	0.393 729	93
《烟台大学学报（哲学社会科学版）》	0.173 913	0.197 362	0.882 969	0.393 665	94
《南京政治学院学报》	0.217 391	0.121 307	0.898 538	0.392 910	95
《内蒙古大学学报（哲学社会科学版）》	0.173 913	0.152 741	0.912 878	0.389 251	96
《云南民族大学学报（哲学社会科学版）》	0.239 130	0.151 900	0.822 643	0.388 015	97
《重庆大学学报（社会科学版）》	0.195 652	0.116 928	0.914 552	0.387 705	98
《武汉体育学院学报》	0.217 391	0.100 258	0.894 023	0.385 241	99
《东北大学学报（社会科学版）》	0.173 913	0.156 832	0.894 890	0.385 082	100

三、社科院（联）主办综合性期刊排名

全国各级社科院（联）主办的综合性学术期刊约100种，被2014年复印报刊资料学术刊全文转载的期刊78种，约占总数的78.0%；共被转载全文总数为1 567篇，约占复印报刊资料学术刊全文转载总量（12 667篇）的12.4%。其中，转载量排在前30名的期刊共被转载1 145篇，约占复印报刊资料学术刊全文转载总量的9.0%。社科院（联）主办综合性期刊全文转载量排名见表2—7，全文转载率排名见表2—8，综合指数排名见表2—9。

表2—7　　全文转载量排名

期刊名称	转载数	名次
《学术月刊》	82	1
《中国社会科学》	70	2
《社会科学》	68	3
《学术研究》	65	4
《改革》	60	5
《南京社会科学》	56	6

续前表

期刊名称	转载数	名次
《江海学刊》	50	7
《江汉论坛》	43	8
《探索与争鸣》	42	9
《学习与探索》	42	
《中州学刊》	41	11
《社会科学战线》	41	
《人文杂志》	37	13
《河北学刊》	34	14
《山东社会科学》	34	
《江西社会科学》	33	16
《学海》	31	17
《浙江社会科学》	30	18
《学术界》	30	
《江苏社会科学》	28	20
《甘肃社会科学》	28	
《社会科学研究》	27	22
《贵州社会科学》	25	23
《河南社会科学》	23	24
《浙江学刊》	22	25
《福建论坛（人文社会科学版）》	22	
《天津社会科学》	21	27
《广东社会科学》	21	
《湖北社会科学》	20	29
《开放时代》	19	30

表 2—8　　全文转载率排名

期刊名称	转载数	发文数	转载率（%）	名次
《中国社会科学》	70	124	56.45	1
《学术月刊》	82	223	36.77	2
《社会科学》	68	249	27.31	3
《改革》	60	224	26.79	4
《江海学刊》	50	193	25.91	5
《开放时代》	19	76	25.00	6
《学术研究》	65	269	24.16	7
《南京社会科学》	56	269	20.82	8
《人文杂志》	37	215	17.21	9
《学海》	31	189	16.40	10
《天津社会科学》	21	131	16.03	11
《探索与争鸣》	42	276	15.22	12
《社会科学研究》	27	195	13.85	13
《江汉论坛》	43	317	13.56	14

续前表

期刊名称	转载数	发文数	转载率（%）	名次
《江苏社会科学》	28	229	12.23	15
《浙江学刊》	22	181	12.15	16
《学习与探索》	42	350	12.00	17
《浙江社会科学》	30	259	11.58	18
《广东社会科学》	21	187	11.23	19
《中州学刊》	41	400	10.25	20
《河北学刊》	34	353	9.63	21
《山东社会科学》	34	399	8.52	22
《晋阳学刊》	10	120	8.33	23
《天府新论》	12	152	7.89	24
《江淮论坛》	16	203	7.88	25
《社会科学辑刊》	16	205	7.80	26
《河南社会科学》	23	296	7.77	27
《重庆社会科学》	16	208	7.69	28
《甘肃社会科学》	28	369	7.59	29
《学习与实践》	16	212	7.55	30

表 2—9　　　　　　　　　　　综合指数排名

期刊名称	转载量归一值	转载率归一值	篇均分归一值	综合指数	名次
《中国社会科学》	0.853 659	1.000 000	1.000 000	0.941 464	1
《学术月刊》	1.000 000	0.651 377	0.932 977	0.875 306	2
《社会科学》	0.829 268	0.483 764	0.937 868	0.758 197	3
《学术研究》	0.792 683	0.428 040	0.927 554	0.723 751	4
《改革》	0.731 707	0.474 490	0.923 347	0.712 034	5
《江海学刊》	0.609 756	0.458 919	0.952 638	0.667 370	6
《南京社会科学》	0.682 927	0.368 773	0.928 278	0.662 286	7
《探索与争鸣》	0.512 195	0.269 565	0.959 379	0.573 561	8
《江汉论坛》	0.524 390	0.240 288	0.913 773	0.555 974	9
《人文杂志》	0.451 220	0.304 850	0.945 598	0.555 622	10
《学习与探索》	0.512 195	0.212 571	0.926 482	0.546 594	11
《中州学刊》	0.500 000	0.181 571	0.897 122	0.523 608	12
《开放时代》	0.231 707	0.442 857	0.974 265	0.517 819	13
《社会科学战线》	0.500 000	0.116 392	0.938 724	0.516 535	14
《学海》	0.378 049	0.290 552	0.924 614	0.515 769	15
《社会科学研究》	0.329 268	0.245 275	0.935 293	0.485 878	16
《山东社会科学》	0.414 634	0.150 949	0.915 188	0.485 695	17
《浙江社会科学》	0.365 854	0.205 185	0.917 380	0.483 111	18
《河北学刊》	0.414 634	0.170 619	0.884 535	0.482 400	19
《江苏社会科学》	0.341 463	0.216 594	0.930 787	0.480 800	20
《天津社会科学》	0.256 098	0.283 969	0.961 641	0.476 122	21

续前表

期刊名称	转载量归一值	转载率归一值	篇均分归一值	综合指数	名次
《江西社会科学》	0.402 439	0.107 458	0.910 829	0.466 462	22
《学术界》	0.365 854	0.128 364	0.920 237	0.460 922	23
《浙江学刊》	0.268 293	0.215 312	0.917 879	0.447 275	24
《甘肃社会科学》	0.341 463	0.134 417	0.876 627	0.439 898	25
《广东社会科学》	0.256 098	0.198 930	0.925 060	0.439 636	26
《河南社会科学》	0.280 488	0.137 645	0.922 866	0.430 349	27
《贵州社会科学》	0.304 878	0.117 781	0.888 381	0.423 800	28
《福建论坛（人文社会科学版）》	0.268 293	0.105 901	0.934 374	0.419 400	29
《社会科学辑刊》	0.195 122	0.138 258	0.923 756	0.396 653	30

四、党政干部院校主办学报排名

全国各类党政干部院校主办的学报约 145 种，被 2014 年复印报刊资料学术刊全文转载的期刊有 75 种，约占总数的 51.7%；共被转载全文总数为 505 篇，约占复印报刊资料学术刊全年转载总量（12 667 篇）的 4.0%，其中，转载量排在前 30 名的期刊共被转载 394 篇，约占复印报刊资料学术刊全文转载总量的 3.1%。党政干部院校主办学报全文转载量排名见表 2—10，全文转载率排名见表 2—11，综合指数排名见表 2—12。

表 2—10　　全文转载量排名

期刊名称	转载数	名次
《探索》	21	1
《学习论坛》	21	
《江苏行政学院学报》	20	3
《中共中央党校学报》	20	
《北京行政学院学报》	19	5
《理论与改革》	19	
《新视野》	17	7
《理论学刊》	17	
《理论探讨》	16	9
《中共浙江省委党校学报》	15	10
《上海行政学院学报》	14	11
《中国井冈山干部学院学报》	14	
《中共杭州市委党校学报》	13	13
《中共宁波市委党校学报》	13	
《中国浦东干部学院学报》	13	
《党政研究》	13	
《甘肃行政学院学报》	12	17
《国家行政学院学报》	12	
《理论探索》	12	

续前表

期刊名称	转载数	名次
《天津行政学院学报》	11	20
《行政论坛》	11	
《中国延安干部学院学报》	10	22
《国家教育行政学院学报》	10	
《湖湘论坛》	9	24
《岭南学刊》	8	25
《中共福建省委党校学报》	8	
《长白学刊》	7	27
《理论导刊》	7	
《中央社会主义学院学报》	6	29
《桂海论丛》	6	

表2—11　全文转载率排名

期刊名称	转载数	发文数	转载率（%）	名次
《上海行政学院学报》	14	74	18.92	1
《甘肃行政学院学报》	12	65	18.46	2
《江苏行政学院学报》	20	122	16.39	3
《中共中央党校学报》	20	128	15.63	4
《中共杭州市委党校学报》	13	89	14.61	5
《北京行政学院学报》	19	131	14.50	6
《中共浙江省委党校学报》	15	113	13.27	7
《天津行政学院学报》	11	96	11.46	8
《中国井冈山干部学院学报》	14	128	10.94	9
《中共宁波市委党校学报》	13	122	10.66	10
《中国延安干部学院学报》	10	95	10.53	11
《新视野》	17	162	10.49	12
《中国浦东干部学院学报》	13	129	10.08	13
《党政研究》	13	132	9.85	14
《探索》	21	215	9.77	15
《学习论坛》	21	223	9.42	16
《行政论坛》	11	119	9.24	17
《国家行政学院学报》	12	143	8.39	18
《湖湘论坛》	9	122	7.38	19
《理论探索》	12	169	7.10	20
《理论探讨》	16	240	6.67	21
《理论与改革》	19	288	6.60	22
《理论学刊》	17	284	5.99	23
《上海市经济管理干部学院学报》	3	51	5.88	24
《岭南学刊》	8	142	5.63	25
《天津市工会管理干部学院学报》	4	76	5.26	26
《中共天津市委党校学报》	5	101	4.95	27

续前表

期刊名称	转载数	发文数	转载率（%）	名次
《国家教育行政学院学报》	10	208	4.81	28
《长白学刊》	7	154	4.55	29
《上海市社会主义学院学报》	3	72	4.17	30

表 2—12 **综合指数排名**

期刊名称	转载量归一值	转载率归一值	篇均分归一值	综合指数	名次
《江苏行政学院学报》	0.952 381	0.866 511	0.933 434	0.920 936	1
《中共中央党校学报》	0.952 381	0.825 893	0.900 245	0.898 794	2
《北京行政学院学报》	0.904 762	0.766 630	0.849 958	0.846 881	3
《上海行政学院学报》	0.666 667	1.000 000	0.917 112	0.841 800	4
《探索》	1.000 000	0.516 279	0.903 047	0.825 798	5
《学习论坛》	1.000 000	0.497 758	0.866 345	0.809 231	6
《甘肃行政学院学报》	0.571 429	0.975 824	0.912 485	0.795 064	7
《中共浙江省委党校学报》	0.714 286	0.701 643	0.926 271	0.774 089	8
《新视野》	0.809 524	0.554 674	0.905 535	0.761 872	9
《中共杭州市委党校学报》	0.619 048	0.772 071	0.936 987	0.760 337	10
《理论与改革》	0.904 762	0.348 710	0.928 868	0.745 178	11
《中国井冈山干部学院学报》	0.666 667	0.578 125	0.908 213	0.712 568	12
《中共宁波市委党校学报》	0.619 048	0.563 232	0.921 106	0.692 921	13
《理论学刊》	0.809 524	0.316 398	0.902 745	0.689 553	14
《理论探讨》	0.761 905	0.352 381	0.920 875	0.686 739	15
《中国浦东干部学院学报》	0.619 048	0.532 669	0.897 813	0.676 764	16
《党政研究》	0.619 048	0.520 563	0.891 225	0.671 156	17
《天津行政学院学报》	0.523 810	0.605 655	0.933 071	0.671 142	18
《中国延安干部学院学报》	0.476 190	0.556 391	0.932 950	0.637 278	19
《行政论坛》	0.523 810	0.488 595	0.905 930	0.627 882	20
《国家行政学院学报》	0.571 429	0.443 556	0.860 983	0.619 933	21
《理论探索》	0.571 429	0.375 317	0.894 346	0.609 471	22
《湖湘论坛》	0.428 571	0.389 930	0.889 665	0.555 307	23
《国家教育行政学院学报》	0.476 190	0.254 121	0.898 049	0.536 127	24
《岭南学刊》	0.380 952	0.297 787	0.917 209	0.516 880	25
《长白学刊》	0.333 333	0.240 260	0.946 339	0.489 313	26
《中共福建省委党校学报》	0.380 952	0.169 822	0.937 041	0.484 440	27
《中共天津市委党校学报》	0.238 095	0.261 669	0.959 506	0.461 591	28
《中央社会主义学院学报》	0.285 714	0.212 848	0.913 157	0.452 087	29
《理论导刊》	0.333 333	0.100 817	0.909 540	0.436 440	30

第二节　学科分类期刊排名

一、哲学学科期刊排名

本学科涉及全文被转载的期刊数量为271种，转载全文总量为1 173篇，约占复印报刊资料学术刊全文转载总量（12 667篇）的9.3%，其中，转载量排在前30名的期刊共被转载572篇，约占复印报刊资料学术刊全文转载总量的4.5%。哲学学科期刊全文转载量排名见表2—13，全文转载率排名见表2—14，综合指数排名见表2—15。

表2—13　　**全文转载量排名**

期刊名称	转载数	名次
《哲学研究》	76	1
《哲学动态》	58	2
《世界哲学》	32	3
《学术月刊》	29	4
《自然辩证法研究》	25	5
《科学技术哲学研究》	20	6
《学术研究》	20	
《学习与探索》	18	8
《中国社会科学》	17	9
《伦理学研究》	17	
《道德与文明》	17	
《江海学刊》	17	
《中国哲学史》	16	13
《周易研究》	16	
《世界宗教研究》	16	
《自然辩证法通讯》	15	16
《探索与争鸣》	15	
《哲学分析》	14	18
《现代哲学》	13	19
《马克思主义与现实》	13	
《河北学刊》	13	
《文史哲》	12	22
《北京大学学报（哲学社会科学版）》	11	23
《天津社会科学》	11	
《文艺研究》	11	
《社会科学》	11	
《中山大学学报（社会科学版）》	10	27
《黑龙江社会科学》	10	
《人文杂志》	10	
《清华大学学报（哲学社会科学版）》	9	30

表 2—14 **全文转载率排名**

期刊名称	转载数	发文数	转载率（%）	名次
《哲学研究》	76	218	34.86	1
《世界哲学》	32	98	32.65	2
《哲学动态》	58	212	27.36	3
《中国哲学史》	16	72	22.22	4
《周易研究》	16	74	21.62	5
《逻辑学研究》	5	30	16.67	6
《科学技术哲学研究》	20	123	16.26	7
《哲学分析》	14	98	14.29	8
《中国社会科学》	17	124	13.71	9
《文史哲》	12	88	13.64	10
《科学文化评论》	8	59	13.56	11
《学术月刊》	29	223	13.00	12
《自然辩证法通讯》	15	122	12.30	13
《现代哲学》	13	110	11.82	14
《世界宗教研究》	16	136	11.76	15
《伦理学研究》	17	155	10.97	16
《北京大学学报（哲学社会科学版）》	11	101	10.89	17
《道德与文明》	17	160	10.63	18
《清华大学学报（哲学社会科学版）》	9	92	9.78	19
《云南大学学报（社会科学版）》	8	82	9.76	20
《自然辩证法研究》	25	258	9.69	21
《江海学刊》	17	193	8.81	22
《国学学刊》	5	57	8.77	23
《中国高校社会科学》	7	82	8.54	24
《复旦学报（社会科学版）》	9	106	8.49	25
《天津社会科学》	11	131	8.40	26
《中山大学学报（社会科学版）》	10	120	8.33	27
《学术研究》	20	269	7.43	28
《马克思主义与现实》	13	179	7.26	29
《中国人民大学学报》	8	111	7.21	30

表 2—15 **综合指数排名**

期刊名称	转载量归一值	转载率归一值	篇均分归一值	综合指数	名次
《哲学研究》	1.000 000	1.000 000	0.905 757	0.971 727	1
《哲学动态》	0.763 158	0.784 757	0.873 609	0.802 773	2
《世界哲学》	0.421 053	0.936 627	0.903 293	0.720 397	3
《中国哲学史》	0.210 526	0.637 427	0.923 241	0.552 411	4
《周易研究》	0.210 526	0.620 199	0.896 128	0.539 109	5
《学术月刊》	0.381 579	0.373 023	0.899 500	0.534 389	6
《科学技术哲学研究》	0.263 158	0.466 410	0.877 276	0.508 369	7

续前表

期刊名称	转载量归一值	转载率归一值	篇均分归一值	综合指数	名次
《中国社会科学》	0.223 684	0.393 251	0.957 093	0.494 577	8
《自然辩证法研究》	0.328 947	0.277 948	0.861 386	0.473 379	9
《文史哲》	0.157 895	0.391 148	0.947 882	0.46 4867	10
《哲学分析》	0.184 211	0.409 774	0.893 273	0.464 599	11
《逻辑学研究》	0.065 789	0.478 070	0.939 353	0.451 543	12
《世界宗教研究》	0.210 526	0.337 461	0.873 007	0.447 351	13
《江海学刊》	0.223 684	0.252 659	0.933 642	0.445 364	14
《自然辩证法通讯》	0.197 368	0.352 675	0.861 553	0.443 216	15
《道德与文明》	0.223 684	0.304 770	0.864 039	0.440 116	16
《伦理学研究》	0.223 684	0.314 601	0.846 525	0.437 811	17
《现代哲学》	0.171 053	0.338 995	0.889 782	0.437 054	18
《学术研究》	0.263 158	0.213 266	0.891 639	0.436 735	19
《北京大学学报（哲学社会科学版）》	0.144 737	0.312 402	0.937 121	0.432 752	20
《清华大学学报（哲学社会科学版）》	0.118 421	0.280 606	0.939 024	0.413 257	21
《学习与探索》	0.236 842	0.147 519	0.911 206	0.412 354	22
《天津社会科学》	0.144 737	0.240 860	0.932 281	0.409 837	23
《科学文化评论》	0.105 263	0.388 938	0.834 181	0.409 041	24
《复旦学报（社会科学版）》	0.118 421	0.243 545	0.949 560	0.405 300	25
《中山大学学报（社会科学版）》	0.131 579	0.239 035	0.929 844	0.403 295	26
《探索与争鸣》	0.197 368	0.155 892	0.923 273	0.402 697	27
《马克思主义与现实》	0.171 053	0.208 321	0.885 977	0.396 711	28
《中国高校社会科学》	0.092 105	0.244 865	0.941 235	0.392 672	29
《国学学刊》	0.065 789	0.251 616	0.957 217	0.388 966	30

二、经济学学科期刊排名

本学科涉及全文被转载的期刊数量为489种，转载全文总量为2 167篇，约占复印报刊资料学术刊全文转载总量（12 667篇）的17.1%，其中，转载量排在前30名的期刊共被转载750篇，约占复印报刊资料学术刊全文转载总量的5.9%。经济学学科期刊全文转载量排名见表2—16，全文转载率排名见表2—17，综合指数排名见表2—18。

表2—16　全文转载量排名

期刊名称	转载数	名次
《经济研究》	61	1
《财贸经济》	54	2
《改革》	47	3
《经济学动态》	42	4
《管理世界》	40	5
《金融研究》	36	6

续前表

期刊名称	转载数	名次
《中国工业经济》	35	7
《经济理论与经济管理》	34	8
《数量经济技术经济研究》	26	9
《证券市场导报》	26	
《保险研究》	24	11
《世界经济》	23	12
《中国金融》	23	
《国际金融研究》	21	14
《经济社会体制比较》	21	
《当代财经》	20	16
《经济学》	17	17
《宏观经济研究》	17	
《中国流通经济》	17	
《政治经济学评论》	16	20
《经济学家》	16	
《财经科学》	16	
《学术前沿》	16	
《财经问题研究》	16	
《财经研究》	15	25
《国际贸易问题》	15	
《南方经济》	14	27
《世界经济研究》	14	
《中央财经大学学报》	14	
《税务研究》	14	

表 2—17　　全文转载率排名

期刊名称	转载数	发文数	转载率（%）	名次
《政治经济学评论》	16	43	37.21	1
《财贸经济》	54	154	35.06	2
《经济研究》	61	180	33.89	3
《经济理论与经济管理》	34	114	29.82	4
《世界经济文汇》	12	45	26.67	5
《世界经济》	23	88	26.14	6
《经济学》	17	70	24.29	7
《中国工业经济》	35	147	23.81	8
《数量经济技术经济研究》	26	121	21.49	9
《金融研究》	36	168	21.43	10
《金融评论》	11	52	21.15	11
《改革》	47	224	20.98	12
《经济学动态》	42	206	20.39	13
《南开经济研究》	11	57	19.30	14

续前表

期刊名称	转载数	发文数	转载率（%）	名次
《证券市场导报》	26	135	19.26	15
《国际金融研究》	21	116	18.10	16
《管理世界》	40	252	15.87	17
《保险研究》	24	152	15.79	18
《经济社会体制比较》	21	135	15.56	19
《国际经济评论》	11	73	15.07	20
《当代财经》	20	149	13.42	21
《南方经济》	14	109	12.84	22
《金融监管研究》	10	84	11.90	23
《经济学家》	16	140	11.43	24
《国际经贸探索》	13	114	11.40	25
《中国经济问题》	7	65	10.77	26
《财经研究》	15	140	10.71	27
《中国经济史研究》	6	56	10.71	
《商业经济与管理》	13	122	10.66	29
《产业经济研究》	7	66	10.61	30

表 2—18　　综合指数排名

期刊名称	转载量归一值	转载率归一值	篇均分归一值	综合指数	名次
《经济研究》	1.000 000	0.910 764	0.929 789	0.952 166	1
《财贸经济》	0.885 246	0.942 370	0.900 242	0.906 882	2
《改革》	0.770 492	0.563 895	0.873 489	0.739 412	3
《经济理论与经济管理》	0.557 377	0.801 535	0.897 397	0.732 630	4
《经济学动态》	0.688 525	0.547 937	0.879 132	0.703 531	5
《中国工业经济》	0.573 770	0.639 881	0.932 314	0.701 167	6
《金融研究》	0.590 164	0.575 893	0.922 846	0.685 687	7
《管理世界》	0.655 738	0.426 587	0.944 234	0.673 542	8
《政治经济学评论》	0.262 295	1.000 000	0.839 554	0.656 784	9
《世界经济》	0.377 049	0.702 415	0.922 662	0.638 343	10
《数量经济技术经济研究》	0.426 230	0.577 479	0.877 734	0.607 056	11
《经济学》	0.278 689	0.652 679	0.941 813	0.589 823	12
《证券市场导报》	0.426 230	0.517 593	0.871 722	0.587 287	13
《国际金融研究》	0.344 262	0.486 530	0.915 090	0.558 191	14
《保险研究》	0.393 443	0.424 342	0.881 492	0.549 127	15
《世界经济文汇》	0.196 721	0.716 667	0.828 904	0.542 360	16
《经济社会体制比较》	0.344 262	0.418 056	0.893 854	0.531 278	17
《金融评论》	0.180 328	0.568 510	0.907 895	0.515 053	18
《当代财经》	0.327 869	0.360 738	0.878 713	0.502 983	19
《南开经济研究》	0.180 328	0.518 640	0.906 843	0.499 776	20
《财经研究》	0.245 902	0.287 946	0.902 114	0.455 379	21

续前表

期刊名称	转载量归一值	转载率归一值	篇均分归一值	综合指数	名次
《国际经济评论》	0.180 328	0.404 966	0.870 124	0.454 658	22
《经济学家》	0.262 295	0.307 143	0.857 173	0.454 213	23
《南方经济》	0.229 508	0.345 183	0.859 563	0.453 227	24
《宏观经济研究》	0.278 689	0.234 295	0.877 228	0.444 933	25
《中国社会科学》	0.196 721	0.260 081	0.949 632	0.441 602	26
《财经科学》	0.262 295	0.255 952	0.841 367	0.434 114	27
《国际经贸探索》	0.213 115	0.306 469	0.839 289	0.428 973	28
《商业经济与管理》	0.213 115	0.286 373	0.858 236	0.428 629	29
《世界经济研究》	0.229 508	0.241 186	0.874 621	0.426 545	30

1. 理论经济学学科期刊排名

本学科涉及全文被转载的期刊数量为 244 种，转载全文总量为 615 篇，约占复印报刊资料学术刊全文转载总量（12 667 篇）的 4.9%，其中，转载量排在前 15 名的期刊共被转载 177 篇，约占复印报刊资料学术刊全文转载总量的 1.4%。理论经济学学科期刊全文转载量排名见表 2—19，全文转载率排名见表 2—20，综合指数排名见表 2—21。

表 2—19　　全文转载量排名

期刊名称	转载数	名次
《经济学动态》	21	1
《经济研究》	19	2
《改革》	18	3
《政治经济学评论》	12	4
《数量经济技术经济研究》	12	
《学术前沿》	12	
《世界经济》	11	7
《经济理论与经济管理》	11	
《国际金融研究》	10	9
《世界经济文汇》	9	10
《经济社会体制比较》	9	
《经济学家》	9	
《南京农业大学学报（社会科学版）》	8	13
《南方经济》	8	
《人民论坛》	8	

表 2—20　　全文转载率排名

期刊名称	转载数	发文数	转载率（%）	名次
《政治经济学评论》	12	43	27.91	1
《世界经济文汇》	9	45	20.00	2

续前表

期刊名称	转载数	发文数	转载率（%）	名次
《世界经济》	11	88	12.50	3
《中国经济史研究》	6	56	10.71	4
《经济研究》	19	180	10.56	5
《经济学动态》	21	206	10.19	6
《数量经济技术经济研究》	12	121	9.92	7
《经济理论与经济管理》	11	114	9.65	8
《金融评论》	5	52	9.62	9
《中国社会经济史研究》	5	54	9.26	10
《国际金融研究》	10	116	8.62	11
《经济学》	6	70	8.57	12
《南京农业大学学报（社会科学版）》	8	97	8.25	13
《改革》	18	224	8.04	14
《南方经济》	8	109	7.34	15

表 2—21　　　　综合指数排名

期刊名称	转载量归一值	转载率归一值	篇均分归一值	综合指数	名次
《政治经济学评论》	0.571 429	1.000 000	0.834 161	0.778 820	1
《经济学动态》	1.000 000	0.365 291	0.844 474	0.762 930	2
《经济研究》	0.904 762	0.378 241	0.885 864	0.741 136	3
《改革》	0.857 143	0.287 946	0.858 432	0.686 771	4
《世界经济文汇》	0.428 571	0.716 667	0.838 007	0.637 831	5
《世界经济》	0.523 810	0.447 917	0.890 640	0.611 091	6
《数量经济技术经济研究》	0.571 429	0.355 372	0.851 543	0.590 646	7
《经济理论与经济管理》	0.523 810	0.345 760	0.855 034	0.569 762	8
《国际金融研究》	0.476 190	0.308 908	0.919 814	0.559 093	9
《学术前沿》	0.571 429	0.194 570	0.837 452	0.538 178	10
《经济社会体制比较》	0.428 571	0.238 889	0.886 884	0.509 160	11
《南京农业大学学报（社会科学版）》	0.380 952	0.295 533	0.889 572	0.507 912	12
《中国经济史研究》	0.285 714	0.383 929	0.899 328	0.499 263	13
《经济学家》	0.428 571	0.230 357	0.817 497	0.485 785	14
《经济学》	0.285 714	0.307 143	0.916 650	0.481 424	15

2. 应用经济学学科期刊排名

本学科涉及全文被转载的期刊数量为389种，转载全文总量为1 552篇，约占复印报刊资料学术刊全文转载总量（12 667篇）的12.3%，其中，转载量排在前30名的期刊共被转载590篇，约占复印报刊资料学术刊全文转载总量的4.7%。应用经济学学科期刊全文转载量排名见表2—22，全文转载率排名见表2—23，综合指数排名见表2—24。

表 2—22　全文转载量排名

期刊名称	转载数	名次
《财贸经济》	49	1
《经济研究》	42	2
《管理世界》	36	3
《金融研究》	33	4
《中国工业经济》	31	5
《改革》	29	6
《证券市场导报》	26	7
《保险研究》	24	8
《经济理论与经济管理》	23	9
《中国金融》	23	
《经济学动态》	21	11
《当代财经》	19	12
《宏观经济研究》	17	13
《中国流通经济》	16	14
《财经问题研究》	15	15
《数量经济技术经济研究》	14	16
《国际贸易问题》	14	
《税务研究》	14	
《商业经济与管理》	13	19
《统计研究》	13	
《世界经济》	12	21
《经济社会体制比较》	12	
《财经研究》	12	
《世界经济研究》	12	
《财经科学》	12	
《中央财经大学学报》	12	
《经济与管理研究》	12	
《经济研究参考》	12	
《经济学》	11	29
《国际金融研究》	11	

表 2—23　全文转载率排名

期刊名称	转载数	发文数	转载率（%）	名次
《财贸经济》	49	154	31.82	1
《经济研究》	42	180	23.33	2
《中国工业经济》	31	147	21.09	3
《经济理论与经济管理》	23	114	20.18	4
《金融研究》	33	168	19.64	5
《证券市场导报》	26	135	19.26	6
《保险研究》	24	152	15.79	7
《经济学》	11	70	15.71	8

续前表

期刊名称	转载数	发文数	转载率（%）	名次
《管理世界》	36	252	14.29	9
《世界经济》	12	88	13.64	10
《改革》	29	224	12.95	11
《当代财经》	19	149	12.75	12
《南开经济研究》	7	57	12.28	13
《数量经济技术经济研究》	14	121	11.57	14
《金融评论》	6	52	11.54	15
《中国经济问题》	7	65	10.77	16
《金融监管研究》	9	84	10.71	17
《商业经济与管理》	13	122	10.66	18
《经济学动态》	21	206	10.19	19
《国际金融研究》	11	116	9.48	20
《政治经济学评论》	4	43	9.30	21
《北京工商大学学报（社会科学版）》	9	98	9.18	22
《产业经济研究》	6	66	9.09	23
《经济评论》	8	88	9.09	
《经济社会体制比较》	12	135	8.89	25
《宏观经济研究》	17	195	8.72	26
《财经研究》	12	140	8.57	27
《产经评论》	7	83	8.43	28
《国际经济评论》	6	73	8.22	29
《港澳研究》	3	39	7.69	30
《世界经济研究》	12	156	7.69	

表2—24　　　　　　　　　　　　综合指数排名

期刊名称	转载量归一值	转载率归一值	篇均分归一值	综合指数	名次
《财贸经济》	1.000 000	1.000 000	0.913 377	0.974 013	1
《经济研究》	0.857 143	0.733 333	0.958 197	0.850 316	2
《金融研究》	0.673 469	0.617 347	0.936 812	0.735 635	3
《中国工业经济》	0.632 653	0.66 2779	0.942 640	0.734 687	4
《管理世界》	0.734 694	0.448 980	0.963 489	0.717 618	5
《证券市场导报》	0.530 612	0.605 291	0.879 558	0.657 700	6
《经济理论与经济管理》	0.469 388	0.634 085	0.925 906	0.655 753	7
《改革》	0.591 837	0.406 888	0.890 771	0.626 033	8
《保险研究》	0.489 796	0.496 241	0.889 416	0.611 616	9
《经济学动态》	0.428 571	0.320 388	0.922 003	0.544 146	10
《当代财经》	0.387 755	0.400 767	0.888 887	0.541 998	11
《经济学》	0.224 490	0.493 878	0.964 128	0.527 198	12
《世界经济》	0.244 898	0.428 571	0.960 573	0.514 702	13
《数量经济技术经济研究》	0.285 714	0.363 636	0.908 275	0.495 859	14

续前表

期刊名称	转载量归一值	转载率归一值	篇均分归一值	综合指数	名次
《宏观经济研究》	0.346 939	0.273 993	0.885 114	0.486 508	15
《商业经济与管理》	0.265 306	0.334 895	0.865 951	0.466 376	16
《国际金融研究》	0.224 490	0.298 030	0.918 982	0.454 900	17
《南开经济研究》	0.142 857	0.385 965	0.938 527	0.454 490	18
《经济社会体制比较》	0.244 898	0.279 365	0.907 163	0.453 918	19
《财经研究》	0.244 898	0.269 388	0.913 326	0.452 773	20
《中国金融》	0.469 388	0.087 725	0.787 915	0.450 447	21
《财经问题研究》	0.306 122	0.204 082	0.881 818	0.448 219	22
《国际贸易问题》	0.285 714	0.217 822	0.884 012	0.444 836	23
《金融监管研究》	0.183 673	0.336 735	0.896 554	0.443 456	24
《中国经济问题》	0.142 857	0.338 462	0.927 517	0.436 937	25
《统计研究》	0.265 306	0.213 912	0.879 483	0.434 141	26
《世界经济研究》	0.244 898	0.241 758	0.875 173	0.433 039	27
《中国流通经济》	0.326 531	0.198 758	0.807 235	0.432 410	28
《金融评论》	0.122 449	0.362 637	0.906 975	0.429 863	29
《财经科学》	0.244 898	0.224 490	0.876 096	0.428 135	30

三、法学学科期刊排名

本学科涉及全文被转载的期刊数量为 182 种，转载全文总量为 995 篇，约占复印报刊资料学术刊全文转载总量（12 667 篇）的 7.9%，其中，转载量排在前 30 名的期刊共被转载 653 篇，约占复印报刊资料学术刊全文转载总量的 5.2%。法学学科期刊全文转载量排名见表 2—25，全文转载率排名见表 2—26，综合指数排名见表 2—27。

表 2—25　　全文转载量排名

期刊名称	转载数	名次
《政治与法律》	54	1
《法学》	54	
《法商研究》	41	3
《法律科学（西北政法大学学报）》	34	4
《比较法研究》	32	5
《环球法律评论》	30	6
《清华法学》	28	7
《法制与社会发展》	28	
《北方法学》	25	9
《华东政法大学学报》	24	10
《东方法学》	24	
《法学评论》	24	
《国家检察官学院学报》	22	13

续前表

期刊名称	转载数	名次
《当代法学》	21	14
《政法论坛》	21	
《河北法学》	20	16
《中外法学》	17	17
《法学杂志》	16	18
《现代法学》	15	19
《中国刑事法杂志》	15	
《法律适用》	15	
《交大法学》	13	22
《法学论坛》	13	
《法学家》	12	24
《法治研究》	12	
《证据科学》	9	26
《甘肃政法学院学报》	9	
《暨南学报（哲学社会科学版）》	9	
《行政法学研究》	8	29
《西部法学评论》	8	

表 2—26　　全文转载率排名

期刊名称	转载数	发文数	转载率（%）	名次
《清华法学》	28	59	47.46	1
《比较法研究》	32	78	41.03	2
《法商研究》	41	111	36.94	3
《环球法律评论》	30	94	31.91	4
《华东政法大学学报》	24	80	30.00	5
《法制与社会发展》	28	96	29.17	6
《政治与法律》	54	186	29.03	7
《法律科学（西北政法大学学报）》	34	123	27.64	8
《法学》	54	201	26.87	9
《交大法学》	13	50	26.00	10
《东方法学》	24	94	25.53	11
《北方法学》	25	100	25.00	12
《中外法学》	17	71	23.94	13
《当代法学》	21	97	21.65	14
《国家检察官学院学报》	22	105	20.95	15
《政法论坛》	21	105	20.00	16
《法学评论》	24	127	18.90	17
《法学家》	12	77	15.58	18
《证据科学》	9	60	15.00	19
《现代法学》	15	101	14.85	20
《中国刑事法杂志》	15	101	14.85	

续前表

期刊名称	转载数	发文数	转载率（%）	名次
《苏州大学学报（法学版）》	7	58	12.07	22
《法学论坛》	13	113	11.50	23
《行政法学研究》	8	74	10.81	24
《甘肃政法学院学报》	9	87	10.34	25
《港澳研究》	4	39	10.26	26
《国际法研究》	5	55	9.09	27
《法学杂志》	16	191	8.38	28
《西部法学评论》	8	98	8.16	29
《法治研究》	12	173	6.94	30

表 2—27　综合指数排名

期刊名称	转载量归一值	转载率归一值	篇均分归一值	综合指数	名次
《政治与法律》	1.000 000	0.611 751	0.820 341	0.829 628	1
《法学》	1.000 000	0.566 098	0.833 860	0.819 987	2
《法商研究》	0.759 259	0.778 314	0.840 696	0.789 407	3
《清华法学》	0.518 519	1.000 000	0.849 867	0.762 368	4
《比较法研究》	0.592 593	0.864 469	0.816 581	0.741 352	5
《法律科学（西北政法大学学报）》	0.629 630	0.582 462	0.838 028	0.677 999	6
《环球法律评论》	0.555 556	0.672 492	0.836 861	0.675 028	7
《法制与社会发展》	0.518 519	0.614 583	0.847 038	0.645 894	8
《华东政法大学学报》	0.444 444	0.632 143	0.817 187	0.612 577	9
《北方法学》	0.462 963	0.526 786	0.803 090	0.584 148	10
《东方法学》	0.444 444	0.537 994	0.810 761	0.582 404	11
《法学评论》	0.444 444	0.398 200	0.826 707	0.545 250	12
《当代法学》	0.388 889	0.456 186	0.833 486	0.542 457	13
《国家检察官学院学报》	0.407 407	0.441 497	0.810 459	0.538 550	14
《中外法学》	0.314 815	0.504 527	0.828 370	0.525 795	15
《政法论坛》	0.388 889	0.421 429	0.812 179	0.525 638	16
《交大法学》	0.240 741	0.547 857	0.793 197	0.498 613	17
《现代法学》	0.277 778	0.312 942	0.848 892	0.459 661	18
《中国刑事法杂志》	0.277 778	0.312 942	0.846 065	0.458 813	19
《河北法学》	0.370 370	0.143 343	0.817 155	0.43 6297	20
《法学家》	0.222 222	0.328 386	0.791 203	0.424 766	21
《法学论坛》	0.240 741	0.242 415	0.850 160	0.424 069	22
《法学杂志》	0.296 296	0.176 515	0.803 007	0.412 375	23
《证据科学》	0.166 667	0.316 071	0.826 773	0.409 520	24
《法律适用》	0.277 778	0.123 950	0.810 381	0.391 411	25
《法治研究》	0.222 222	0.146 160	0.861 901	0.391 307	26
《苏州大学学报（法学版）》	0.129 630	0.254 310	0.861 285	0.386 531	27

续前表

期刊名称	转载量归一值	转载率归一值	篇均分归一值	综合指数	名次
《甘肃政法学院学报》	0.166 667	0.217 980	0.828 679	0.380 665	28
《行政法学研究》	0.148 148	0.227 799	0.828 625	0.376 186	29
《港澳研究》	0.074 074	0.216 117	0.896 508	0.363 417	30

四、政治学学科期刊排名

本学科涉及全文被转载的期刊数量为281种，转载全文总量为1 070篇，约占复印报刊资料学术刊全文转载总量（12 667篇）的8.4%，其中，转载量排在前30名的期刊共被转载431篇，约占复印报刊资料学术刊全文转载总量的3.4%。政治学学科期刊全文转载量排名见表2—28，全文转载率排名见表2—29，综合指数排名见表2—30。

表2—28　　全文转载量排名

期刊名称	转载数	名次
《现代国际关系》	31	1
《当代世界》	27	2
《世界经济与政治》	25	3
《政治学研究》	24	4
《学术前沿》	23	5
《欧洲研究》	19	6
《当代世界与社会主义》	19	
《国际观察》	18	8
《外交评论（外交学院学报）》	16	9
《国际关系研究》	16	
《国际安全研究》	14	11
《国际政治研究》	14	
《新视野》	14	
《国际问题研究》	13	14
《世界知识》	13	
《人民论坛》	13	
《国外理论动态》	12	17
《当代亚太》	11	18
《社会科学》	11	
《社会主义研究》	10	20
《马克思主义与现实》	10	
《国际展望》	9	22
《和平与发展》	9	
《观察与思考》	9	
《探索》	9	
《探索与争鸣》	9	
《理论与改革》	9	

续前表

期刊名称	转载数	名次
《新疆师范大学学报（哲学社会科学版）》	8	28
《中共中央党校学报》	8	
《教学与研究》	8	

表 2—29　　全文转载率排名

期刊名称	转载数	发文数	转载率（%）	名次
《政治学研究》	24	77	31.17	1
《当代亚太》	11	38	28.95	2
《国际安全研究》	14	50	28.00	3
《世界经济与政治》	25	90	27.78	4
《外交评论（外交学院学报）》	16	58	27.59	5
《欧洲研究》	19	69	27.54	6
《国际政治研究》	14	52	26.92	7
《国际观察》	18	72	25.00	8
《现代国际关系》	31	129	24.03	9
《国际问题研究》	13	68	19.12	10
《国际关系研究》	16	89	17.98	11
《国际展望》	9	64	14.06	12
《和平与发展》	9	65	13.85	13
《当代世界社会主义问题》	5	39	12.82	14
《阿拉伯世界研究》	7	56	12.50	15
《日本学刊》	7	56	12.50	
《学术前沿》	23	221	10.41	17
《当代世界》	27	262	10.31	18
《台湾研究集刊》	6	64	9.38	19
《新视野》	14	162	8.64	20
《当代世界与社会主义》	19	223	8.52	21
《西亚非洲》	5	59	8.47	22
《俄罗斯研究》	4	49	8.16	23
《台海研究》	3	37	8.11	24
《南亚研究》	3	38	7.89	25
《中共杭州市委党校学报》	7	89	7.87	26
《港澳研究》	3	39	7.69	27
《新疆师范大学学报（哲学社会科学版）》	8	110	7.27	28
《拉丁美洲研究》	6	86	6.98	29
《台湾研究》	5	72	6.94	30

表 2—30　　综合指数排名

期刊名称	转载量归一值	转载率归一值	篇均分归一值	综合指数	名次
《现代国际关系》	1.000 000	0.770 995	0.884 726	0.896 716	1
《世界经济与政治》	0.806 452	0.891 204	0.947 317	0.874 137	2
《政治学研究》	0.774 194	1.000 000	0.852 496	0.865 426	3
《欧洲研究》	0.612 903	0.883 454	0.876 541	0.773 160	4
《外交评论（外交学院学报）》	0.516 129	0.885 057	0.922 309	0.748 661	5
《国际观察》	0.580 645	0.802 083	0.916 514	0.747 837	6
《国际安全研究》	0.451 613	0.898 333	0.940 393	0.732 263	7
《国际政治研究》	0.451 613	0.863 782	0.921 135	0.716 120	8
《当代世界》	0.870 968	0.330 630	0.865 282	0.707 161	9
《当代亚太》	0.354 839	0.928 728	0.915 980	0.695 348	10
《学术前沿》	0.741 935	0.333 899	0.906 391	0.668 861	11
《国际关系研究》	0.516 129	0.576 779	0.870 430	0.640 614	12
《国际问题研究》	0.419 355	0.613 358	0.903 398	0.622 769	13
《当代世界与社会主义》	0.612 903	0.273 356	0.894 424	0.595 495	14
《新视野》	0.451 613	0.277 263	0.875 618	0.526 510	15
《国际展望》	0.290 323	0.451 172	0.909 651	0.524 376	16
《和平与发展》	0.290 323	0.444 231	0.900 834	0.519 649	17
《阿拉伯世界研究》	0.225 806	0.401 042	0.922 626	0.487 423	18
《当代世界社会主义问题》	0.161 290	0.411 325	0.954 955	0.474 400	19
《日本学刊》	0.225 806	0.401 042	0.874 745	0.473 059	20
《国外理论动态》	0.387 097	0.209 239	0.840 218	0.469 676	21
《社会主义研究》	0.322 581	0.205 662	0.904 570	0.462 102	22
《马克思主义与现实》	0.322 581	0.179 236	0.906 425	0.454 731	23
《世界知识》	0.419 355	0.084 089	0.857 761	0.450 297	24
《台湾研究集刊》	0.193 548	0.300 781	0.937 891	0.449 021	25
《社会科学》	0.354 839	0.141 734	0.874 256	0.446 733	26
《新疆师范大学学报（哲学社会科学版）》	0.258 065	0.233 333	0.910 033	0.446 236	27
《中共杭州市委党校学报》	0.225 806	0.252 341	0.907 951	0.438 410	28
《中共中央党校学报》	0.258 065	0.200 521	0.906 475	0.435 325	29
《人民论坛》	0.419 355	0.024 665	0.861 279	0.433 525	30

五、社会学学科期刊排名

本学科涉及全文被转载的期刊数量为199种，转载全文总量为536篇，约占复印报刊资料学术刊全文转载总量（12 667篇）的4.2%，其中，转载量排在前20名的期刊共被转载195篇，约占复印报刊资料学术刊全文转载总量的1.5%。社会学学科期刊全文转载量排名见表 2—31，全文转载率排名见表 2—32，综合指数排名见表 2—33。

表 2—31　　　　全文转载量排名

期刊名称	转载数	名次
《社会学研究》	15	1
《青年研究》	12	2
《社会学评论》	12	
《华东理工大学学报（社会科学版）》	12	
《妇女研究论丛》	12	
《社会科学》	12	
《人口研究》	11	7
《民族研究》	11	
《社会工作》	11	
《中国青年政治学院学报》	11	
《社会》	10	11
《中国人口科学》	10	
《中国青年研究》	9	13
《青年探索》	8	14
《人文杂志》	7	15
《学术月刊》	7	
《学术研究》	7	
《开放时代》	6	18
《中国社会科学》	6	
《中华女子学院学报》	6	

表 2—32　　　　全文转载率排名

期刊名称	转载数	发文数	转载率（%）	名次
《社会学研究》	15	65	23.08	1
《青年研究》	12	56	21.43	2
《人口研究》	11	53	20.75	3
《社会学评论》	12	63	19.05	4
《社会》	10	61	16.39	5
《中国人口科学》	10	70	14.29	6
《民族研究》	11	78	14.10	7
《华东理工大学学报（社会科学版）》	12	88	13.64	8
《妇女研究论丛》	12	113	10.62	9
《南方人口》	5	51	9.80	10
《社会工作》	11	120	9.17	11
《青年探索》	8	94	8.51	12
《开放时代》	6	76	7.89	13
《中国青年政治学院学报》	11	163	6.75	14

续前表

期刊名称	转载数	发文数	转载率（%）	名次
《人口与发展》	5	76	6.58	15
《社会工作与管理》	5	79	6.33	16
《人口学刊》	4	65	6.15	17
《北京青年研究》	4	67	5.97	18
《人口与经济》	5	85	5.88	19
《北京工业大学学报（社会科学版）》	4	82	4.88	20

表2—33　　综合指数排名

期刊名称	转载量归一值	转载率归一值	篇均分归一值	综合指数	名次
《社会学研究》	1.000 000	1.000 000	0.936 768	0.981 030	1
《青年研究》	0.800 000	0.928 571	0.925 424	0.876 199	2
《人口研究》	0.733 333	0.899 371	0.952 834	0.848 995	3
《社会学评论》	0.800 000	0.825 397	0.903 054	0.838 535	4
《社会》	0.666 667	0.710 383	0.956 536	0.766 743	5
《华东理工大学学报（社会科学版）》	0.800 000	0.590 909	0.896 247	0.766 147	6
《民族研究》	0.733 333	0.611 111	0.916 831	0.751 716	7
《妇女研究论丛》	0.800 000	0.460 177	0.896 922	0.727 130	8
《中国人口科学》	0.666 667	0.619 048	0.901 015	0.722 686	9
《社会工作》	0.733 333	0.397 222	0.869 244	0.673 273	10
《中国青年政治学院学报》	0.733 333	0.292 434	0.888 296	0.647 552	11
《社会科学》	0.800 000	0.208 835	0.856 694	0.639 659	12
《青年探索》	0.533 333	0.368 794	0.926 154	0.601 818	13
《中国青年研究》	0.600 000	0.144 981	0.890 875	0.550 757	14
《开放时代》	0.400 000	0.342 105	0.944 092	0.545 859	15
《南方人口》	0.333 333	0.424 837	0.909 594	0.533 663	16
《学术月刊》	0.466 667	0.136 024	0.958 719	0.515 090	17
《中国社会科学》	0.400 000	0.209 677	0.965 820	0.512 649	18
《人文杂志》	0.466 667	0.141 085	0.942 504	0.511 744	19
《学术研究》	0.466 667	0.112 763	0.924 294	0.497 784	20

六、民族学学科期刊排名

本学科涉及全文被转载的期刊数量为40种，转载全文总量为83篇，约占复印报刊资料学术刊全文转载总量（12 667篇）的0.7%，其中，转载量排在前5名的期刊共被转载31篇，约占复印报刊资料学术刊全文转载总量的0.2%。民族学学科期刊全文转载量排名见表2—34，全文转载率排名见表2—35，综合指数排名见表2—36。

表 2—34 **全文转载量排名**

期刊名称	转载数	名次
《黑龙江民族丛刊》	8	1
《中南民族大学学报（人文社会科学版）》	7	2
《西南民族大学学报（人文社会科学版）》	7	
《广西民族研究》	5	4
《云南民族大学学报（哲学社会科学版）》	4	5

表 2—35 **全文转载率排名**

期刊名称	转载数	发文数	转载率（%）	名次
《黑龙江民族丛刊》	8	210	3.81	1
《广西民族研究》	5	138	3.62	2
《中南民族大学学报（人文社会科学版）》	7	216	3.24	3
《云南民族大学学报（哲学社会科学版）》	4	159	2.52	4
《中央民族大学学报（哲学社会科学版）》	4	161	2.48	5

表 2—36 **综合指数排名**

期刊名称	转载量归一值	转载率归一值	篇均分归一值	综合指数	名次
《黑龙江民族丛刊》	1.000 000	1.000 000	0.851 089	0.955 327	1
《中南民族大学学报（人文社会科学版）》	0.875 000	0.850 694	0.869 841	0.866 161	2
《广西民族研究》	0.625 000	0.951 087	0.880 736	0.799 547	3
《西南民族大学学报（人文社会科学版）》	0.875 000	0.348 011	0.825 384	0.702 019	4
《中央民族大学学报（哲学社会科学版）》	0.500 000	0.652 174	0.895 724	0.664 369	5

七、马克思主义理论学科期刊排名

本学科涉及全文被转载的期刊数量为 192 种，转载全文总量为 499 篇，约占复印报刊资料学术刊全文转载总量（12 667 篇）的 3.9%，其中，转载量排在前 20 名的期刊共被转载 235 篇，约占复印报刊资料学术刊全文转载总量的 1.9%。马克思主义理论学科期刊全文转载量排名见表 2—37，全文转载率排名见表 2—38，综合指数排名见表 2—39。

表 2—37 **全文转载量排名**

期刊名称	转载数	名次
《思想理论教育》	29	1
《学校党建与思想教育》	26	2
《马克思主义研究》	24	3
《思想教育研究》	20	4
《思想理论教育导刊》	18	5
《教学与研究》	17	6
《毛泽东邓小平理论研究》	13	7

续前表

期刊名称	转载数	名次
《中国军队政治工作》	10	8
《思想政治教育研究》	9	9
《科学社会主义》	9	
《中国特色社会主义研究》	7	11
《马克思主义与现实》	7	
《党的文献》	6	13
《中共中央党校学报》	6	
《中国浦东干部学院学报》	6	
《观察与思考》	6	
《学术论坛》	6	
《湖北社会科学》	6	
《现代哲学》	5	19
《党政研究》	5	

表 2—38　　全文转载率排名

期刊名称	转载数	发文数	转载率（%）	名次
《思想理论教育》	29	261	11.11	1
《马克思主义研究》	24	235	10.21	2
《教学与研究》	17	168	10.12	3
《毛泽东邓小平理论研究》	13	176	7.39	4
《思想教育研究》	20	301	6.64	5
《中国特色社会主义研究》	7	124	5.65	6
《党的文献》	6	116	5.17	7
《中国高校社会科学》	4	82	4.88	8
《中共中央党校学报》	6	128	4.69	9
《中国浦东干部学院学报》	6	129	4.65	10
《思想理论教育导刊》	18	395	4.56	11
《现代哲学》	5	110	4.55	12
《工会理论研究（上海工会管理职业学院学报）》	3	71	4.23	13
《思想政治教育研究》	9	219	4.11	14
《马克思主义与现实》	7	179	3.91	15
《政治学研究》	3	77	3.90	16
《科学社会主义》	9	235	3.83	17
《党政研究》	5	132	3.79	18
《西南大学学报（社会科学版）》	5	141	3.55	19
《观察与思考》	6	180	3.33	20

表 2—39　　综合指数排名

期刊名称	转载量归一值	转载率归一值	篇均分归一值	综合指数	名次
《思想理论教育》	1.000 000	1.000 000	0.901 457	0.970 437	1
《马克思主义研究》	0.827 586	0.919 149	0.910 194	0.879 837	2
《教学与研究》	0.586 207	0.910 714	0.904 944	0.779 180	3
《思想教育研究》	0.689 655	0.598 007	0.916 577	0.730 237	4
《学校党建与思想教育》	0.896 552	0.279 904	0.901 340	0.712 994	5
《毛泽东邓小平理论研究》	0.448 276	0.664 773	0.910 995	0.652 041	6
《思想理论教育导刊》	0.620 690	0.410 127	0.918 249	0.646 789	7
《中国特色社会主义研究》	0.241 379	0.508 064	0.906 580	0.520 945	8
《思想政治教育研究》	0.310 345	0.369 863	0.922 792	0.511 935	9
《党的文献》	0.206 897	0.465 517	0.916 747	0.497 438	10
《科学社会主义》	0.310 345	0.344 681	0.859 101	0.485 273	11
《中国军队政治工作》	0.344 828	0.290 323	0.860 624	0.483 215	12
《中国浦东干部学院学报》	0.206 897	0.418 605	0.901 604	0.478 822	13
《中国高校社会科学》	0.137 931	0.439 024	0.973 083	0.478 805	14
《中共中央党校学报》	0.206 897	0.421 875	0.894 074	0.477 544	15
《现代哲学》	0.172 414	0.409 091	0.880 819	0.455 939	16
《马克思主义与现实》	0.241 379	0.351 955	0.804 535	0.443 499	17
《党政研究》	0.172 414	0.340 909	0.904 294	0.442 527	18
《观察与思考》	0.206 897	0.300 000	0.877 773	0.436 091	19
《政治学研究》	0.103 448	0.350 649	0.901 685	0.417 079	20

八、教育学学科期刊排名

本学科涉及全文被转载的期刊数量为 205 种，转载全文总量为 1 147 篇，约占复印报刊资料学术刊全文转载总量（12 667 篇）的 9.1%，其中，转载量排在前 30 名的期刊共被转载 647 篇，约占复印报刊资料学术刊全文转载总量的 5.1%。教育学学科期刊全文转载量排名见表 2—40，全文转载率排名见表 2—41，综合指数排名见表 2—42。

表 2—40　　全文转载量排名

期刊名称	转载数	名次
《教育研究》	67	1
《教育发展研究》	44	2
《全球教育展望》	31	3
《教育学术月刊》	31	
《高等教育研究》	30	5
《比较教育研究》	28	6
《教育科学研究》	25	7
《现代教育管理》	25	
《职教论坛》	25	

续前表

期刊名称	转载数	名次
《外国教育研究》	24	10
《中国教育学刊》	22	11
《中小学管理》	20	12
《课程・教材・教法》	20	
《中国高教研究》	19	14
《人民教育》	19	
《当代教育科学》	19	
《中国职业技术教育》	18	17
《教育学报》	17	18
《北京大学教育评论》	16	19
《清华大学教育研究》	15	20
《河北师范大学学报（教育科学版）》	15	
《上海教育科研》	15	
《教育理论与实践》	14	23
《教育研究与实验》	13	24
《河北大学成人教育学院学报》	13	
《中国电化教育》	13	
《教学与管理》	13	
《开放教育研究》	12	28
《现代远程教育研究》	12	
《职业技术教育》	12	

表 2—41　　全文转载率排名

期刊名称	转载数	发文数	转载率（%）	名次
《北京大学教育评论》	16	48	33.33	1
《教育研究》	67	267	25.09	2
《教育学报》	17	91	18.68	3
《全球教育展望》	31	170	18.24	4
《高等教育研究》	30	187	16.04	5
《清华大学教育研究》	15	96	15.63	6
《教育与经济》	10	67	14.93	7
《教育学术月刊》	31	209	14.83	8
《开放教育研究》	12	81	14.81	9
《教育科学研究》	25	174	14.37	10
《现代远程教育研究》	12	85	14.12	11
《外国教育研究》	24	172	13.95	12
《教育发展研究》	44	324	13.58	13
《比较教育研究》	28	218	12.84	14
《教育研究与实验》	13	110	11.82	15
《河北大学成人教育学院学报》	13	111	11.71	16
《中国人民大学教育学刊》	6	54	11.11	17

续前表

期刊名称	转载数	发文数	转载率（%）	名次
《复旦教育论坛》	11	100	11.00	18
《现代远距离教育》	8	75	10.67	19
《苏州大学学报（教育科学版）》	6	59	10.17	20
《基础教育》	9	89	10.11	21
《华东师范大学学报（教育科学版）》	6	62	9.68	22
《河北师范大学学报（教育科学版）》	15	163	9.20	23
《现代大学教育》	9	99	9.09	24
《中小学管理》	20	238	8.40	25
《现代教育管理》	25	308	8.12	26
《课程·教材·教法》	20	248	8.06	27
《中国教育学刊》	22	275	8.00	28
《中国高教研究》	19	261	7.28	29
《外国中小学教育》	9	127	7.09	30

表 2—42　　综合指数排名

期刊名称	转载量归一值	转载率归一值	篇均分归一值	综合指数	名次
《教育研究》	1.000 000	0.752 809	0.8406 18	0.878 028	1
《北京大学教育评论》	0.238 806	1.000 000	0.882 405	0.660 244	2
《教育发展研究》	0.656 716	0.407 407	0.832 032	0.634 518	3
《全球教育展望》	0.462 687	0.547 059	0.806 745	0.591 216	4
《高等教育研究》	0.447 761	0.481 283	0.846 347	0.577 393	5
《教育学术月刊》	0.462 687	0.444 976	0.835 279	0.569 151	6
《教育科学研究》	0.373 134	0.431 034	0.828 709	0.527 177	7
《比较教育研究》	0.417 910	0.385 321	0.813 752	0.526 886	8
《教育学报》	0.253 731	0.560 440	0.812 354	0.513 331	9
《外国教育研究》	0.358 209	0.418 605	0.802 801	0.509 705	10
《清华大学教育研究》	0.223 881	0.468 750	0.804 855	0.471 634	11
《开放教育研究》	0.179 104	0.444 444	0.871 959	0.466 563	12
《现代教育管理》	0.373 134	0.243 506	0.813 585	0.466 381	13
《现代远程教育研究》	0.179 104	0.423 529	0.884 321	0.463 997	14
《教育与经济》	0.149 254	0.447 761	0.873 935	0.456 210	15
《中国教育学刊》	0.328 358	0.240 000	0.826 821	0.451 390	16
《课程·教材·教法》	0.298 507	0.241 935	0.812 441	0.435 716	17
《教育研究与实验》	0.194 030	0.354 545	0.836 386	0.434 891	18
《中小学管理》	0.298 507	0.252 101	0.780 311	0.429 126	19
《职教论坛》	0.373 134	0.091 687	0.834 903	0.427 231	20
《河北大学成人教育学院学报》	0.194 030	0.351 351	0.813 544	0.427 081	21
《中国高教研究》	0.283 582	0.218 391	0.818 094	0.424 378	22
《复旦教育论坛》	0.164 179	0.330 000	0.831 697	0.414 181	23
《河北师范大学学报（教育科学版）》	0.223 881	0.276 074	0.770 177	0.403 428	24

续前表

期刊名称	转载量归一值	转载率归一值	篇均分归一值	综合指数	名次
《现代远距离教育》	0.119 403	0.320 000	0.851 172	0.399 113	25
《人民教育》	0.283 582	0.134 434	0.785 268	0.389 343	26
《当代教育科学》	0.283 582	0.130 435	0.784 092	0.387 791	27
《中国人民大学教育学刊》	0.089 552	0.333 333	0.834 945	0.386 304	28
《基础教育》	0.134 328	0.303 371	0.790 303	0.381 833	29
《苏州大学学报（教育科学版）》	0.089 552	0.305 085	0.837 869	0.378 707	30

九、心理学学科期刊排名

本学科涉及全文被转载的期刊数量为 31 种，转载全文总量为 132 篇，约占复印报刊资料学术刊全文转载总量（12 667 篇）的 1.0%，其中，转载量排在前 10 名的期刊共被转载 103 篇，约占复印报刊资料学术刊全文转载总量的 0.8%。心理学学科期刊全文转载量排名见表 2—43，全文转载率排名见表 2—44，综合指数排名见表 2—45。

表 2—43　　全文转载量排名

期刊名称	转载数	名次
《心理科学进展》	23	1
《心理学报》	22	2
《心理科学》	14	3
《心理发展与教育》	11	4
《心理研究》	7	5
《心理与行为研究》	7	
《应用心理学》	6	7
《心理学探新》	5	8
《北京师范大学学报（社会科学版）》	4	9
《西南大学学报（社会科学版）》	4	

表 2—44　　全文转载率排名

期刊名称	转载数	发文数	转载率（%）	名次
《心理学报》	22	148	14.86	1
《心理发展与教育》	11	82	13.41	2
《应用心理学》	6	46	13.04	3
《心理科学进展》	23	210	10.95	4
《心理研究》	7	93	7.53	5
《心理科学》	14	244	5.74	6
《心理学探新》	5	96	5.21	7
《心理与行为研究》	7	141	4.96	8
《北京师范大学学报（社会科学版）》	4	100	4.00	9
《西南大学学报（社会科学版）》	4	141	2.84	10

表 2—45

综合指数排名

期刊名称	转载量归一值	转载率归一值	篇均分归一值	综合指数	名次
《心理学报》	0.956 522	1.000 000	0.968 272	0.973 090	1
《心理科学进展》	1.000 000	0.736 797	0.957 474	0.908 281	2
《心理发展与教育》	0.478 261	0.902 439	0.884 153	0.727 282	3
《应用心理学》	0.260 870	0.877 470	0.866 585	0.627 565	4
《心理科学》	0.608 696	0.385 991	0.879 817	0.623 221	5
《心理研究》	0.304 348	0.506 354	0.841 542	0.526 108	6
《心理与行为研究》	0.304 348	0.333 978	0.905 887	0.493 699	7
《心理学探新》	0.217 391	0.350 379	0.837 941	0.443 452	8
《北京师范大学学报（社会科学版）》	0.173 913	0.269 091	0.907 297	0.422 482	9
《西南大学学报（社会科学版）》	0.173 913	0.190 845	0.902 203	0.397 480	10

十、体育学学科期刊排名

本学科涉及全文被转载的期刊数量为 26 种，转载全文总量为 119 篇，约占复印报刊资料学术刊全文转载总量（12 667 篇）的 0.9%，其中，转载量排在前 10 名的期刊共被转载 85 篇，约占复印报刊资料学术刊全文转载总量的 0.7%。体育学学科期刊全文转载量排名见表 2—46，全文转载率排名见表 2—47，综合指数排名见表 2—48。

表 2—46

全文转载量排名

期刊名称	转载数	名次
《体育科学》	16	1
《武汉体育学院学报》	10	2
《北京体育大学学报》	10	
《上海体育学院学报》	8	4
《西安体育学院学报》	8	
《首都体育学院学报》	7	6
《体育与科学》	7	
《沈阳体育学院学报》	7	
《天津体育学院学报》	6	9
《成都体育学院学报》	6	

表 2—47

全文转载率排名

期刊名称	转载数	发文数	转载率（%）	名次
《体育科学》	16	145	11.03	1
《上海体育学院学报》	8	107	7.48	2
《首都体育学院学报》	7	118	5.93	3
《西安体育学院学报》	8	143	5.59	4
《天津体育学院学报》	6	111	5.41	5

续前表

期刊名称	转载数	发文数	转载率（%）	名次
《体育与科学》	7	145	4.83	6
《武汉体育学院学报》	10	219	4.57	7
《沈阳体育学院学报》	7	191	3.66	8
《山东体育学院学报》	5	141	3.55	9
《北京体育大学学报》	10	295	3.39	10

表2—48　　综合指数排名

期刊名称	转载量归一值	转载率归一值	篇均分归一值	综合指数	名次
《体育科学》	1.000 000	1.000 000	0.994 570	0.998 371	1
《上海体育学院学报》	0.500 000	0.677 570	0.892 383	0.670 986	2
《武汉体育学院学报》	0.625 000	0.413 813	0.913 552	0.648 210	3
《北京体育大学学报》	0.625 000	0.307 203	1.000 000	0.642 161	4
《西安体育学院学报》	0.500 000	0.506 993	0.916 596	0.627 077	5
《首都体育学院学报》	0.437 500	0.537 606	0.883 020	0.601 188	6
《体育与科学》	0.437 500	0.437 500	0.941 548	0.588 714	7
《天津体育学院学报》	0.375 000	0.489 865	0.924 466	0.574 299	8
《沈阳体育学院学报》	0.437 500	0.332 133	0.866 155	0.534 486	9
《成都体育学院学报》	0.375 000	0.241 667	0.918 349	0.498 005	10

十一、语言文学学科期刊排名

本学科涉及全文被转载的期刊数量为227种，转载全文总量为983篇，约占复印报刊资料学术刊全文转载总量（12 667篇）的7.8%，其中，转载量排在前30名的期刊共被转载478篇，约占复印报刊资料学术刊全文转载总量的3.8%。语言文学学科期刊全文转载量排名见表2—49，全文转载率排名见表2—50，综合指数排名见表2—51。

表2—49　　全文转载量排名

期刊名称	转载数	名次
《文学评论》	44	1
《文艺研究》	39	2
《中国现代文学研究丛刊》	39	
《文学遗产》	32	4
《文艺争鸣》	28	5
《外国文学》	20	6
《外国文学评论》	18	7
《文艺理论研究》	17	8
《北京大学学报（哲学社会科学版）》	16	9
《复旦学报（社会科学版）》	15	10
《南方文坛》	15	

续前表

期刊名称	转载数	名次
《当代语言学》	14	12
《中国语文》	14	
《长江学术》	14	
《外国文学研究》	14	
《中国人民大学学报》	11	16
《世界汉语教学》	10	17
《外语教学与研究》	10	
《中国社会科学》	10	
《鲁迅研究月刊》	10	
《学术研究》	10	
《江汉论坛》	10	
《杭州师范大学学报（社会科学版）》	9	23
《文艺理论与批评》	9	
《小说评论》	9	
《海南师范大学学报（社会科学版）》	9	
《汉语学报》	8	27
《汉语言文学研究》	8	
《北京师范大学学报（社会科学版）》	8	
《俄罗斯文艺》	8	

表 2—50　　全文转载率排名

期刊名称	转载数	发文数	转载率（%）	名次
《文学遗产》	32	102	31.37	1
《当代语言学》	14	48	29.17	2
《文学评论》	44	161	27.33	3
《外国文学评论》	18	67	26.87	4
《中国语文》	14	61	22.95	5
《长江学术》	14	64	21.88	6
《世界汉语教学》	10	46	21.74	7
《外国文学》	20	98	20.41	8
《汉语学报》	8	47	17.02	9
《方言》	7	43	16.28	10
《文艺研究》	39	242	16.12	11
《北京大学学报（哲学社会科学版）》	16	101	15.84	12
《中国现代文学研究丛刊》	39	255	15.29	13
《复旦学报（社会科学版）》	15	106	14.15	14
《语文研究》	6	46	13.04	15
《文艺理论研究》	17	138	12.32	16
《汉语言文学研究》	8	66	12.12	17
《外语教学与研究》	10	90	11.11	18
《外国文学研究》	14	141	9.93	19

续前表

期刊名称	转载数	发文数	转载率（%）	名次
《中国人民大学学报》	11	111	9.91	20
《民族语文》	6	61	9.84	21
《国外文学》	7	74	9.46	22
《杭州师范大学学报（社会科学版）》	9	104	8.65	23
《语言教学与研究》	7	82	8.54	24
《现代外语》	5	59	8.47	25
《南方文坛》	15	181	8.29	26
《中国社会科学》	10	124	8.06	27
《北京师范大学学报（社会科学版）》	8	100	8.00	28
《俄罗斯文艺》	8	104	7.69	29
《文学与文化》	5	65	7.69	

表 2—51　　综合指数排名

期刊名称	转载量归一值	转载率归一值	篇均分归一值	综合指数	名次
《文学评论》	1.000 000	0.871 118	0.897 183	0.930 490	1
《文学遗产》	0.727 273	1.000 000	0.900 234	0.860 979	2
《中国现代文学研究丛刊》	0.886 364	0.487 500	0.935 086	0.781 321	3
《文艺研究》	0.886 364	0.513 688	0.888 663	0.775 251	4
《当代语言学》	0.318 182	0.929 688	0.970 736	0.697 400	5
《外国文学评论》	0.409 091	0.856 343	0.815 734	0.665 260	6
《外国文学》	0.454 545	0.650 510	0.871 835	0.638 522	7
《中国语文》	0.318 182	0.731 557	0.941 483	0.629 185	8
《长江学术》	0.318 182	0.697 266	0.927 247	0.614 627	9
《文艺争鸣》	0.636 364	0.211 493	0.933 821	0.598 140	10
《世界汉语教学》	0.227 273	0.692 935	0.949 121	0.583 526	11
《北京大学学报（哲学社会科学版）》	0.363 636	0.504 950	0.872 061	0.558 558	12
《复旦学报（社会科学版）》	0.340 909	0.451 061	0.879 080	0.535 406	13
《文艺理论研究》	0.386 364	0.392 663	0.876 434	0.535 275	14
《汉语学报》	0.181 818	0.542 553	0.903 483	0.506 538	15
《方言》	0.159 091	0.518 895	0.931 004	0.498 606	16
《南方文坛》	0.340 909	0.264 157	0.909 887	0.488 577	17
《外国文学研究》	0.318 182	0.316 489	0.882 411	0.486 943	18
《外语教学与研究》	0.227 273	0.354 167	0.934 766	0.477 589	19
《中国社会科学》	0.227 273	0.257 056	0.991 226	0.465 394	20
《中国人民大学学报》	0.250 000	0.315 878	0.896 156	0.463 610	21
《汉语言文学研究》	0.181 818	0.386 364	0.907 215	0.460 801	22
《语文研究》	0.136 364	0.415 761	0.920 654	0.455 470	23
《北京师范大学学报（社会科学版）》	0.181 818	0.255 000	0.957 185	0.436 383	24
《鲁迅研究月刊》	0.227 273	0.211 093	0.920 399	0.430 357	25
《民族语文》	0.136 364	0.313 525	0.930 744	0.427 826	26

续前表

期刊名称	转载量归一值	转载率归一值	篇均分归一值	综合指数	名次
《杭州师范大学学报（社会科学版）》	0.204 545	0.27 5841	0.870 401	0.425 691	27
《语言教学与研究》	0.159 091	0.272 104	0.904 745	0.416 691	28
《国外文学》	0.159 091	0.301 520	0.855 089	0.410 619	29
《现代中文学刊》	0.136 364	0.230 422	0.929 311	0.402 466	30

1. 中国语言文学学科期刊排名

本学科涉及全文被转载的期刊数量为 211 种，转载全文总量为 854 篇，约占复印报刊资料学术刊全文转载总量（12 667 篇）的 6.7%，其中，转载量排在前 30 名的期刊共被转载 434 篇，约占复印报刊资料学术刊全文转载总量的 3.4%。中国语言文学学科期刊全文转载量排名见表 2—52，全文转载率排名见表 2—53，综合指数排名见表 2—54。

表 2—52　　全文转载量排名

期刊名称	转载数	名次
《文学评论》	44	1
《文艺研究》	39	2
《中国现代文学研究丛刊》	39	
《文学遗产》	32	4
《文艺争鸣》	28	5
《文艺理论研究》	17	6
《南方文坛》	15	7
《中国语文》	14	8
《北京大学学报（哲学社会科学版）》	14	
《复旦学报（社会科学版）》	14	
《长江学术》	13	11
《当代语言学》	12	12
《中国人民大学学报》	11	13
《世界汉语教学》	10	14
《中国社会科学》	10	
《鲁迅研究月刊》	10	
《学术研究》	10	
《文艺理论与批评》	9	18
《小说评论》	9	
《江汉论坛》	9	
《海南师范大学学报（社会科学版）》	9	
《汉语学报》	8	22
《汉语言文学研究》	8	
《江海学刊》	8	

续前表

期刊名称	转载数	名次
《方言》	7	25
《北京师范大学学报（社会科学版）》	7	
《西北师大学报（社会科学版）》	7	
《社会科学辑刊》	7	
《学术月刊》	7	
《当代文坛》	7	

表 2—53　　全文转载率排名

期刊名称	转载数	发文数	转载率（%）	名次
《文学遗产》	32	102	31.37	1
《文学评论》	44	161	27.33	2
《当代语言学》	12	48	25.00	3
《中国语文》	14	61	22.95	4
《世界汉语教学》	10	46	21.74	5
《长江学术》	13	64	20.31	6
《汉语学报》	8	47	17.02	7
《方言》	7	43	16.28	8
《文艺研究》	39	242	16.12	9
《中国现代文学研究丛刊》	39	255	15.29	10
《北京大学学报（哲学社会科学版）》	14	101	13.86	11
《复旦学报（社会科学版）》	14	106	13.21	12
《语文研究》	6	46	13.04	13
《文艺理论研究》	17	138	12.32	14
《汉语言文学研究》	8	66	12.12	15
《中国人民大学学报》	11	111	9.91	16
《民族语文》	6	61	9.84	17
《南方文坛》	15	181	8.29	18
《中国社会科学》	10	124	8.06	19
《文学与文化》	5	65	7.69	20
《汉语学习》	6	79	7.59	21
《语言科学》	5	68	7.35	22
《语言教学与研究》	6	82	7.32	23
《现代中文学刊》	6	83	7.23	24
《北京师范大学学报（社会科学版）》	7	100	7.00	25
《现代外语》	4	59	6.78	26
《古汉语研究》	3	45	6.67	27
《文艺争鸣》	28	422	6.64	28
《鲁迅研究月刊》	10	151	6.62	29
《语言研究》	5	85	5.88	30

表 2—54　　综合指数排名

期刊名称	转载量归一值	转载率归一值	篇均分归一值	综合指数	名次
《文学评论》	1.000 000	0.871 118	0.897 183	0.930 490	1
《文学遗产》	0.727 273	1.000 000	0.900 234	0.860 979	2
《中国现代文学研究丛刊》	0.886 364	0.487 500	0.935 086	0.781 321	3
《文艺研究》	0.886 364	0.513 688	0.888 663	0.775 251	4
《当代语言学》	0.272 727	0.796 875	0.969 252	0.638 929	5
《中国语文》	0.318 182	0.731 557	0.941 483	0.629 185	6
《文艺争鸣》	0.636 364	0.211 493	0.933 821	0.598 140	7
《长江学术》	0.295 455	0.647 461	0.928 110	0.590 853	8
《世界汉语教学》	0.227 273	0.692 935	0.949 121	0.583 526	9
《文艺理论研究》	0.386 364	0.392 663	0.876 434	0.535 275	10
《北京大学学报（哲学社会科学版）》	0.318 182	0.441 832	0.875 220	0.522 388	11
《复旦学报（社会科学版）》	0.318 182	0.420 991	0.871 592	0.515 048	12
《汉语学报》	0.181 818	0.542 553	0.903 483	0.506 538	13
《方言》	0.159 091	0.518 895	0.931 004	0.498 606	14
《南方文坛》	0.340 909	0.264 157	0.909 887	0.488 577	15
《中国社会科学》	0.227 273	0.257 056	0.991 226	0.465 394	16
《中国人民大学学报》	0.250 000	0.315 878	0.896 156	0.463 610	17
《汉语言文学研究》	0.181 818	0.386 364	0.907 215	0.460 801	18
《语文研究》	0.136 364	0.415 761	0.920 654	0.455 470	19
《鲁迅研究月刊》	0.227 273	0.211 093	0.920 399	0.430 357	20
《民族语文》	0.136 364	0.313 525	0.930 744	0.427 826	21
《北京师范大学学报（社会科学版）》	0.159 091	0.223 125	0.960 072	0.418 596	22
《现代中文学刊》	0.136 364	0.230 422	0.929 311	0.402 466	23
《语言科学》	0.113 636	0.234 375	0.950 379	0.400 881	24
《汉语学习》	0.136 364	0.242 089	0.912 243	0.400 845	25
《小说评论》	0.204 545	0.154 234	0.880 675	0.392 291	26
《学术研究》	0.227 273	0.118 494	0.885 981	0.392 252	27
《语言教学与研究》	0.136 364	0.233 232	0.890 004	0.391 516	28
《江海学刊》	0.181 818	0.132 124	0.922 017	0.388 970	29
《文学与文化》	0.113 636	0.245 192	0.899 794	0.388 950	30

2. 外国语言文学学科期刊排名

本学科涉及全文被转载的期刊数量为 51 种，转载全文总量为 129 篇，约占复印报刊资料学术刊全文转载总量（12 667 篇）的 1.0%，其中，转载量排在前 5 名的期刊共被转载 58 篇，约占复印报刊资料学术刊全文转载总量的 0.5%。外国语言文学学科期刊全文转载量排名见表 2—55，全文转载率排名见表 2—56，综合指数排名见表 2—57。

表 2—55 全文转载量排名

期刊名称	转载数	名次
《外国文学评论》	17	1
《外国文学》	15	2
《外国文学研究》	11	3
《外语教学与研究》	8	4
《俄罗斯文艺》	7	5

表 2—56 全文转载率排名

期刊名称	转载数	发文数	转载率（%）	名次
《外国文学评论》	17	67	25.37	1
《外国文学》	15	98	15.31	2
《外语教学与研究》	8	90	8.89	3
《外国文学研究》	11	141	7.80	4
《俄罗斯文艺》	7	104	6.73	5

表 2—57 综合指数排名

期刊名称	转载量归一值	转载率归一值	篇均分归一值	综合指数	名次
《外国文学评论》	1.000 000	1.000 000	0.816 703	0.945 011	1
《外国文学》	0.882 353	0.603 241	0.885 265	0.799 493	2
《外国文学研究》	0.647 059	0.307 468	0.885 879	0.616 828	3
《外语教学与研究》	0.470 588	0.350 327	0.938 663	0.574 932	4
《俄罗斯文艺》	0.411 765	0.265 271	0.840 220	0.496 353	5

十二、新闻传播学学科期刊排名

本学科涉及全文被转载的期刊数量为107种，转载全文总量为351篇，约占复印报刊资料学术刊全文转载总量（12 667篇）的2.8%，其中，转载量排在前15名的期刊共被转载179篇，约占复印报刊资料学术刊全文转载总量的1.4%。新闻传播学学科期刊全文转载量排名见表2—58，全文转载率排名见表2—59，综合指数排名见表2—60。

表 2—58 全文转载量排名

期刊名称	转载数	名次
《编辑之友》	24	1
《出版发行研究》	20	2
《中国出版》	20	4
《现代传播（中国传媒大学学报）》	17	
《新闻与写作》	13	5
《出版广角》	13	

续前表

期刊名称	转载数	名次
《新闻爱好者》	12	7
《河南大学学报（社会科学版）》	8	8
《新闻记者》	8	
《当代传播》	8	
《传媒》	8	
《新闻与传播研究》	7	12
《中国编辑》	7	
《现代出版》	7	
《出版科学》	7	

表 2—59　　全文转载率排名

期刊名称	转载数	发文数	转载率（%）	名次
《编辑之友》	24	344	6.98	1
《河南大学学报（社会科学版）》	8	118	6.78	2
《澳门理工学报（人文社会科学版）》	6	89	6.74	3
《新闻与传播研究》	7	108	6.48	4
《中国编辑》	7	127	5.51	5
《出版发行研究》	20	371	5.39	6
《现代出版》	7	136	5.15	7
《新闻爱好者》	12	253	4.74	8
《中国出版》	20	422	4.74	
《出版科学》	7	157	4.46	10
《新闻记者》	8	197	4.06	11
《国际新闻界》	6	160	3.75	12
《当代传播》	8	217	3.69	13
《新闻与写作》	13	359	3.62	14
《编辑学刊》	5	145	3.45	15

表 2—60　　综合指数排名

期刊名称	转载量归一值	转载率归一值	篇均分归一值	综合指数	名次
《编辑之友》	1.000 000	1.000 000	0.853 957	0.956 187	1
《出版发行研究》	0.833 333	0.772 687	0.847 594	0.819 418	2
《中国出版》	0.833 333	0.679 305	0.860 346	0.795 229	3
《河南大学学报（社会科学版）》	0.333 333	0.971 751	0.906 684	0.696 864	4
《现代传播（中国传媒大学学报）》	0.708 333	0.474 984	0.886 269	0.691 709	5
《新闻与传播研究》	0.291 667	0.929 012	0.903 225	0.666 338	6
《新闻爱好者》	0.500 000	0.679 842	0.855 679	0.660 656	7
《澳门理工学报（人文社会科学版）》	0.250 000	0.966 292	0.895 256	0.658 464	8
《新闻与写作》	0.541 667	0.519 034	0.845 373	0.625 989	9
《中国编辑》	0.291 667	0.790 026	0.828 516	0.602 229	10

续前表

期刊名称	转载量归一值	转载率归一值	篇均分归一值	综合指数	名次
《现代出版》	0.291 667	0.737 745	0.843 073	0.590 912	11
《新闻记者》	0.333 333	0.582 064	0.889 245	0.574 726	12
《出版科学》	0.291 667	0.639 066	0.886 467	0.574 327	13
《当代传播》	0.333 333	0.528 418	0.887 539	0.558 120	14
《出版广角》	0.541 667	0.276 459	0.851 546	0.555 068	15

十三、艺术学学科期刊排名

本学科涉及全文被转载的期刊数量为 147 种，转载全文总量为 373 篇，约占复印报刊资料学术刊全文转载总量（12 667 篇）的 2.9%，其中，转载量排在前 15 名的期刊共被转载 155 篇，约占复印报刊资料学术刊全文转载总量的 1.2%。艺术学学科期刊全文转载量排名见表 2—61，全文转载率排名见表 2—62，综合指数排名见表 2—63。

表 2—61　　全文转载量排名

期刊名称	转载数	名次
《文艺研究》	28	1
《当代电影》	22	2
《电影艺术》	16	3
《艺术百家》	11	4
《北京电影学院学报》	9	5
《民族艺术研究》	9	
《上海大学学报（社会科学版）》	8	7
《电影新作》	8	
《文艺理论研究》	7	9
《北京舞蹈学院学报》	7	
《音乐研究》	6	11
《戏剧艺术（上海戏剧学院学报）》	6	
《文化遗产》	6	
《民族艺术》	6	
《四川戏剧》	6	

表 2—62　　全文转载率排名

期刊名称	转载数	发文数	转载率（%）	名次
《第欧根尼（中文版）》	3	20	15.00	1
《文艺研究》	28	242	11.57	2
《上海大学学报（社会科学版）》	8	72	11.11	3
《电影艺术》	16	152	10.53	4
《北京电影学院学报》	9	96	9.38	5
《中央音乐学院学报》	5	54	9.26	6

续前表

期刊名称	转载数	发文数	转载率（%）	名次
《世界电影》	5	64	7.81	7
《音乐研究》	6	77	7.79	8
《文化艺术研究》	5	74	6.76	9
《戏剧艺术（上海戏剧学院学报）》	6	90	6.67	10
《音乐艺术（上海音乐学院学报）》	5	77	6.49	11
《民族艺术研究》	9	143	6.29	12
《电影新作》	8	134	5.97	13
《文化遗产》	6	114	5.26	14
《中国音乐学》	4	78	5.13	15

表 2—63　　　　综合指数排名

期刊名称	转载量归一值	转载率归一值	篇均分归一值	综合指数	名次
《文艺研究》	1.000 000	0.771 350	0.848 786	0.886 041	1
《电影艺术》	0.571 429	0.701 754	0.855 506	0.695 750	2
《当代电影》	0.785 714	0.286 458	0.852 565	0.655 993	3
《第欧根尼（中文版）》	0.107 143	1.000 000	0.813 442	0.586 890	4
《上海大学学报（社会科学版）》	0.285 714	0.740 741	0.826 726	0.584 526	5
《北京电影学院学报》	0.321 429	0.625 000	0.858 698	0.573 681	6
《中央音乐学院学报》	0.178 571	0.617 284	0.858 473	0.514 156	7
《民族艺术研究》	0.321 429	0.419 580	0.861 717	0.512 961	8
《音乐研究》	0.214 286	0.519 481	0.887 491	0.507 806	9
《电影新作》	0.285 714	0.398 010	0.858 874	0.491 351	10
《戏剧艺术（上海戏剧学院学报）》	0.214 286	0.444 444	0.875 654	0.481 744	11
《文化艺术研究》	0.178 571	0.450 450	0.905 718	0.478 279	12
《世界电影》	0.178 571	0.520 833	0.818 774	0.473 311	13
《艺术百家》	0.392 857	0.197 133	0.841 741	0.468 805	14
《音乐艺术（上海音乐学院学报）》	0.178 571	0.432 900	0.888 930	0.467 977	15

十四、历史学学科期刊排名

本学科涉及全文被转载的期刊数量为 187 种，转载全文总量为 743 篇，约占复印报刊资料学术刊全文转载总量（12 667 篇）的 5.9%，其中，转载量排在前 30 名的期刊共被转载 397 篇，约占复印报刊资料学术刊全文转载总量的 3.1%。历史学学科期刊全文转载量排名见表 2—64，全文转载率排名见表 2—65，综合指数排名见表 2—66。

表 2—64　**全文转载量排名**

期刊名称	转载数	名次
《史学月刊》	42	1
《历史研究》	41	2
《近代史研究》	22	3
《中共党史研究》	20	4
《史学集刊》	17	5
《中国史研究》	16	6
《学术研究》	16	
《澳门理工学报（人文社会科学版）》	15	8
《史学史研究》	14	9
《世界历史》	14	
《学术月刊》	13	11
《历史教学》	13	
《史林》	11	13
《人文杂志》	11	
《中国边疆史地研究》	10	15
《中国社会科学》	10	
《社会科学》	10	
《古代文明》	9	18
《江海学刊》	9	
《中华文史论丛》	8	20
《抗日战争研究》	8	
《史学理论研究》	8	
《文史哲》	8	
《党史研究与教学》	8	
《清华大学学报（哲学社会科学版）》	8	
《安徽史学》	8	
《中国历史地理论丛》	7	27
《考古与文物》	7	
《考古》	7	
《复旦学报（社会科学版）》	7	

表 2—65　**全文转载率排名**

期刊名称	转载数	发文数	转载率（%）	名次
《历史研究》	41	79	51.90	1
《中国史研究》	16	51	31.37	2
《近代史研究》	22	76	28.95	3
《史学月刊》	42	180	23.33	4
《史学史研究》	14	66	21.21	5
《史学集刊》	17	94	18.09	6
《古代文明》	9	53	16.98	7
《澳门理工学报（人文社会科学版）》	15	89	16.85	8

续前表

期刊名称	转载数	发文数	转载率（%）	名次
《中华文史论丛》	8	53	15.09	9
《中国边疆史地研究》	10	68	14.71	10
《抗日战争研究》	8	56	14.29	11
《世界历史》	14	100	14.00	12
《史学理论研究》	8	65	12.31	13
《中国历史地理论丛》	7	57	12.28	14
《中共党史研究》	20	176	11.36	15
《清史研究》	6	54	11.11	16
《文史》	6	62	9.68	17
《史林》	11	117	9.40	18
《文史哲》	8	88	9.09	19
《党史研究与教学》	8	91	8.79	20
《清华大学学报（哲学社会科学版）》	8	92	8.70	21
《中国社会科学》	10	124	8.06	22
《考古与文物》	7	88	7.95	23
《考古》	7	91	7.69	24
《西域研究》	5	68	7.35	25
《华侨华人历史研究》	3	41	7.32	26
《安徽史学》	8	111	7.21	27
《南京大学学报（哲学·人文科学·社会科学）》	6	89	6.74	28
《复旦学报（社会科学版）》	7	106	6.60	29
《俄罗斯研究》	3	49	6.12	30

表 2—66　　综合指数排名

期刊名称	转载量归一值	转载率归一值	篇均分归一值	综合指数	名次
《历史研究》	0.976 190	1.000 000	0.940 503	0.972 627	1
《史学月刊》	1.000 000	0.449 593	0.902 613	0.805 662	2
《近代史研究》	0.523 810	0.557 766	0.949 542	0.661 716	3
《中国史研究》	0.380 952	0.604 495	0.891 912	0.601 303	4
《史学集刊》	0.404 762	0.348 469	0.926 808	0.544 488	5
《中共党史研究》	0.476 190	0.218 958	0.938 446	0.537 697	6
《史学史研究》	0.333 333	0.408 721	0.886 079	0.521 773	7
《澳门理工学报（人文社会科学版）》	0.357 143	0.324 747	0.901 526	0.510 739	8
《世界历史》	0.333 333	0.269 756	0.890 014	0.481 264	9
《学术研究》	0.380 952	0.114 607	0.891 426	0.454 191	10
《中国边疆史地研究》	0.238 095	0.283 357	0.907 071	0.452 366	11
《古代文明》	0.214 286	0.327 197	0.892 851	0.451 729	12
《抗日战争研究》	0.190 476	0.275 261	0.936 893	0.439 837	13
《中国社会科学》	0.238 095	0.155 389	0.983 529	0.436 913	14

续前表

期刊名称	转载量归一值	转载率归一值	篇均分归一值	综合指数	名次
《史林》	0.261 905	0.181 155	0.910 077	0.432 132	15
《学术月刊》	0.309 524	0.112 326	0.904 983	0.429 002	16
《中华文史论丛》	0.190 476	0.290 842	0.872 275	0.425 126	17
《历史教学》	0.309 524	0.083 219	0.900 363	0.418 884	18
《史学理论研究》	0.190 476	0.237 148	0.899 942	0.417 317	19
《人文杂志》	0.261 905	0.098 582	0.942 608	0.417 119	20
《中国历史地理论丛》	0.166 667	0.236 628	0.901 135	0.407 996	21
《清华大学学报（哲学社会科学版）》	0.190 476	0.167 550	0.933 836	0.406 606	22
《文史哲》	0.190 476	0.175 166	0.908 613	0.401 324	23
《党史研究与教学》	0.190 476	0.169 392	0.896 061	0.395 826	24
《社会科学》	0.238 095	0.077 383	0.923 334	0.395 453	25
《江海学刊》	0.214 286	0.089 852	0.926 188	0.390 526	26
《文史》	0.142 857	0.186 467	0.912 016	0.386 688	27
《考古》	0.166 667	0.148 218	0.914 861	0.385 591	28
《考古与文物》	0.166 667	0.153 271	0.901 742	0.383 171	29
《清史研究》	0.142 857	0.214 092	0.866 764	0.381 400	30

十五、地理学学科期刊排名

本学科涉及全文被转载的期刊数量为30种，转载全文总量为79篇，约占复印报刊资料学术刊全文转载总量（12 667篇）的0.6%，其中，转载量排在前5名的期刊共被转载45篇，约占复印报刊资料学术刊全文转载总量的0.4%。地理学学科期刊全文转载量排名见表2—67，全文转载率排名见表2—68，综合指数排名见表2—69。

表2—67　　全文转载量排名

期刊名称	转载数	名次
《地理科学进展》	13	1
《地理学报》	10	2
《人文地理》	9	3
《地理科学》	9	
《地理研究》	4	5

表2—68　　全文转载率排名

期刊名称	转载数	发文数	转载率（%）	名次
《地理科学进展》	13	168	7.74	1
《地理学报》	10	154	6.49	2
《人文地理》	9	144	6.25	3
《中国历史地理论丛》	3	57	5.26	4
《地理科学》	9	203	4.43	5

表 2—69 **综合指数排名**

期刊名称	转载量归一值	转载率归一值	篇均分归一值	综合指数	名次
《地理科学进展》	1.000 000	1.000 000	0.964 948	0.989 484	1
《地理学报》	0.769 231	0.839 161	0.954 246	0.845 715	2
《人文地理》	0.692 308	0.807 692	0.938 587	0.800 807	3
《地理科学》	0.692 308	0.572 944	0.924 852	0.726 262	4
《中国历史地理论丛》	0.230 769	0.680 162	0.935 865	0.577 116	5

十六、管理学学科期刊排名

本学科涉及全文被转载的期刊数量为523种，转载全文总量为1 844篇，约占复印报刊资料学术刊全文转载总量（12 667篇）的14.6%，其中，转载量排在前30名的期刊共被转载610篇，约占复印报刊资料学术刊全文转载总量的4.8%。管理学学科期刊全文转载量排名见表2—70，全文转载率排名见表2—71，综合指数排名见表2—72。

表 2—70 **全文转载量排名**

期刊名称	转载数	名次
《管理学报》	39	1
《经济管理》	38	2
《外国经济与管理》	37	3
《管理世界》	32	4
《旅游学刊》	29	5
《中国软科学》	26	6
《科学学研究》	26	
《科学学与科学技术管理》	24	8
《中国行政管理》	23	9
《中国人力资源开发》	23	
《南开管理评论》	22	11
《中国流通经济》	22	
《管理评论》	21	13
《科技进步与对策》	21	
《会计研究》	19	15
《农业经济问题》	19	
《企业管理》	19	
《中国工业经济》	18	18
《中国农村经济》	17	19
《物流技术》	16	20
《南京社会科学》	15	21
《科研管理》	13	22
《中央财经大学学报》	12	23
《学海》	12	
《中国科技论坛》	12	

续前表

期刊名称	转载数	名次
《审计研究》	11	26
《行政论坛》	11	
《商业经济与管理》	11	
《改革》	11	
《中州学刊》	11	

表2—71　　全文转载率排名

期刊名称	转载数	发文数	转载率（%）	名次
《外国经济与管理》	37	98	37.76	1
《南开管理评论》	22	91	24.18	2
《中国农村经济》	17	96	17.71	3
《经济管理》	38	224	16.96	4
《公共管理与政策评论》	7	42	16.67	5
《管理学报》	39	242	16.12	6
《公共管理学报》	8	51	15.69	7
《旅游学刊》	29	194	14.95	8
《中国农村观察》	8	54	14.81	9
《会计与经济研究》	8	56	14.29	10
《会计研究》	19	148	12.84	11
《管理世界》	32	252	12.70	12
《中国工业经济》	18	147	12.24	13
《中国软科学》	26	215	12.09	14
《审计与经济研究》	9	75	12.00	15
《中国农业大学学报（社会科学版）》	8	69	11.59	16
《审计研究》	11	97	11.34	17
《科学学研究》	26	232	11.21	18
《上海行政学院学报》	8	74	10.81	19
《北京交通大学学报（社会科学版）》	8	76	10.53	20
《旅游科学》	5	48	10.42	21
《农业经济问题》	19	183	10.38	22
《科学学与科学技术管理》	24	238	10.08	23
《管理评论》	21	214	9.81	24
《公共行政评论》	5	54	9.26	25
《行政论坛》	11	119	9.24	26
《商业经济与管理》	11	122	9.02	27
《中国流通经济》	22	253	8.70	28
《经济理论与经济管理》	9	114	7.89	29
《中国行政管理》	23	301	7.64	30

表 2—72　　综合指数排名

期刊名称	转载量归一值	转载率归一值	篇均分归一值	综合指数	名次
《外国经济与管理》	0.948 718	1.000 000	0.793 233	0.917 457	1
《管理学报》	1.000 000	0.426 848	0.823 765	0.775 184	2
《经济管理》	0.974 359	0.449 324	0.814 462	0.768 879	3
《管理世界》	0.820 513	0.336 336	0.865 111	0.688 639	4
《旅游学刊》	0.743 590	0.395 932	0.904 262	0.687 494	5
《南开管理评论》	0.564 103	0.640 333	0.863 652	0.676 837	6
《中国软科学》	0.666 667	0.320 302	0.821 820	0.609 303	7
《科学学研究》	0.666 667	0.296 831	0.753 950	0.581 901	8
《会计研究》	0.487 179	0.340 029	0.897 713	0.566 194	9
《科学学与科学技术管理》	0.615 385	0.267 091	0.787 287	0.562 467	10
《中国农村经济》	0.435 897	0.469 032	0.815 297	0.559 658	11
《中国行政管理》	0.589 744	0.202 388	0.828 575	0.545 187	12
《管理评论》	0.538 462	0.259 914	0.839 087	0.545 085	13
《中国流通经济》	0.564 103	0.230 317	0.818 185	0.540 192	14
《中国工业经济》	0.461 538	0.324 324	0.857 865	0.539 272	15
《中国人力资源开发》	0.589 744	0.151 918	0.823 609	0.528 556	16
《农业经济问题》	0.487 179	0.274 996	0.821 647	0.523 865	17
《企业管理》	0.487 179	0.122 444	0.865 085	0.491 130	18
《会计与经济研究》	0.205 128	0.378 378	0.933 471	0.475 606	19
《公共管理学报》	0.205 128	0.415 474	0.884 423	0.472 020	20
《审计研究》	0.282 051	0.300 362	0.896 280	0.471 813	21
《公共管理与政策评论》	0.179 487	0.441 441	0.887 451	0.470 462	22
《科技进步与对策》	0.538 462	0.073 769	0.758 203	0.464 976	23
《审计与经济研究》	0.230 769	0.317 838	0.911 888	0.461 225	24
《南京社会科学》	0.384 615	0.147 694	0.863 217	0.457 119	25
《商业经济与管理》	0.282 051	0.238 813	0.864 125	0.443 702	26
《中国农村观察》	0.205 128	0.392 392	0.810 774	0.443 001	27
《行政论坛》	0.282 051	0.244 833	0.851 614	0.441 755	28
《学海》	0.307 692	0.168 168	0.877 832	0.436 877	29
《中国农业大学学报（社会科学版）》	0.205 128	0.307 090	0.865 814	0.433 922	30

1. 工商管理学科期刊排名

本学科涉及全文被转载的期刊数量为 316 种，转载全文总量为 1 078 篇，约占复印报刊资料学术刊全文转载总量（12 667 篇）的 8.5%，其中，转载量排在前 30 名的期刊共被转载 545 篇，约占复印报刊资料学术刊全文转载总量的 4.3%。工商管理学科期刊全文转载量排名见表 2—73，全文转载率排名见表 2—74，综合指数排名见表 2—75。

表 2—73　　全文转载量排名

期刊名称	转载数	名次
《管理学报》	39	1
《经济管理》	38	2
《外国经济与管理》	37	3
《旅游学刊》	29	4
《科学学研究》	26	5
《管理世界》	26	
《科学学与科学技术管理》	24	7
《中国人力资源开发》	23	8
《南开管理评论》	22	9
《管理评论》	21	10
《中国流通经济》	21	
《科技进步与对策》	21	
《中国软科学》	20	13
《企业管理》	19	14
《中国工业经济》	18	15
《会计研究》	18	
《物流技术》	16	17
《科研管理》	13	18
《中国科技论坛》	12	19
《审计研究》	11	20
《商业经济与管理》	10	21
《当代财经》	10	
《中央财经大学学报》	10	
《物流科技》	10	
《审计与经济研究》	9	25
《财会月刊》	9	
《会计之友》	9	
《会计与经济研究》	8	28
《北京交通大学学报（社会科学版）》	8	
《全球科技经济瞭望》	8	

表 2—74　　全文转载率排名

期刊名称	转载数	发文数	转载率（%）	名次
《外国经济与管理》	37	98	37.76	1
《南开管理评论》	22	91	24.18	2
《经济管理》	38	224	16.96	3
《管理学报》	39	242	16.12	4
《旅游学刊》	29	194	14.95	5
《会计与经济研究》	8	56	14.29	6
《中国工业经济》	18	147	12.24	7
《会计研究》	18	148	12.16	8

续前表

期刊名称	转载数	发文数	转载率（%）	名次
《审计与经济研究》	9	75	12.00	9
《审计研究》	11	97	11.34	10
《科学学研究》	26	232	11.21	11
《北京交通大学学报（社会科学版）》	8	76	10.53	12
《旅游科学》	5	48	10.42	13
《管理世界》	26	252	10.32	14
《科学学与科学技术管理》	24	238	10.08	15
《管理评论》	21	214	9.81	16
《中国软科学》	20	215	9.30	17
《中国流通经济》	21	253	8.30	18
《商业经济与管理》	10	122	8.20	19
《研究与发展管理》	6	88	6.82	20
《当代财经》	10	149	6.71	21
《北京工商大学学报（社会科学版）》	6	98	6.12	22
《中国人力资源开发》	23	401	5.74	23
《科研管理》	13	230	5.65	24
《中央财经大学学报》	10	177	5.65	
《管理科学》	4	71	5.63	26
《全球科技经济瞭望》	8	149	5.37	27
《南京审计学院学报》	4	76	5.26	28
《北京第二外国语学院学报》	7	135	5.19	29
《山西财经大学学报》	7	136	5.15	30

表 2—75　　综合指数排名

期刊名称	转载量归一值	转载率归一值	篇均分归一值	综合指数	名次
《外国经济与管理》	0.948 718	1.000 000	0.787 284	0.915 672	1
《管理学报》	1.000 000	0.426 848	0.817 588	0.773 331	2
《经济管理》	0.974 359	0.449 324	0.808 355	0.767 047	3
《旅游学刊》	0.743 590	0.395 932	0.897 482	0.685 460	4
《南开管理评论》	0.564 103	0.640 333	0.857 176	0.674 894	5
《管理世界》	0.666 667	0.273 273	0.855 881	0.605 413	6
《科学学研究》	0.666 667	0.296 831	0.748 297	0.580 205	7
《科学学与科学技术管理》	0.615 385	0.267 091	0.781 383	0.560 696	8
《会计研究》	0.461 538	0.322 133	0.902 648	0.552 050	9
《管理评论》	0.538 462	0.259 914	0.832 795	0.543 198	10
《中国工业经济》	0.461 538	0.324 324	0.851 432	0.537 342	11
《中国流通经济》	0.538 462	0.219 848	0.818 091	0.526 767	12
《中国人力资源开发》	0.589 744	0.151 918	0.817 433	0.526 703	13
《中国软科学》	0.512 821	0.246 386	0.806 193	0.520 902	14
《企业管理》	0.487 179	0.122 444	0.858 598	0.489 184	15

续前表

期刊名称	转载量归一值	转载率归一值	篇均分归一值	综合指数	名次
《会计与经济研究》	0.205 128	0.378 378	0.926 471	0.473 506	16
《审计研究》	0.282 051	0.300 362	0.889 559	0.469 797	17
《科技进步与对策》	0.538 462	0.073 769	0.752 517	0.463 271	18
《审计与经济研究》	0.230 769	0.317 838	0.905 050	0.459 174	19
《商业经济与管理》	0.256 410	0.217 102	0.857 456	0.424 931	20
《北京交通大学学报（社会科学版）》	0.205 128	0.278 805	0.837 691	0.417 000	21
《当代财经》	0.256 410	0.177 762	0.849 489	0.410 739	22
《科研管理》	0.333 333	0.149 706	0.761 519	0.406 701	23
《物流技术》	0.410 256	0.021 468	0.781 649	0.405 038	24
《中央财经大学学报》	0.256 410	0.149 641	0.836 709	0.398 469	25
《旅游科学》	0.128 205	0.275 901	0.873 723	0.396 169	26
《山西财经大学学报》	0.179 487	0.136 328	0.886 670	0.378 694	27
《北京第二外国语学院学报》	0.179 487	0.137 337	0.875 960	0.375 784	28
《中国科技论坛》	0.307 692	0.104 209	0.735 394	0.374 958	29
《北京工商大学学报（社会科学版）》	0.153 846	0.162 162	0.853 483	0.366 232	30

2. 农林经济管理学科期刊排名

本学科涉及全文被转载的期刊数量为 111 种，转载全文总量为 247 篇，约占复印报刊资料学术刊全文转载总量（12 667 篇）的 1.9%，其中，转载量排在前 10 名的期刊共被转载 87 篇，约占复印报刊资料学术刊全文转载总量的 0.7%。农林经济管理学科期刊全文转载量排名见表 2—76，全文转载率排名见表 2—77，综合指数排名见表 2—78。

表 2—76　　全文转载量排名

期刊名称	转载数	名次
《农业经济问题》	18	1
《中国农村经济》	17	2
《中国农村观察》	8	3
《中国农业大学学报（社会科学版）》	7	4
《改革》	7	
《华中农业大学学报（社会科学版）》	6	6
《经济学家》	6	
《中国人口·资源与环境》	6	
《中州学刊》	6	
《世界农业》	6	

表 2—77　　全文转载率排名

期刊名称	转载数	发文数	转载率（%）	名次
《中国农村经济》	17	96	17.71	1
《中国农村观察》	8	54	14.81	2
《中国农业大学学报（社会科学版）》	7	69	10.14	3
《农业经济问题》	18	183	9.84	4
《农林经济管理学报》	5	90	5.56	5
《南京农业大学学报（社会科学版）》	5	97	5.15	6
《华中农业大学学报（社会科学版）》	6	126	4.76	7
《经济理论与经济管理》	5	114	4.39	8
《经济学家》	6	140	4.29	9
《华南农业大学学报（社会科学版）》	3	74	4.05	10
《上海财经大学学报（哲学社会科学版）》	3	74	4.05	

表 2—78　　综合指数排名

期刊名称	转载量归一值	转载率归一值	篇均分归一值	综合指数	名次
《中国农村经济》	0.944 444	1.000 000	0.828 390	0.926 295	1
《农业经济问题》	1.000 000	0.555 448	0.829 905	0.815 606	2
《中国农村观察》	0.444 444	0.836 601	0.823 794	0.675 896	3
《中国农业大学学报（社会科学版）》	0.388 889	0.572 890	0.878 370	0.590 934	4
《改革》	0.388 889	0.176 471	0.818 963	0.454 186	5
《南京农业大学学报（社会科学版）》	0.277 778	0.291 086	0.831 754	0.447 963	6
《经济理论与经济管理》	0.277 778	0.247 678	0.865 823	0.445 162	7
《农林经济管理学报》	0.277 778	0.313 726	0.791 630	0.442 718	8
《经济学家》	0.333 333	0.242 017	0.788 950	0.442 623	9
《华中农业大学学报（社会科学版）》	0.333 333	0.268 908	0.713 911	0.428 179	10

3. 公共管理学科期刊排名

本学科涉及全文被转载的期刊数量为 264 种，转载全文总量为 519 篇，约占复印报刊资料学术刊全文转载总量（12 667 篇）的 4.1%，其中，转载量排在前 10 名的期刊共被转载 89 篇，约占复印报刊资料学术刊全文转载总量的 0.7%。公共管理学科期刊全文转载量排名见表 2—79，全文转载率排名见表 2—80，综合指数排名见表 2—81。

表 2—79　　全文转载量排名

期刊名称	转载数	名次
《中国行政管理》	17	1
《行政论坛》	11	2
《南京社会科学》	10	3

续前表

期刊名称	转载数	名次
《上海行政学院学报》	8	4
《行政管理改革》	8	
《学海》	8	
《学术前沿》	8	
《公共管理与政策评论》	7	8
《公共管理学报》	6	9
《天津行政学院学报》	6	

表 2—80　　全文转载率排名

期刊名称	转载数	发文数	转载率（%）	名次
《公共管理与政策评论》	7	42	16.67	1
《公共管理学报》	6	51	11.76	2
《上海行政学院学报》	8	74	10.81	3
《行政论坛》	11	119	9.24	4
《天津行政学院学报》	6	96	6.25	5
《甘肃行政学院学报》	4	65	6.15	6
《中国行政管理》	17	301	5.65	7
《公共行政评论》	3	54	5.56	8
《政治学研究》	4	77	5.19	9
《行政管理改革》	8	161	4.97	10

表 2—81　　综合指数排名

期刊名称	转载量归一值	转载率归一值	篇均分归一值	综合指数	名次
《中国行政管理》	1.000 000	0.338 870	0.882 252	0.766 337	1
《公共管理与政策评论》	0.411 765	1.000 000	0.926 996	0.742 805	2
《行政论坛》	0.647 059	0.554 622	0.889 562	0.692 079	3
《上海行政学院学报》	0.470 588	0.648 649	0.900 723	0.653 047	4
《公共管理学报》	0.352 941	0.705 882	0.909 291	0.625 728	5
《南京社会科学》	0.588 235	0.223 048	0.921 037	0.578 520	6
《学海》	0.470 588	0.253 968	0.911 945	0.538 009	7
《行政管理改革》	0.470 588	0.298 137	0.858 562	0.535 245	8
《天津行政学院学报》	0.352 941	0.375 000	0.927 879	0.532 040	9
《江苏行政学院学报》	0.352 941	0.295 082	0.951 176	0.515 054	10

十七、图书馆、情报与档案管理学科期刊排名

本学科涉及全文被转载的期刊数量为49种，转载全文总量为316篇，约占复印报刊资料学术刊全文转载总量（12 667篇）的2.5%，其中，转载量排在前20名的期刊共被转载250篇，约占复印报刊资料学术刊全文转载总量的2.0%。图书馆、情报与档

案管理学科期刊全文转载量排名见表 2—82，全文转载率排名见表 2—83，综合指数排名见表 2—84。

表 2—82　　全文转载量排名

期刊名称	转载数	名次
《图书情报工作》	32	1
《中国图书馆学报》	21	2
《图书馆杂志》	21	
《情报理论与实践》	16	4
《情报资料工作》	15	5
《图书与情报》	15	
《档案学通讯》	14	7
《情报学报》	13	8
《档案学研究》	12	9
《图书馆学研究》	12	
《国家图书馆学刊》	9	11
《图书馆》	9	
《大学图书馆学报》	8	13
《数字图书馆论坛》	8	
《档案》	8	
《图书馆论坛》	8	
《档案与建设》	8	
《情报科学》	8	
《现代图书情报技术》	7	19
《档案管理》	6	20

表 2—83　　全文转载率排名

期刊名称	转载数	发文数	转载率（%）	名次
《中国图书馆学报》	21	68	30.88	1
《情报资料工作》	15	128	11.72	2
《档案学研究》	12	110	10.91	3
《情报学报》	13	126	10.32	4
《档案学通讯》	14	143	9.79	5
《图书与情报》	15	163	9.20	6
《图书馆杂志》	21	242	8.68	7
《国家图书馆学刊》	9	108	8.33	8
《大学图书馆学报》	8	134	5.97	9
《数字图书馆论坛》	8	134	5.97	
《图书情报工作》	32	537	5.96	11
《信息资源管理学报》	3	51	5.88	12
《图书情报知识》	5	92	5.43	13
《情报理论与实践》	16	345	4.64	14
《现代图书情报技术》	7	155	4.52	15

续前表

期刊名称	转载数	发文数	转载率（%）	名次
《档案》	8	205	3.90	16
《图书馆》	9	254	3.54	17
《图书馆论坛》	8	252	3.17	18
《档案管理》	6	197	3.05	19
《档案与建设》	8	307	2.61	20

表 2—84　　**综合指数排名**

期刊名称	转载量归一值	转载率归一值	篇均分归一值	综合指数	名次
《中国图书馆学报》	0.656 250	1.000 000	0.965 182	0.852 055	1
《图书情报工作》	1.000 000	0.192 959	0.917 482	0.733 132	2
《图书馆杂志》	0.656 250	0.280 992	0.904 362	0.618 106	3
《情报资料工作》	0.468 750	0.379 464	0.901 551	0.571 805	4
《图书与情报》	0.468 750	0.297 984	0.947 385	0.561 111	5
《情报学报》	0.406 250	0.334 089	0.965 287	0.552 313	6
《档案学通讯》	0.437 500	0.317 016	0.930 441	0.549 237	7
《档案学研究》	0.375 000	0.353 247	0.957 420	0.543 200	8
《情报理论与实践》	0.500 000	0.150 173	0.922 807	0.521 894	9
《国家图书馆学刊》	0.281 250	0.269 841	0.879 882	0.457 417	10
《图书馆学研究》	0.375 000	0.078 978	0.868 461	0.434 232	11
《数字图书馆论坛》	0.250 000	0.193 319	0.902 221	0.428 662	12
《大学图书馆学报》	0.250 000	0.193 319	0.900 004	0.427 997	13
《图书馆》	0.281 250	0.114 736	0.910 649	0.420 116	14
《现代图书情报技术》	0.218 750	0.146 237	0.900 174	0.401 423	15
《档案》	0.250 000	0.126 365	0.871 504	0.399 361	16
《档案与建设》	0.250 000	0.084 380	0.899 245	0.395 088	17
《图书情报知识》	0.156 250	0.175 983	0.916 441	0.39 0227	18
《图书馆论坛》	0.250 000	0.102 797	0.859 115	0.388 574	19
《信息资源管理学报》	0.093 750	0.190 476	0.961 222	0.383 009	20

第三节　基础教育教学类期刊排名

2014年度首次发布基础教育教学类期刊的排名榜，由于期刊及内容特征，其研制的数据来源和评价指标均与本报告的前两节学术类期刊排名榜不同。基础教育教学类期刊的排名榜是依据复印报刊资料12种基础教育教学类期刊（包括《高中语文教与学》、《初中语文教与学》、《小学语文教与学》、《高中数学教与学》、《初中数学教与学》、《小学数学教与学》、《中学外语教与学》、《小学英语教与学》、《中学物理教与学》、《中学化学教与学》、《中学历史、地理教与学》、《中学政治及其他各科教与学》）在2014年全文转载的论文数据研制而成。

2014 年 12 种基础教育教学类期刊共转载论文 2 319 篇，分布在 198 种原发报刊上。以下选取综合指数排在前 60 名的原发刊进行排名。其中，期刊综合指数＝0.6×转载量归一值＋0.4×篇均分归一值；篇均分＝创新性×0.4＋实用性×0.35＋难易程度×0.1＋规范性×0.1＋基金项目×0.05。

为了便于比较，我们将这 60 个原发刊分为综合性期刊和专业性期刊分别列表排名。部分综合性期刊在教育学类期刊排名中也有呈现，说明这些刊物既关注理论研究也关注实践研究。

一、基础教育教学类综合性期刊排名

基础教育教学类综合性期刊综合指数排名见表 2—85。

表 2—85　　综合指数排名

期刊名称	转载量	篇均分归一值	综合指数	名次
《教学月刊（中学版）》	84	0.834 509	0.933 804	1
《教学与管理》	64	0.854 217	0.798 829	2
《江苏教育》	63	0.847 153	0.788 861	3
《教育研究与评论》	60	0.846 754	0.767 273	4
《教学月刊（小学版）》	51	0.850 714	0.704 571	5
《课程・教材・教法》	43	0.887 384	0.662 097	6
《福建教育》	38	0.840 821	0.607 757	7
《实验教学与仪器》	34	0.866 961	0.589 642	8
《小学教学》	34	0.825 505	0.573 059	9
《江苏教育研究》	28	0.855 471	0.542 189	10
《基础教育课程》	28	0.842 852	0.537 141	11
《小学教学设计》	25	0.876 688	0.529 247	12
《上海教育科研》	26	0.854 771	0.527 623	13
《教育科学论坛》	25	0.837 061	0.513 396	14
《现代中小学教育》	23	0.845 318	0.502 413	15
《教学仪器与实验》	22	0.854 191	0.498 819	16
《小学教学研究》	24	0.809 252	0.495 129	17
《中国教师》	18	0.845 466	0.466 758	18
《课程教学研究》	17	0.847 562	0.460 453	19
《中小学教师培训》	17	0.846 435	0.460 003	20
《中小学教学研究》	16	0.856 167	0.456 753	21
《教育实践与研究》	16	0.855 643	0.456 543	22
《人民教育》	16	0.846 038	0.452 701	23

二、基础教育教学类专业性期刊排名

专业性期刊综合指数排名见表 2—86。

表 2—86　　综合指数排名

期刊名称	转载量	篇均分归一值	综合指数	名次
《语文教学通讯》	52	0.848 608	0.710 872	1
《中小学英语教学与研究》	47	0.893 105	0.692 956	2
《中学数学教学参考》	48	0.826 980	0.673 649	3
《中国数学教育》	47	0.829 924	0.667 684	4
《中学语文教学》	45	0.852 907	0.662 591	5
《中学语文教学参考》	37	0.861 976	0.609 076	6
《山东师范大学外国语学院学报（基础英语教育）》	35	0.889 854	0.605 941	7
《中学数学》	38	0.813 696	0.596 907	8
《语文学习》	35	0.847 366	0.588 946	9
《语文建设》	35	0.840 655	0.586 262	10
《数学通报》	34	0.830 735	0.575 151	11
《中学数学月刊》	34	0.821 662	0.571 522	12
《基础教育外语教学研究》	29	0.895 796	0.565 461	13
《数学教育学报》	27	0.874 405	0.542 619	14
《中学数学杂志》	29	0.817 460	0.534 127	15
《中学政治教学参考》	24	0.864 946	0.517 407	16
《化学教学》	24	0.863 487	0.516 823	17
《物理教学探讨》	23	0.876 739	0.514 981	18
《中学化学教学参考》	24	0.853 165	0.512 694	19
《化学教育》	23	0.862 578	0.509 317	20
《思想政治课教学》	23	0.859 563	0.508 111	21
《物理教学》	23	0.858 613	0.507 731	22
《物理教师》	23	0.856 237	0.506 781	23
《中学物理教学参考》	23	0.850 776	0.504 596	24
《化学教与学》	23	0.839 167	0.499 952	25
《生物学通报》	20	0.874 728	0.492 748	26
《语文月刊》	23	0.819 372	0.492 034	27
《中学物理》	21	0.853 084	0.491 234	28
《物理通报》	20	0.866 726	0.489 548	29
《中学语文》	21	0.843 521	0.487 408	30
《中学生物教学》	19	0.869 438	0.483 489	31
《历史教学》	21	0.830 652	0.482 261	32
《地理教学》	20	0.800 631	0.463 110	33
《生物学教学》	16	0.870 800	0.462 606	34
《英语学习》	15	0.884 381	0.460 895	35
《中学地理教学参考》	20	0.790 548	0.459 076	36
《小学语文教学》	15	0.858 048	0.450 362	37

第三章　2014 年复印报刊资料人文社科机构转载指数排行榜

中国人文社会科学领域的科研工作者主要集中在高等院校、社科院（联）和党政干部院校（含党校、行政学院、社会主义学院、干部管理学院）三大系统的作者机构中。作者机构排名分为按转载量和按综合指数两种排名，其中，综合指数排名按系统对作者机构转载量和论文篇均分两个指标进行综合计算和统计分析，这基本能够反映出中国主体科研机构在人文社会科学领域的科研实力和学术影响力。尤其是按学科对高等院校（含所属院所）进行综合指数统计排序，一定程度上反映了各高等院校（含所属院所）在不同学科的研究重点和优势特色。

本章根据各类科研机构的转载量情况分别选取排名发布数量：三大系统前 100 名或前 10 名、高等院校各学科前 20 名或前 10 名、高等院校所属院所各学科前 10 名或前 5 名。

因为部分学科的学术论文转载量较少且作者机构较为离散，所以，像民族学、体育学、地理学和管理科学与工程等学科，没有进行高等院校（含所属院所）分学科的统计排名。由于理论经济学和应用经济学两个一级学科在高等院校（含所属院所）中的设置界线较为模糊，故除了按理论经济学和应用经济学分别排名以外，还合并了这两个学科的数据，对经济学学科门类总体进行了转载量和综合指数排名。

2014 年，复印报刊资料转载论文 130 25 篇（含报纸、图书发表的论文），涉及各类作者机构（一级单位）为 1 669 家。

按机构所属系统来看，1 669 家作者机构中，高等院校 678 家，涉及高等院校所属院所 2 954 家，共被转载论文 10 052 篇；社科院（联）37 家，被转载论文 830 篇；党政干部院校 69 家，被转载论文 350 篇；其他系统作者机构 885 家，被转载论文 1 793 篇。

2014 年，被复印报刊资料转载论文 3 篇及以上的作者机构（一级单位）共有 524 家，含高等院校 363 家（涉及高校所属院所 2 568 家），社科院（联）19 家，党政干部院校 27 家，是当年作者机构排行榜的遴选范围。

在此范围内，按照被转载论文的所属学科和作者机构所属系统，我们共发布了作者机构排名榜 82 张，共有 140 家作者机构一级单位入选一张或多张排行榜，其中，上榜高等院校为 118 家（涉及 161 家高校所属院所），上榜社科院（联）为 11 家，上榜党政干部院校11家。

第一节　“三大系统”科研机构排名榜

一、高等院校总排名

该系统被转载全文10 052篇，涉及高等院校678家，转载量约占全年复印报刊资料学术刊全文转载总量（13 025篇）的77.2%。本次对15篇以上进行转载量和综合指数计算并选取前100名进行排序。高等院校全文转载量排名见表3—1，综合指数排名见表3—2。

表3—1　　**全文转载量排名**

机构名称	转载数	名次
中国人民大学	653	1
北京大学	484	2
北京师范大学	282	3
武汉大学	277	4
南京大学	270	5
清华大学	266	6
复旦大学	262	7
南开大学	217	8
华东师范大学	213	9
中山大学	197	10
浙江大学	186	11
山东大学	152	12
厦门大学	149	13
吉林大学	145	14
华中师范大学	137	15
南京师范大学	104	16
苏州大学	99	17
华中科技大学	97	18
首都师范大学	97	
上海交通大学	96	20
西南大学	96	
中国政法大学	92	22
中南财经政法大学	86	23
四川大学	83	24
上海大学	81	25
对外经济贸易大学	78	26
华东政法大学	77	27
暨南大学	77	
中央财经大学	77	

续前表

机构名称	转载数	名次
上海财经大学	74	30
东北师范大学	73	31
西南财经大学	70	32
上海师范大学	69	33
西南政法大学	66	34
东北财经大学	65	35
华南师范大学	62	36
陕西师范大学	56	37
东南大学	55	38
湖南师范大学	54	39
浙江师范大学	54	
西北大学	52	41
河北大学	48	42
河南大学	48	
西安交通大学	47	44
杭州师范大学	46	45
华南理工大学	46	
辽宁大学	46	
浙江工商大学	46	
深圳大学	44	49
中央民族大学	41	50
湖南大学	39	51
兰州大学	39	
安徽大学	38	53
北京交通大学	38	
黑龙江大学	38	
山西大学	38	
西北师范大学	36	57
浙江财经大学	36	
重庆大学	36	
大连理工大学	35	60
福建师范大学	35	
江西财经大学	35	
同济大学	35	
中国传媒大学	35	
天津师范大学	34	65
中南大学	34	
南京农业大学	33	67
温州大学	33	

续前表

机构名称	转载数	名次
首都经济贸易大学	32	69
天津大学	32	
武汉理工大学	32	
扬州大学	32	
中国青年政治学院	32	
北京航空航天大学	31	74
江西师范大学	31	
云南大学	31	
南昌大学	30	77
北京联合大学	29	78
江苏师范大学	28	79
山东师范大学	28	
上海外国语大学	28	
中国农业大学	28	
北京外国语大学	27	83
华侨大学	27	
湘潭大学	27	
广州大学	26	86
山东财经大学	26	
安徽师范大学	25	88
华东理工大学	25	
宁波大学	25	
广东外语外贸大学	24	91
天津财经大学	24	
中国劳动关系学院	24	
河南师范大学	23	94
华中农业大学	23	
南京财经大学	23	
曲阜师范大学	23	
四川师范大学	23	
解放军南京政治学院上海分院	22	99
浙江工业大学	22	
郑州大学	22	

表 3—2　　　　综合指数排名

机构名称	转载量归一值	篇均分归一值	综合指数	名次
中国人民大学	1.000 000	0.972 881	0.989 152	1
北京大学	0.741 194	0.967 356	0.831 659	2
北京师范大学	0.431 853	0.961 724	0.643 801	3
武汉大学	0.424 196	0.965 884	0.640 871	4

续前表

机构名称	转载量归一值	篇均分归一值	综合指数	名次
南京大学	0.413 476	0.980 450	0.640 266	5
复旦大学	0.401 225	0.984 007	0.634 338	6
清华大学	0.407 351	0.965 153	0.630 472	7
南开大学	0.332 312	0.977 462	0.590 372	8
华东师范大学	0.326 187	0.971 539	0.584 328	9
中山大学	0.301 685	0.988 273	0.576 320	10
浙江大学	0.284 839	0.957 646	0.553 962	11
山东大学	0.232 772	0.977 221	0.530 552	12
厦门大学	0.228 178	0.977 779	0.528 018	13
吉林大学	0.222 052	0.973 241	0.522 528	14
华中师范大学	0.209 801	0.960 707	0.510 163	15
南京师范大学	0.159 265	0.960 082	0.479 592	16
苏州大学	0.151 608	0.964 409	0.476 728	17
西南大学	0.147 014	0.969 812	0.476 133	18
首都师范大学	0.148 545	0.963 439	0.474 503	19
上海交通大学	0.147 014	0.957 425	0.471 178	20
华中科技大学	0.148 545	0.940 335	0.465 261	21
四川大学	0.127 106	0.967 138	0.463 119	22
中南财经政法大学	0.131 700	0.960 211	0.463 104	23
暨南大学	0.117 917	0.970 258	0.458 853	24
中央财经大学	0.117 917	0.970 235	0.458 844	25
中国政法大学	0.140 888	0.934 354	0.458 274	26
上海大学	0.124 043	0.959 011	0.458 030	27
对外经济贸易大学	0.119 449	0.964 789	0.457 585	28
上海财经大学	0.113 323	0.964 966	0.453 980	29
上海师范大学	0.105 666	0.974 580	0.453 232	30
西南财经大学	0.107 198	0.970 704	0.452 600	31
东北师范大学	0.111 792	0.956 410	0.449 639	32
华东政法大学	0.117 917	0.944 012	0.448 355	33
东北财经大学	0.099 541	0.964 196	0.445 403	34
陕西师范大学	0.085 758	0.976 549	0.442 074	35
华南师范大学	0.094 946	0.962 618	0.442 015	36
西南政法大学	0.101 072	0.933 720	0.434 131	37
东南大学	0.084 227	0.955 993	0.432 933	38
浙江师范大学	0.082 695	0.957 951	0.432 797	39
西安交通大学	0.071 975	0.971 302	0.431 706	40
辽宁大学	0.070 444	0.972 089	0.431 102	41
湖南师范大学	0.082 695	0.951 651	0.430 277	42
河南大学	0.073 507	0.959 066	0.427 731	43
深圳大学	0.067 381	0.964 201	0.426 109	44

续前表

机构名称	转载量归一值	篇均分归一值	综合指数	名次
杭州师范大学	0.070 444	0.959 513	0.426 072	45
重庆大学	0.055 130	0.981 565	0.425 704	46
兰州大学	0.059 724	0.973 362	0.425 179	47
同济大学	0.053 599	0.980 675	0.424 429	48
西北大学	0.079 632	0.939 762	0.423 684	49
浙江工商大学	0.070 444	0.948 878	0.42 1818	50
山西大学	0.058 193	0.966 696	0.421 594	51
南京农业大学	0.050 536	0.975 510	0.420 526	52
福建师范大学	0.053 599	0.970 605	0.420 401	53
中国传媒大学	0.053 599	0.967 590	0.419 195	54
安徽大学	0.058 193	0.959 690	0.418 792	55
扬州大学	0.049 005	0.972 893	0.418 560	56
华南理工大学	0.070 444	0.939 392	0.418 023	57
北京联合大学	0.044 410	0.978 042	0.417 863	58
中央民族大学	0.062 787	0.950 133	0.417 725	59
湖南大学	0.059 724	0.949 931	0.415 807	60
浙江财经大学	0.055 130	0.956 009	0.415 482	61
北京航空航天大学	0.047473	0.967132	0.415 337	62
山东师范大学	0.042 879	0.973 658	0.415 191	63
中南大学	0.052 067	0.958 969	0.414 828	64
黑龙江大学	0.058 193	0.949 707	0.414 799	65
上海外国语大学	0.042 879	0.972 402	0.414 688	66
解放军南京政治学院上海分院	0.033 691	0.985 937	0.414 589	67
天津师范大学	0.052 067	0.958 294	0.414 558	68
湘潭大学	0.041 348	0.973 862	0.414 354	69
外交学院	0.022 971	1.000 000	0.413 783	70
南昌大学	0.045 942	0.965 386	0.413 720	71
华侨大学	0.041 348	0.971 853	0.413 550	72
中国青年政治学院	0.049 005	0.958 516	0.412 809	73
江西财经大学	0.053 599	0.951 080	0.412 591	74
天津大学	0.049 005	0.956 565	0.412 029	75
天津财经大学	0.036 753	0.974 892	0.412 009	76
曲阜师范大学	0.035 222	0.976 874	0.411 883	77
江西师范大学	0.047 473	0.956 056	0.410 906	78
四川师范大学	0.035 222	0.974 255	0.410 835	79
江苏师范大学	0.042 879	0.962 252	0.410 628	80
广东外语外贸大学	0.036 753	0.969 894	0.410 009	81
南京审计学院	0.032 159	0.976 665	0.409 961	82
山东财经大学	0.039 816	0.964 090	0.409 526	83
上海政法学院	0.022 971	0.989 195	0.409 461	84

续前表

机构名称	转载量归一值	篇均分归一值	综合指数	名次
西北师范大学	0.055 130	0.940 283	0.409 191	85
中国海洋大学	0.029 096	0.977 123	0.408 307	86
河南财经政法大学	0.022 971	0.984 843	0.407 720	87
安徽财经大学	0.032 159	0.970 185	0.407 369	88
云南大学	0.047 473	0.946 770	0.407 192	89
温州大学	0.050 536	0.939 872	0.406 270	90
河北大学	0.073 507	0.903 980	0.405 696	91
郑州大学	0.033 691	0.958 575	0.403 645	92
大连理工大学	0.053 599	0.927 781	0.403 272	93
首都经济贸易大学	0.049 005	0.931 646	0.402 061	94
广州大学	0.039 816	0.945 357	0.402 032	95
北京交通大学	0.058 193	0.917 623	0.401 965	96
东北大学	0.026 034	0.965 422	0.401 789	97
安徽师范大学	0.038 285	0.946 538	0.401 586	98
江苏大学	0.029 096	0.958 491	0.400 854	99
华东理工大学	0.038 285	0.943 922	0.400 540	100

二、社科院（联）总排名

该系统被转载全文 830 篇，涉及社科院（联）37 家，转载量约占全年复印报刊资料学术刊全文转载总量（13 025 篇）的 6.4%。本次对 5 篇以上进行转载量和综合指数计算并选取前 10 名进行排序。社科院（联）全文转载量排名见表 3—3，综合指数排名见表 3—4。

表 3—3　全文转载量排名

机构名称	转载数	名次
中国社会科学院	609	1
上海社会科学院	79	2
北京市社会科学院	13	3
浙江省社会科学院	11	4
四川省社会科学院	10	5
广东省社会科学院	9	6
河南省社会科学院	9	
安徽省社会科学院	8	8
湖北省社会科学院	8	
天津社会科学院	8	

表 3—4　　综合指数排名

机构名称	转载量归一值	篇均分归一值	综合指数	名次
中国社会科学院	1.000 000	0.986 977	0.994 791	1
上海社会科学院	0.129 721	1.000 000	0.477 833	2
湖北省社会科学院	0.013 136	0.993 463	0.405 267	3
江苏省社会科学院	0.011 494	0.991 053	0.403 318	4
北京市社会科学院	0.021 346	0.974 607	0.402 650	5
广东省社会科学院	0.014 778	0.977 656	0.399 929	6
四川省社会科学院	0.016 420	0.972 461	0.398 836	7
天津社会科学院	0.013 136	0.972 098	0.396 721	8
浙江省社会科学院	0.018 062	0.960 623	0.395 086	9
河南省社会科学院	0.014 778	0.961 659	0.393 530	10

三、党政干部院校总排名

该系统被转载全文 350 篇，涉及党政干部院校 69 家，转载量约占全年复印报刊资料学术刊全文转载总量（13 025 篇）的 2.7%。本次对 3 篇以上进行转载量和综合指数计算并选取前 10 名进行排序。党政干部院校全文转载量排名见表 3—5，综合指数排名见表 3—6。

表 3—5　　全文转载量排名

机构名称	转载数	名次
中共中央党校	77	1
国家行政学院	42	2
中共上海市委党校	18	3
中国浦东干部学院	16	4
中共浙江省委党校	13	5
中共广东省委党校	12	6
中共江苏省委党校	12	
中共湖南省委党校	11	8
中共北京市委党校	10	9
中央社会主义学院	9	10

表 3—6　　综合指数排名

机构名称	转载量归一值	篇均分归一值	综合指数	名次
中共中央党校	1.000 000	0.936 935	0.974 774	1
国家行政学院	0.545 455	0.919 411	0.695 037	2
中共上海市委党校	0.233 766	0.976 415	0.530 826	3
中国浦东干部学院	0.207 792	0.909 389	0.488 431	4
中共浙江省委党校	0.168 831	0.923 659	0.470 762	5

续前表

机构名称	转载量归一值	篇均分归一值	综合指数	名次
中共湖南省委党校	0.142 857	0.962 608	0.470 757	6
中共广东省委党校	0.155 844	0.936 140	0.467 962	7
中共江苏省委党校	0.155 844	0.925 632	0.463 759	8
中共北京市委党校	0.129 870	0.939 118	0.453 569	9
中共杭州市委党校	0.090 909	0.980 858	0.446 889	10

第二节 高等院校分学科排名

一、哲学

本学科高等院校转载全文 986 篇，约占本学科转载总数（1 186 篇）的 83.1%，涉及高等院校 181 家，约占本学科涉及作者机构总数（274 家）的 66.1%。本次对 3 篇以上进行转载量和综合指数计算并选取前 20 名进行排序。高等院校哲学学科全文转载量排名见表 3—7，综合指数排名见表 3—8。

表 3—7　　全文转载量排名

机构名称	转载数	名次
中国人民大学	72	1
中山大学	46	2
北京大学	45	3
南京大学	45	
复旦大学	43	5
山东大学	39	6
华东师范大学	35	7
清华大学	35	
武汉大学	29	9
北京师范大学	26	10
南开大学	24	11
浙江大学	23	12
首都师范大学	18	13
苏州大学	15	14
华中师范大学	14	15
陕西师范大学	14	
四川大学	14	
山西大学	13	18
黑龙江大学	12	19
华中科技大学	12	
厦门大学	12	

表3—8　　综合指数排名

机构名称	转载量归一值	篇均分归一值	综合指数	名次
中国人民大学	1.000 000	0.919 919	0.967 968	1
中山大学	0.638 889	0.930 136	0.755 388	2
南京大学	0.625 000	0.913 541	0.740 416	3
北京大学	0.625 000	0.911 065	0.739 426	4
复旦大学	0.597 222	0.920 845	0.726 671	5
山东大学	0.541 667	0.916 130	0.691 452	6
清华大学	0.486 111	0.932 756	0.664 769	7
华东师范大学	0.486 111	0.915 042	0.657 683	8
武汉大学	0.402 778	0.886 114	0.596 112	9
北京师范大学	0.361 111	0.906 860	0.579 411	10
南开大学	0.333 333	0.917 793	0.567 117	11
浙江大学	0.319 444	0.909 889	0.555 622	12
首都师范大学	0.250 000	0.907 855	0.513 142	13
苏州大学	0.208 333	0.911 417	0.489 567	14
华中师范大学	0.194 444	0.915 116	0.482 713	15
陕西师范大学	0.194 444	0.914 798	0.482 586	16
四川大学	0.194 444	0.908 897	0.480 225	17
山西大学	0.180 556	0.914 752	0.474 234	18
厦门大学	0.166 667	0.909 720	0.463 888	19
吉林大学	0.152 778	0.921 018	0.460 074	20

二、经济学

本学科高等院校转载全文1 604篇，约占本学科转载总数（2 258篇）的71.0%，涉及高等院校255家，约占本学科涉及作者机构总数（500家）的51.0%。本次对3篇以上进行转载量和综合指数计算并选取前20名进行排序。高等院校经济学学科全文转载量排名见表3—9，综合指数排名见表3—10。

表3—9　　全文转载量排名

机构名称	转载数	名次
中国人民大学	120	1
北京大学	75	2
南开大学	55	3
清华大学	55	
厦门大学	54	5
复旦大学	44	6
南京大学	40	7
西南财经大学	40	
东北财经大学	36	9

续前表

机构名称	转载数	名次
对外经济贸易大学	35	10
上海财经大学	35	
中南财经政法大学	33	12
中央财经大学	33	
山东大学	32	14
武汉大学	30	15
浙江大学	29	16
北京师范大学	27	17
暨南大学	27	
吉林大学	25	19
中山大学	22	20

表 3—10 **综合指数排名**

机构名称	转载量归一值	篇均分归一值	综合指数	名次
中国人民大学	1.000 000	0.855 574	0.942 230	1
北京大学	0.625 000	0.854 601	0.716 840	2
南开大学	0.458 333	0.864 594	0.620 837	3
厦门大学	0.450 000	0.869 012	0.617 605	4
清华大学	0.458 333	0.848 719	0.614 487	5
复旦大学	0.366 667	0.863 239	0.565 296	6
南京大学	0.333 333	0.881 470	0.552 588	7
西南财经大学	0.333 333	0.853 493	0.541 397	8
东北财经大学	0.300 000	0.857 141	0.522 856	9
对外经济贸易大学	0.291 667	0.859 778	0.518 911	10
上海财经大学	0.291 667	0.839 434	0.510 774	11
中央财经大学	0.275 000	0.860 560	0.509 224	12
中南财经政法大学	0.275 000	0.858 173	0.508 269	13
山东大学	0.266 667	0.859 476	0.503 791	14
武汉大学	0.250 000	0.869 638	0.497 855	15
暨南大学	0.225 000	0.876 572	0.485 629	16
北京师范大学	0.225 000	0.847 877	0.474 151	17
浙江大学	0.241 667	0.814 276	0.470 711	18
吉林大学	0.208 333	0.860 259	0.469 103	19
中山大学	0.183 333	0.877 777	0.461 111	20

1. 理论经济学

本学科高等院校转载全文 443 篇，约占本学科转载总数（658 篇）的 67.3%，涉及高等院校 125 家，约占本学科涉及作者机构总数（215 家）的 58.1%。本次对 3 篇以上进行转载量和综合指数计算并选取前 10 名进行排序。高等院校理论经济学学科全文转载量排名见表3—11，综合指数排名见表3—12。

表3—11 全文转载量排名

机构名称	转载数	名次
中国人民大学	38	1
清华大学	31	2
北京大学	21	3
复旦大学	19	4
南开大学	16	5
上海财经大学	14	6
北京师范大学	13	7
厦门大学	12	8
南京大学	11	9
西南财经大学	11	
浙江大学	11	

表3—12 综合指数排名

机构名称	转载量归一值	篇均分归一值	综合指数	名次
中国人民大学	1.000 000	0.865 551	0.946 220	1
清华大学	0.815 789	0.883 311	0.842 798	2
北京大学	0.552 632	0.881 334	0.684 113	3
复旦大学	0.500 000	0.894 023	0.657 609	4
南开大学	0.421 053	0.870 620	0.600 880	5
上海财经大学	0.368 421	0.839 925	0.557 023	6
北京师范大学	0.342 105	0.878 134	0.556 517	7
厦门大学	0.315 789	0.858 042	0.532 690	8
南京大学	0.289 474	0.879 408	0.525 448	9
西南财经大学	0.289 474	0.855 387	0.515 839	10

2. 应用经济学

本学科高等院校转载全文1 161篇，约占本学科转载总数（1 600篇）的72.6%，涉及高等院校222家，约占本学科涉及作者机构总数（402家）的55.2%。本次对3篇以上进行转载量和综合指数计算并选取前20名进行排序。高等院校应用经济学学科全文转载量排名见表3—13，综合指数排名见表3—14。

表3—13 全文转载量排名

机构名称	转载数	名次
中国人民大学	82	1
北京大学	54	2
厦门大学	42	3
南开大学	39	4

续前表

机构名称	转载数	名次
东北财经大学	31	5
对外经济贸易大学	30	6
南京大学	29	7
西南财经大学	29	
中央财经大学	27	9
中南财经政法大学	26	10
复旦大学	25	11
清华大学	24	12
山东大学	23	13
暨南大学	21	14
上海财经大学	21	
武汉大学	21	
浙江大学	18	17
吉林大学	16	18
天津财经大学	16	
山东财经大学	15	20
中山大学	15	

表 3—14　　综合指数排名

机构名称	转载量归一值	篇均分归一值	综合指数	名次
中国人民大学	1.000 000	0.874 195	0.949 678	1
北京大学	0.658 537	0.864 067	0.740 749	2
厦门大学	0.512 195	0.886 353	0.661 858	3
南开大学	0.475 610	0.882 821	0.638 494	4
南京大学	0.353 659	0.901 583	0.572 829	5
东北财经大学	0.378 049	0.861 610	0.571 473	6
对外经济贸易大学	0.365 854	0.861 375	0.564 062	7
西南财经大学	0.353 659	0.871 577	0.560 826	8
中央财经大学	0.329 268	0.860 985	0.541 955	9
中南财经政法大学	0.317 073	0.867 954	0.537 425	10
复旦大学	0.304 878	0.879 218	0.534 614	11
清华大学	0.292 683	0.870 157	0.523 673	12
山东大学	0.280 488	0.869 180	0.515 965	13
暨南大学	0.256 098	0.890 240	0.509 755	14
武汉大学	0.256 098	0.873 296	0.502 977	15
上海财经大学	0.256 098	0.871 556	0.502 281	16
浙江大学	0.219 512	0.850 320	0.471 835	17
吉林大学	0.195 122	0.872 151	0.465 934	18
中山大学	0.182 927	0.887 547	0.464 775	19
天津财经大学	0.195 122	0.863 949	0.462 653	20

三、法学

本学科高等院校转载全文874篇，约占本学科转载总数（1 002篇）的87.2%，涉及高等院校152家，约占本学科涉及作者机构总数（236家）的64.4%。本次对3篇以上进行转载量和综合指数计算并选取前20名进行排序。高等院校法学学科全文转载量排名见表3—15，综合指数排名见表3—16。

表3—15　　全文转载量排名

机构名称	转载数	名次
中国人民大学	63	1
华东政法大学	55	2
北京大学	48	3
中国政法大学	47	4
清华大学	43	5
西南政法大学	41	6
武汉大学	31	7
吉林大学	24	8
上海交通大学	23	9
苏州大学	22	10
中南财经政法大学	21	11
南京师范大学	19	12
南京大学	17	13
山东大学	16	14
东南大学	15	15
对外经济贸易大学	15	
西北政法大学	14	17
中山大学	12	18
北京师范大学	11	19
厦门大学	11	
中央财经大学	11	

表3—16　　综合指数排名

机构名称	转载量归一值	篇均分归一值	综合指数	名次
中国人民大学	1.000 000	0.868 087	0.947 235	1
华东政法大学	0.873 016	0.847 017	0.862 616	2
北京大学	0.761 905	0.829 929	0.789 115	3
中国政法大学	0.746 032	0.837 040	0.782 435	4
清华大学	0.682 540	0.859 058	0.753 147	5
西南政法大学	0.650 794	0.846 789	0.729 192	6
武汉大学	0.492 063	0.830 634	0.627 491	7
吉林大学	0.380 952	0.877 657	0.579 634	8

续前表

机构名称	转载量归一值	篇均分归一值	综合指数	名次
苏州大学	0.349 206	0.882 234	0.562 417	9
上海交通大学	0.365 079	0.834 770	0.552 955	10
中南财经政法大学	0.333 333	0.867 005	0.546 802	11
南京师范大学	0.301 587	0.848 177	0.520 223	12
山东大学	0.253 968	0.856 156	0.494 843	13
南京大学	0.269 841	0.832 252	0.494 805	14
对外经济贸易大学	0.238 095	0.841 842	0.479 594	15
东南大学	0.238 095	0.839 417	0.478 624	16
西北政法大学	0.222 222	0.841 923	0.470 102	17
中山大学	0.190 476	0.867 988	0.461 481	18
浙江大学	0.158 730	0.869 020	0.442 846	19
中央财经大学	0.174 603	0.844 629	0.442 613	20

四、政治学

本学科高等院校转载全文 631 篇，约占本学科转载总数（1 109 篇）的 56.9%，涉及高等院校 156 家，约占本学科涉及作者机构总数（320 家）的 48.8%。本次对 3 篇以上进行转载量和综合指数计算并选取前 20 名进行排序。高等院校政治学学科全文转载量排名见表 3—17，综合指数排名见表 3—18。

表 3—17　　全文转载量排名

机构名称	转载数	名次
中国人民大学	71	1
北京大学	43	2
复旦大学	42	3
南开大学	22	4
武汉大学	19	5
吉林大学	17	6
清华大学	14	7
上海外国语大学	14	
华中师范大学	13	9
外交学院	12	10
南京大学	10	11
山东大学	10	
上海交通大学	10	
中山大学	10	

续前表

机构名称	转载数	名次
湖南师范大学	9	15
华东师范大学	9	
解放军南京政治学院上海分院	9	
兰州大学	9	
国防大学	8	19
华东政法大学	8	
深圳大学	8	
厦门大学	8	

表 3—18　　综合指数排名

机构名称	转载量归一值	篇均分归一值	综合指数	名次
中国人民大学	1.000 000	0.913 380	0.965 352	1
复旦大学	0.591 549	0.928 378	0.726 281	2
北京大学	0.605 634	0.898 096	0.722 619	3
南开大学	0.309 859	0.877 097	0.536 754	4
武汉大学	0.267 606	0.896 964	0.519 349	5
吉林大学	0.239 437	0.881 857	0.496 405	6
上海外国语大学	0.197 183	0.932 619	0.491 357	7
华中师范大学	0.183 099	0.918 972	0.477 448	8
外交学院	0.169 014	0.929 994	0.473 406	9
清华大学	0.197 183	0.873 697	0.467 789	10
山东大学	0.140 845	0.939 389	0.460 263	11
南京大学	0.140 845	0.918 249	0.451 807	12
兰州大学	0.126 761	0.923 667	0.445 523	13
解放军南京政治学院上海分院	0.126 761	0.922 159	0.444 920	14
上海交通大学	0.140 845	0.900 304	0.444 629	15
华东师范大学	0.126 761	0.910 681	0.440 329	16
湖南师范大学	0.126 761	0.906 635	0.438 711	17
浙江大学	0.098 592	0.935 067	0.433 182	18
厦门大学	0.112 676	0.908 508	0.431 009	19
中山大学	0.140 845	0.853 567	0.425 934	20

五、社会学

本学科高等院校转载全文436篇，约占本学科转载总数（571篇）的76.4%，涉及高等院校131家，约占本学科涉及作者机构总数（197家）的66.5%。本次对3篇以上进行转载量和综合指数计算并选取前10名进行排序。高等院校社会学学科全文转载量排名见表3—19，综合指数排名见表3—20。

表 3—19　　全文转载量排名

机构名称	转载数	名次
中国人民大学	38	1
北京大学	36	2
南京大学	19	3
华东师范大学	15	4
清华大学	15	
复旦大学	14	6
中山大学	14	
华中科技大学	12	8
华东理工大学	10	9
南开大学	10	
上海大学	10	
中国青年政治学院	10	

表 3—20　　综合指数排名

机构名称	转载量归一值	篇均分归一值	综合指数	名次
中国人民大学	1.000 000	0.897 499	0.959 000	1
北京大学	0.947 368	0.870 651	0.916 681	2
南京大学	0.500 000	0.884 949	0.653 980	3
中山大学	0.368 421	0.943 305	0.598 375	4
华东师范大学	0.394 737	0.890 140	0.592 898	5
复旦大学	0.368 421	0.926 534	0.591 666	6
清华大学	0.394 737	0.865 937	0.583 217	7
华中科技大学	0.3157 89	0.868 397	0.536 832	8
上海大学	0.263 158	0.912 527	0.522 906	9
南开大学	0.263 158	0.885 519	0.512 102	10

六、马克思主义理论

本学科高等院校转载全文 383 篇，约占本学科转载总数（513 篇）的 74.7%，涉及高等院校 145 家，约占本学科涉及作者机构总数（206 家）的 70.4%。本次对 3 篇以上进行转载量和综合指数计算并选取前 10 名进行排序。高等院校马克思主义理论学科全文转载量排名见表 3—21，综合指数排名见表 3—22。

表 3—21　　全文转载量排名

机构名称	转载数	名次
武汉大学	32	1
中国人民大学	22	2
北京大学	13	3
东北师范大学	13	
清华大学	13	

续前表

机构名称	转载数	名次
中山大学	10	6
复旦大学	9	7
华东师范大学	9	
华中师范大学	9	
西南大学	9	

表 3—22　　综合指数排名

机构名称	转载量归一值	篇均分归一值	综合指数	名次
武汉大学	1.000 000	0.868 925	0.947 570	1
中国人民大学	0.687 500	0.880 050	0.764 520	2
清华大学	0.406 250	0.876 016	0.594 156	3
东北师范大学	0.406 250	0.845 288	0.581 865	4
北京大学	0.406 250	0.831 403	0.576 311	5
中山大学	0.312 500	0.901 611	0.548 144	6
复旦大学	0.281 250	0.866 379	0.515 302	7
华东师范大学	0.281 250	0.865 831	0.515 082	8
西南大学	0.281 250	0.863 805	0.514 272	9
华中师范大学	0.281 250	0.862 155	0.513 612	10

七、教育学

本学科高等院校转载全文919篇，约占本学科转载总数（1 188篇）的77.4%，涉及高等院校212家，约占本学科涉及作者机构总数（375家）的56.5%。本次对3篇以上进行转载量和综合指数计算并选取前20名进行排序。高等院校教育学学科全文转载量排名见表3—23，综合指数排名见表3—24。

表 3—23　　全文转载量排名

机构名称	转载数	名次
北京师范大学	90	1
华东师范大学	62	2
南京师范大学	37	3
西南大学	36	4
北京大学	34	5
华中师范大学	31	6
东北师范大学	23	7
中国人民大学	22	8
华南师范大学	18	9
上海师范大学	15	10
浙江大学	15	

续前表

机构名称	转载数	名次
河北大学	14	12
天津大学	14	
厦门大学	14	
浙江师范大学	14	
清华大学	13	16
山东师范大学	13	
首都师范大学	13	
沈阳师范大学	12	19
西北师范大学	12	

表 3—24　　　　综合指数排名

机构名称	转载量归一值	篇均分归一值	综合指数	名次
北京师范大学	1.000 000	0.839 708	0.935 883	1
华东师范大学	0.688 889	0.838 190	0.748 609	2
南京师范大学	0.411 111	0.843 236	0.583 961	3
西南大学	0.400 000	0.830 182	0.572 073	4
北京大学	0.377 778	0.860 882	0.571 020	5
华中师范大学	0.344 444	0.834 359	0.540 410	6
东北师范大学	0.255 556	0.825 987	0.483 728	7
中国人民大学	0.244 444	0.840 034	0.482 680	8
华南师范大学	0.200 000	0.811 664	0.444 666	9
上海师范大学	0.166 667	0.838 919	0.435 568	10
浙江大学	0.166 667	0.838 364	0.435 346	11
天津大学	0.155 556	0.848 207	0.432 616	12
浙江师范大学	0.155 556	0.836 588	0.427 969	13
山东师范大学	0.144 444	0.853 190	0.427 942	14
厦门大学	0.155 556	0.836 132	0.427 786	15
清华大学	0.144 444	0.847 894	0.425 824	16
首都师范大学	0.144 444	0.815 516	0.412 873	17
河北大学	0.155 556	0.793 676	0.410 804	18
天津职业技术师范大学	0.111 111	0.855 733	0.408 960	19
西北师范大学	0.133 333	0.821 267	0.408 507	20

八、心理学

本学科高等院校转载全文 121 篇，约占本学科转载总数（131 篇）的 92.4%，涉及高等院校 51 家，约占本学科涉及作者机构总数（57 家）的 89.5%。本次对 3 篇以上进行转载量和综合指数计算并选取前 10 名进行排序。高等院校心理学学科全文转载量排名见表 3—25，综合指数排名见表 3—26。

表 3—25　　全文转载量排名

机构名称	转载数	名次
西南大学	12	1
北京师范大学	11	2
华中师范大学	8	3
中国人民大学	7	4
华南师范大学	5	5
浙江大学	5	
北京大学	4	7
陕西师范大学	4	
武汉大学	4	
河南大学	3	10
吉林大学	3	
南开大学	3	
首都师范大学	3	
天津师范大学	3	
中央财经大学	3	

表 3—26　　综合指数排名

机构名称	转载量归一值	篇均分归一值	综合指数	名次
西南大学	1.000 000	0.902 787	0.961 115	1
北京师范大学	0.916 667	0.865 881	0.896 353	2
华中师范大学	0.666 667	0.883 601	0.753 441	3
中国人民大学	0.583 333	0.900 824	0.710 329	4
浙江大学	0.416 667	0.897 469	0.608 988	5
华南师范大学	0.416 667	0.842 548	0.587 019	6
武汉大学	0.333 333	0.937 498	0.574 999	7
陕西师范大学	0.333 333	0.896 436	0.558 574	8
北京大学	0.333 333	0.872 015	0.548 806	9
南开大学	0.250 000	0.932 839	0.523 136	10

九、中国语言文学

本学科高等院校转载全文 741 篇，约占本学科转载总数（874 篇）的 84.8%，涉及高等院校 181 家，约占本学科涉及作者机构总数（237 家）的 76.4%。本次对 3 篇以上进行转载量和综合指数计算并选取前 20 名进行排序。高等院校中国语言文学学科全文转载量排名见表 3—27，综合指数排名见表 3—28。

表 3—27　　全文转载量排名

机构名称	转载数	名次
北京大学	40	1
中国人民大学	38	2

续前表

机构名称	转载数	名次
北京师范大学	30	3
复旦大学	23	4
南京大学	20	5
武汉大学	20	
浙江大学	19	7
首都师范大学	18	8
华中师范大学	17	9
上海大学	13	10
杭州师范大学	12	11
华东师范大学	12	
南开大学	11	13
西北师范大学	11	
中山大学	11	
四川大学	10	16
温州大学	10	
西北大学	10	
河南大学	9	19
上海师范大学	9	
中国传媒大学	9	

表 3—28　　综合指数排名

机构名称	转载量归一值	篇均分归一值	综合指数	名次
北京大学	1.000 000	0.919 114	0.967 646	1
中国人民大学	0.950 000	0.898 419	0.929 368	2
北京师范大学	0.750 000	0.902 595	0.811 038	3
复旦大学	0.575 000	0.879 697	0.696 879	4
南京大学	0.500 000	0.938 506	0.675 402	5
武汉大学	0.500 000	0.888 038	0.655 215	6
浙江大学	0.475 000	0.886 275	0.639 510	7
首都师范大学	0.450 000	0.903 556	0.631 422	8
华中师范大学	0.425 000	0.916 692	0.621 677	9
上海大学	0.325 000	0.880 673	0.547 269	10
杭州师范大学	0.300 000	0.906 795	0.542 718	11
南开大学	0.275 000	0.938 941	0.540 576	12
华东师范大学	0.300 000	0.897 833	0.539 133	13
中山大学	0.275 000	0.906 606	0.527 642	14
西北师范大学	0.275 000	0.885 743	0.519 297	15
温州大学	0.250 000	0.920 952	0.518 381	16
四川大学	0.250 000	0.893 719	0.507 488	17
西南大学	0.200 000	0.960 968	0.504 387	18

续前表

机构名称	转载量归一值	篇均分归一值	综合指数	名次
西北大学	0.250 000	0.884 721	0.503 888	19
上海师范大学	0.225 000	0.912 770	0.500 108	20

十、外国语言文学

本学科高等院校转载全文 117 篇，约占本学科转载总数（131 篇）的 89.3%，涉及高等院校 50 家，约占本学科涉及作者机构总数（61 家）的 82.0%。本次对 3 篇以上进行转载量和综合指数计算并选取前 10 名进行排序。高等院校外国语言文学学科全文转载量排名见表 3—29，综合指数排名见表 3—30。

表 3—29　　全文转载量排名

<table>
<tr><th>机构名称</th><th>转载数</th><th>名次</th></tr>
<tr><td>北京大学</td><td>11</td><td>1</td></tr>
<tr><td>北京师范大学</td><td>8</td><td>2</td></tr>
<tr><td>中国人民大学</td><td>7</td><td>3</td></tr>
<tr><td>北京外国语大学</td><td>6</td><td rowspan="3">4</td></tr>
<tr><td>杭州师范大学</td><td>6</td></tr>
<tr><td>浙江大学</td><td>6</td></tr>
<tr><td>华东师范大学</td><td>5</td><td rowspan="2">7</td></tr>
<tr><td>四川外国语大学</td><td>5</td></tr>
<tr><td>华中科技大学</td><td>4</td><td>9</td></tr>
<tr><td>复旦大学</td><td>3</td><td rowspan="6">10</td></tr>
<tr><td>华中师范大学</td><td>3</td></tr>
<tr><td>上海外国语大学</td><td>3</td></tr>
<tr><td>首都师范大学</td><td>3</td></tr>
<tr><td>同济大学</td><td>3</td></tr>
<tr><td>武汉大学</td><td>3</td></tr>
</table>

表 3—30　　综合指数排名

机构名称	转载量归一值	篇均分归一值	综合指数	名次
北京大学	1.000 000	0.834 981	0.933 992	1
北京师范大学	0.727 273	0.829 301	0.768 084	2
中国人民大学	0.636 364	0.830 487	0.714 013	3
浙江大学	0.545 455	0.869 570	0.675 101	4
杭州师范大学	0.545 455	0.850 054	0.667 295	5
北京外国语大学	0.545 455	0.809 386	0.651 027	6
四川外国语大学	0.454 545	0.840 596	0.608 965	7
华东师范大学	0.454 545	0.826 560	0.603 351	8

续前表

机构名称	转载量 归一值	篇均分 归一值	综合指数	名次
华中科技大学	0.363 636	0.835 988	0.552 577	9
同济大学	0.272 727	0.925 295	0.533 754	10

十一、新闻传播学

本学科高等院校转载全文 251 篇，约占本学科转载总数（358 篇）的 70.1%，涉及高等院校 103 家，约占本学科涉及作者机构总数（182 家）的 56.6%。本次对 3 篇以上进行转载量和综合指数计算并选取前 10 名进行排序。高等院校新闻传播学学科全文转载量排名见表 3—31，综合指数排名见表 3—32。

表 3—31　　全文转载量排名

<table>
<tr><th>机构名称</th><th>转载数</th><th>名次</th></tr>
<tr><td>中国人民大学</td><td>24</td><td>1</td></tr>
<tr><td>北京大学</td><td>16</td><td>2</td></tr>
<tr><td>武汉大学</td><td>15</td><td>3</td></tr>
<tr><td>复旦大学</td><td>13</td><td>4</td></tr>
<tr><td>南京大学</td><td>10</td><td>5</td></tr>
<tr><td>中国传媒大学</td><td>7</td><td>6</td></tr>
<tr><td>河北大学</td><td>5</td><td rowspan="4">7</td></tr>
<tr><td>暨南大学</td><td>5</td></tr>
<tr><td>四川大学</td><td>5</td></tr>
<tr><td>浙江大学</td><td>5</td></tr>
</table>

表 3—32　　综合指数排名

机构名称	转载量 归一值	篇均分 归一值	综合指数	名次
中国人民大学	1.000 000	0.927 359	0.970 944	1
北京大学	0.666 667	0.898 390	0.759 356	2
武汉大学	0.625 000	0.929 321	0.746 728	3
复旦大学	0.541 667	0.948 349	0.704 340	4
南京大学	0.416 667	0.903 324	0.611 330	5
中国传媒大学	0.291 667	0.893 005	0.532 202	6
浙江大学	0.208 333	0.941 152	0.501 461	7
四川大学	0.208 333	0.915 316	0.491 126	8
暨南大学	0.208 333	0.889 396	0.480 758	9
山东大学	0.166 667	0.934 211	0.473 685	10

十二、艺术学

本学科高等院校转载全文 299 篇，约占本学科转载总数（382 篇）的 78.3%，涉及高等院校115家，约占本学科涉及作者机构总数（171家）的67.3%。本次对3篇以上进行转载量和综合指数计算并选取前10名进行排序。高等院校艺术学学科全文转载量排名见表3—33，综合指数排名见表3—34。

表3—33　　全文转载量排名

机构名称	转载数	名次
上海大学	14	1
北京大学	13	2
中国人民大学	12	3
清华大学	8	4
武汉大学	8	
中国传媒大学	8	
中央音乐学院	8	
北京师范大学	7	8
南京大学	7	
山东大学	7	

表3—34　　综合指数排名

机构名称	转载量归一值	篇均分归一值	综合指数	名次
上海大学	1.000 000	0.858 547	0.943 419	1
北京大学	0.928 571	0.853 017	0.898 349	2
中国人民大学	0.857 143	0.851 292	0.854 803	3
武汉大学	0.571 429	0.868 498	0.690 257	4
中国传媒大学	0.571 429	0.860 326	0.686 988	5
中央音乐学院	0.571 429	0.850 387	0.683 012	6
清华大学	0.571 429	0.836 730	0.677 549	7
南京大学	0.500 000	0.866 856	0.646 742	8
山东大学	0.500 000	0.849 362	0.639 745	9
北京师范大学	0.500 000	0.842 257	0.636 903	10

十三、历史学

本学科高等院校转载全文564篇，约占本学科转载总数（760篇）的74.2%，涉及高等院校111家，约占本学科涉及作者机构总数（184家）的60.3%。本次对3篇以上进行转载量和综合指数计算并选取前20名进行排序。高等院校历史学学科全文转载量排名见表3—35，综合指数排名见表3—36。

表3—35　　全文转载量排名

机构名称	转载数	名次
北京大学	40	1
复旦大学	30	2
北京师范大学	29	3

续前表

机构名称	转载数	名次
南开大学	27	4
南京大学	24	5
中国人民大学	24	
华东师范大学	23	7
吉林大学	18	8
首都师范大学	18	
中山大学	18	
浙江大学	15	11
东北师范大学	13	12
武汉大学	13	
厦门大学	13	
山东大学	12	15
清华大学	11	16
上海师范大学	11	
陕西师范大学	10	18
兰州大学	9	19
四川大学	9	
西北大学	9	

表 3—36　　综合指数排名

机构名称	转载量归一值	篇均分归一值	综合指数	名次
北京大学	1.000 000	0.929 985	0.971 994	1
复旦大学	0.750 000	0.919 651	0.817 860	2
北京师范大学	0.725 000	0.919 244	0.802 698	3
南开大学	0.675 000	0.924 430	0.774 772	4
南京大学	0.600 000	0.927 985	0.731 194	5
中国人民大学	0.600 000	0.910 937	0.724 375	6
华东师范大学	0.575 000	0.928 279	0.716 312	7
首都师范大学	0.450 000	0.928 498	0.641 399	8
吉林大学	0.450 000	0.911 244	0.634 498	9
中山大学	0.450 000	0.896 180	0.628 472	10
浙江大学	0.375 000	0.934 563	0.598 825	11
厦门大学	0.325 000	0.929 909	0.566 964	12
东北师范大学	0.325 000	0.915 281	0.561 112	13
武汉大学	0.325 000	0.910 937	0.559 375	14
山东大学	0.300 000	0.934 517	0.553 807	15
清华大学	0.275 000	0.910 214	0.529 086	16
上海师范大学	0.275 000	0.899 932	0.524 973	17
陕西师范大学	0.250 000	0.927 720	0.521 088	18
四川大学	0.225 000	0.908 899	0.498 560	19
西北大学	0.225 000	0.887 743	0.490 097	20

十四、工商管理

本学科高等院校转载全文 968 篇，约占本学科转载总数（1 096 篇）的 88.3%，涉及高等院校 276 家，约占本学科涉及作者机构总数（345 家）的 80.0%。本次对 3 篇以上进行转载量和综合指数计算并选取前 20 名进行排序。高等院校工商管理学科全文转载量排名见表 3—37，综合指数排名见表 3—38。

表 3—37　　**全文转载量排名**

机构名称	转载数	名次
中国人民大学	35	1
中山大学	27	2
清华大学	23	3
东北财经大学	21	4
武汉大学	21	
北京大学	20	6
华南理工大学	20	
南京大学	20	
北京交通大学	19	9
西南财经大学	19	
南开大学	18	11
西安交通大学	18	
浙江大学	17	13
大连理工大学	16	14
中南财经政法大学	16	
华中科技大学	13	16
北京联合大学	12	17
对外经济贸易大学	12	
浙江工商大学	11	19
北京物资学院	10	20
吉林大学	10	
暨南大学	10	
四川大学	10	
厦门大学	10	
中央财经大学	10	

表 3—38　　**综合指数排名**

机构名称	转载量归一值	篇均分归一值	综合指数	名次
中国人民大学	1.000 000	0.843 311	0.937 324	1
中山大学	0.771 429	0.865 165	0.808 923	2
清华大学	0.657 143	0.829 107	0.725 929	3
武汉大学	0.600 000	0.842 686	0.697 074	4

续前表

机构名称	转载量归一值	篇均分归一值	综合指数	名次
东北财经大学	0.600 000	0.840 567	0.696 227	5
北京大学	0.571 429	0.836 315	0.677 383	6
西南财经大学	0.542 857	0.867 613	0.672 759	7
南京大学	0.571 429	0.816 384	0.669 411	8
华南理工大学	0.571 429	0.815 113	0.668 903	9
南开大学	0.514 286	0.865 890	0.654 928	10
北京交通大学	0.542 857	0.810 466	0.649 901	11
西安交通大学	0.514 286	0.849 638	0.648 427	12
中南财经政法大学	0.457 143	0.842 208	0.611 169	13
浙江大学	0.485 714	0.795 499	0.609 628	14
大连理工大学	0.457 143	0.799 588	0.594 121	15
北京联合大学	0.342 857	0.879 055	0.557 336	16
对外经济贸易大学	0.342 857	0.863 940	0.551 290	17
华中科技大学	0.371 429	0.784 630	0.536 709	18
浙江工商大学	0.314 286	0.849 285	0.528 286	19
四川大学	0.285 714	0.881 284	0.523 942	20

十五、农林经济管理

本学科高等院校转载全文 198 篇，约占本学科转载总数（253 篇）的 70.6%，涉及高等院校 86 家，约占本学科涉及作者机构总数（116 家）的 74.1%。本次对 3 篇以上进行转载量和综合指数计算并选取前 10 名进行排序。高等院校农林经济管理学科全文转载量排名见表 3—39，综合指数排名见表 3—40。

表 3—39　　全文转载量排名

机构名称	转载数	名次
中国人民大学	31	1
中国农业大学	13	2
南京农业大学	10	3
华中农业大学	9	4
浙江大学	9	
北京大学	6	6
华南农业大学	6	
华中科技大学	4	8
复旦大学	3	9
湖南农业大学	3	
华中师范大学	3	
南开大学	3	
武汉理工大学	3	
浙江工商大学	3	
中央财经大学	3	

表3—40　　综合指数排名

机构名称	转载量归一值	篇均分归一值	综合指数	名次
中国人民大学	1.000 000	0.840 055	0.936 022	1
中国农业大学	0.419 355	0.826 519	0.582 221	2
南京农业大学	0.322 581	0.915 525	0.559 759	3
浙江大学	0.290 323	0.822 844	0.503 331	4
华中农业大学	0.290 323	0.807 448	0.497 173	5
华南农业大学	0.193 548	0.880 775	0.468 439	6
北京大学	0.193 548	0.860 997	0.460 528	7
中央财经大学	0.096 774	0.915 835	0.424 398	8
浙江工商大学	0.096 774	0.879 510	0.409 868	9
南开大学	0.096 774	0.863 100	0.403 304	10

十六、公共管理

本学科高等院校转载全文423篇，约占本学科转载总数（545篇）的77.6%，涉及高等院校144家，约占本学科涉及作者机构总数（215家）的67.0%。本次对3篇以上进行转载量和综合指数计算并选取前10名进行排序。高等院校公共管理学科全文转载量排名见表3—41，综合指数排名见表3—42。

表3—41　　全文转载量排名

机构名称	转载数	名次
中国人民大学	36	1
南京大学	16	2
苏州大学	15	3
北京大学	13	4
华中科技大学	13	4
北京师范大学	12	6
清华大学	12	6
吉林大学	11	8
浙江大学	10	9
南开大学	9	10
中山大学	9	10

表3—42　　综合指数排名

机构名称	转载量归一值	篇均分归一值	综合指数	名次
中国人民大学	1.000 000	0.907 726	0.963 090	1
南京大学	0.444 444	0.920 735	0.634 960	2
苏州大学	0.416 667	0.919 562	0.617 825	3
北京大学	0.361 111	0.898 481	0.576 059	4

续前表

机构名称	转载量 归一值	篇均分 归一值	综合指数	名次
华中科技大学	0.361 111	0.870 768	0.564 974	5
北京师范大学	0.333 333	0.885 670	0.554 268	6
清华大学	0.333 333	0.874 462	0.549 785	7
吉林大学	0.305 556	0.908 936	0.546 908	8
浙江大学	0.277 778	0.879 624	0.518 516	9
中山大学	0.250 000	0.890 878	0.506 351	10

十七、图书馆、情报与档案管理

本学科高等院校转载全文 256 篇，约占本学科转载总数（324 篇）的 79.0%，涉及高等院校 91 家，约占本学科涉及作者机构总数（117 家）的 77.8%。本次对 3 篇以上进行转载量和综合指数计算并选取前 10 名进行排序。高等院校图书馆、情报与档案管理学科全文转载量排名见表 3—43，综合指数排名见表 3—44。

表 3—43　全文转载量排名

机构名称	转载数	名次
武汉大学	31	1
北京大学	23	2
中国人民大学	22	3
南京大学	21	4
中山大学	9	5
南开大学	8	6
上海大学	8	
安徽大学	7	8
吉林大学	5	9
解放军南京政治学院上海分院	5	
清华大学	5	

表 3—44　综合指数排名

机构名称	转载量 归一值	篇均分 归一值	综合指数	名次
武汉大学	1.000 000	0.953 667	0.981 467	1
北京大学	0.741 935	0.922 308	0.814 084	2
中国人民大学	0.709 677	0.928 100	0.797 046	3
南京大学	0.677 419	0.941 000	0.782 851	4
南开大学	0.258 065	0.965 205	0.540 921	5
中山大学	0.290 323	0.911 822	0.538 923	6
上海大学	0.258 065	0.910 011	0.518 843	7
安徽大学	0.225 806	0.918 477	0.502 874	8

续前表

机构名称	转载量 归一值	篇均分 归一值	综合指数	名次
解放军南京政治学院上海分院	0.161 290	0.969 168	0.484 441	9
吉林大学	0.161 290	0.957 798	0.479 893	10

第三节　高等院校所属院所分学科排名

一、哲学

本学科高等院校转载全文986篇，约占本学科转载总数（1 186篇）的83.1%，本次对3篇以上进行转载量和综合指数计算并选取前10名进行排序。高等院校所属院所哲学学科全文转载量排名见表3—45，综合指数排名见表3—46。

表3—45　　**全文转载量排名**

机构名称	转载数	名次
中国人民大学哲学院	51	1
中山大学人文科学学院	39	2
华东师范大学人文社会科学学院	33	3
北京大学哲学系	31	4
南京大学哲学系	31	
复旦大学哲学学院	30	6
清华大学人文学院	20	7
武汉大学哲学学院	20	
南开大学哲学院	17	9
山东大学哲学与社会发展学院	16	10

表3—46　　**综合指数排名**

机构名称	转载量 归一值	篇均分 归一值	综合指数	名次
中国人民大学哲学院	1.000 000	0.907 044	0.962 818	1
中山大学人文科学学院	0.764 706	0.919 884	0.826 777	2
华东师范大学人文社会科学学院	0.647 059	0.898 475	0.747 625	3
北京大学哲学系	0.607 843	0.909 760	0.728 610	4
南京大学哲学系	0.607 843	0.889 984	0.720 699	5
复旦大学哲学学院	0.588 235	0.909 363	0.716 686	6
清华大学人文学院	0.392 157	0.928 781	0.606 807	7
武汉大学哲学学院	0.392 157	0.877 068	0.586 121	8
南开大学哲学院	0.333 333	0.908 962	0.563 585	9
山东大学哲学与社会发展学院	0.313 725	0.903 066	0.549 461	10

二、经济学

本学科高等院校转载全文 1 604 篇，约占本学科转载总数（2 258 篇）的 71.0%，本次对 3 篇以上进行转载量和综合指数计算并选取前 10 名进行排序。高等院校所属院所经济学学科全文转载量排名见表 3—47，综合指数排名见表 3—48。

表 3—47　　全文转载量排名

机构名称	转载数	名次
中国人民大学经济学院	44	1
厦门大学经济学院	38	2
南开大学经济学院	33	3
复旦大学经济学院	23	4
北京大学经济学院	21	5
山东大学经济学院	21	
中国人民大学财政金融学院	21	
北京大学光华管理学院	20	8
南京大学商学院	19	9
暨南大学经济学院	15	10
清华大学社会科学学院	15	
武汉大学经济与管理学院	15	

表 3—48　　综合指数排名

机构名称	转载量归一值	篇均分归一值	综合指数	名次
中国人民大学经济学院	1.000 000	0.837 007	0.934 803	1
厦门大学经济学院	0.863 636	0.876 834	0.868 915	2
南开大学经济学院	0.750 000	0.878 514	0.801 406	3
复旦大学经济学院	0.522 727	0.867 041	0.660 453	4
中国人民大学财政金融学院	0.477 273	0.874 293	0.636 081	5
山东大学经济学院	0.477 273	0.862 440	0.631 340	6
北京大学经济学院	0.477 273	0.852 831	0.627 496	7
北京大学光华管理学院	0.454 545	0.866 723	0.619 416	8
南京大学商学院	0.431 818	0.891 163	0.615 556	9
武汉大学经济与管理学院	0.340 909	0.873 982	0.554 138	10

1. 理论经济学

本学科高等院校转载全文 443 篇，约占本学科转载总数（658 篇）的 67.3%，本次对 3 篇以上进行转载量和综合指数计算并选取前 10 名进行排序。高等院校所属院所理论经济学学科全文转载量排名见表 3—49，综合指数排名见表 3—50。

表 3—49 全文转载量排名

机构名称	转载数	名次
中国人民大学经济学院	18	1
复旦大学经济学院	12	2
清华大学社会科学学院	12	
南开大学经济学院	8	4
北京师范大学经济与工商管理学院	7	5
厦门大学经济学院	7	
北京大学经济学院	6	7
华中科技大学社会学系	5	8
清华大学公共管理学院	5	
山东大学经济研究院	5	
西北大学经济管理学院	5	
西南财经大学经济学院	5	
中山大学岭南学院	5	

表 3—50 综合指数排名

机构名称	转载量归一值	篇均分归一值	综合指数	名次
中国人民大学经济学院	1.000 000	0.852 376	0.940 950	1
复旦大学经济学院	0.666 667	0.887 031	0.754 813	2
清华大学社会科学学院	0.666 667	0.824 905	0.729 962	3
南开大学经济学院	0.444 444	0.904 116	0.628 313	4
厦门大学经济学院	0.388 889	0.847 298	0.572 253	5
北京师范大学经济与工商管理学院	0.388 889	0.846 095	0.571 771	6
北京大学经济学院	0.333 333	0.920 128	0.568 051	7
清华大学公共管理学院	0.277 778	0.907 502	0.529 668	8
中山大学岭南学院	0.277 778	0.890 273	0.522 776	9
华中科技大学社会学系	0.277 778	0.888 538	0.522 082	10

2. 应用经济学

本学科高等院校转载全文 1 161 篇，约占本学科转载总数（1 600 篇）的 72.6%，本次对 3 篇以上进行转载量和综合指数计算并选取前 10 名进行排序。高等院校所属院所应用经济学学科全文转载量排名见表 3—51，综合指数排名见表 3—52。

表 3—51 全文转载量排名

机构名称	转载数	名次
厦门大学经济学院	31	1
中国人民大学经济学院	26	2
南开大学经济学院	25	3
山东大学经济学院	20	4
中国人民大学财政金融学院	18	5

续前表

机构名称	转载数	名次
北京大学光华管理学院	16	6
南京大学商学院	16	
北京大学经济学院	15	8
暨南大学经济学院	13	9
武汉大学经济与管理学院	12	10

表 3—52　　综合指数排名

机构名称	转载量归一值	篇均分归一值	综合指数	名次
厦门大学经济学院	1.000 000	0.893 016	0.957 206	1
中国人民大学经济学院	0.838 710	0.855 703	0.845 507	2
南开大学经济学院	0.806 452	0.884 704	0.837 753	3
山东大学经济学院	0.645 161	0.867 984	0.734 290	4
中国人民大学财政金融学院	0.580 645	0.880 190	0.700 463	5
南京大学商学院	0.516 129	0.902 791	0.670 794	6
北京大学光华管理学院	0.516 129	0.87 3840	0.659 213	7
北京大学经济学院	0.483 871	0.844 209	0.628 006	8
暨南大学经济学院	0.419 355	0.881 739	0.604 309	9
武汉大学经济与管理学院	0.387 097	0.883 750	0.585 758	10

三、法学

本学科高等院校转载全文 874 篇，约占本学科转载总数（1 002 篇）的 87.2%，本次对 3 篇以上进行转载量和综合指数计算并选取前 10 名进行排序。高等院校所属院所法学学科全文转载量排名见表 3—53，综合指数排名见表 3—54。

表 3—53　　全文转载量排名

机构名称	转载数	名次
中国人民大学法学院	62	1
北京大学法学院	44	2
清华大学法学院	42	3
华东政法大学法律学院	26	4
武汉大学法学院	26	
吉林大学法学院	23	6
上海交通大学凯原法学院	23	
苏州大学王健法学院	22	8
南京师范大学法学院	19	9
南京大学法学院	17	10

表 3—54　综合指数排名

机构名称	转载量归一值	篇均分归一值	综合指数	名次
中国人民大学法学院	1.000 000	0.864 655	0.945 862	1
北京大学法学院	0.709 677	0.828 322	0.757 135	2
清华大学法学院	0.677 419	0.855 622	0.748 700	3
武汉大学法学院	0.419 355	0.840 887	0.587 968	4
华东政法大学法律学院	0.419 355	0.838 157	0.586 876	5
吉林大学法学院	0.370 968	0.874 184	0.572 254	6
苏州大学王健法学院	0.354 839	0.879 085	0.564 537	7
上海交通大学凯原法学院	0.370 968	0.831 790	0.555 297	8
南京师范大学法学院	0.306 452	0.845 150	0.521 931	9
南京大学法学院	0.274 194	0.829 281	0.496 229	10

四、政治学

本学科高等院校转载全文631篇，约占本学科转载总数（1 109篇）的56.9%，本次对3篇以上进行转载量和综合指数计算并选取前10名进行排序。高等院校所属院所政治学学科全文转载量排名见表3—55，综合指数排名见表3—56。

表 3—55　全文转载量排名

机构名称	转载数	名次
中国人民大学国际关系学院	53	1
复旦大学国际关系与公共事务学院	27	2
北京大学国际关系学院	16	3
南开大学周恩来政府管理学院	16	3
北京大学政府管理学院	14	5
吉林大学行政学院	12	6
复旦大学国际问题研究院	10	7
华中师范大学政治学研究院	10	7
中国人民大学马克思主义学院	9	9
上海交通大学国际与公共事务学院	8	10
外交学院国际关系研究所	8	10

表 3—56　综合指数排名

机构名称	转载量归一值	篇均分归一值	综合指数	名次
中国人民大学国际关系学院	1.000 000	0.891 072	0.956 429	1
复旦大学国际关系与公共事务学院	0.509 434	0.908 012	0.668 865	2
北京大学国际关系学院	0.301 887	0.918 886	0.548 687	3
南开大学周恩来政府管理学院	0.301 887	0.866 463	0.527 717	4
北京大学政府管理学院	0.264 151	0.851 228	0.498 982	5

续前表

机构名称	转载量归一值	篇均分归一值	综合指数	名次
华中师范大学政治学研究院	0.188 679	0.899 974	0.473 197	6
吉林大学行政学院	0.226 415	0.842 863	0.472 994	7
复旦大学国际问题研究院	0.188 679	0.895 686	0.471 482	8
中国人民大学马克思主义学院	0.169 811	0.911 236	0.466 381	9
外交学院国际关系研究所	0.150 943	0.902 106	0.451 408	10

五、社会学

本学科高等院校转载全文 436 篇，约占本学科转载总数（571 篇）的 76.4%，本次对 3 篇以上进行转载量和综合指数计算并选取前 10 名进行排序。高等院校所属院所社会学学科全文转载量排名见表 3—57，综合指数排名见表 3—58。

表 3—57　全文转载量排名

机构名称	转载数	名次
中国人民大学社会与人口学院	31	1
南京大学社会学院	17	2
北京大学社会学系	16	3
复旦大学社会发展与公共政策学院	11	4
华东师范大学社会发展学院	11	
华东理工大学社会与公共管理学院	9	6
中山大学社会学与人类学学院	9	
南开大学周恩来政府管理学院	8	8
清华大学社会科学学院	8	
中央民族大学民族学与社会学学院	8	

表 3—58　综合指数排名

机构名称	转载量归一值	篇均分归一值	综合指数	名次
中国人民大学社会与人口学院	1	0.886 855	0.954 742	1
南京大学社会学院	0.548 387	0.893 017	0.686 239	2
北京大学社会学系	0.516 129	0.864 178	0.655 349	3
复旦大学社会发展与公共政策学院	0.354 839	0.902 777	0.574 014	4
华东师范大学社会发展学院	0.354 839	0.893 733	0.570 397	5
中山大学社会学与人类学学院	0.290 323	0.934 337	0.547 929	6
南开大学周恩来政府管理学院	0.258 065	0.879 595	0.506 677	7
清华大学社会科学学院	0.258 065	0.870 092	0.502 876	8
华东理工大学社会与公共管理学院	0.290 323	0.819 427	0.501 965	9
中央民族大学民族学与社会学学院	0.258 065	0.849 985	0.494 833	10

六、马克思主义理论

本学科高等院校转载全文 383 篇，约占本学科转载总数（513 篇）的 74.7%，本次对 3 篇以上进行转载量和综合指数计算并选取前 10 名进行排序。高等院校所属院所马克思主义理论学科全文转载量排名见表 3—59，综合指数排名见表 3—60。

表 3—59　　全文转载量排名

机构名称	转载数	名次
武汉大学马克思主义学院	25	1
中国人民大学马克思主义学院	19	2
清华大学马克思主义学院	11	3
北京大学马克思主义学院	9	4
中山大学社会科学教育学院	9	
东北师范大学马克思主义学部	7	6
西南大学马克思主义学院	7	
华东师范大学人文社会科学学院	6	8
北京师范大学哲学与社会学学院	4	9
福建师范大学马克思主义学院	4	
复旦大学哲学学院	4	
河海大学马克思主义学院	4	
华中师范大学马克思主义学院	4	
南开大学马克思主义教育学院	4	
首都师范大学政法学院	4	
苏州大学政治与公共管理学院	4	
中南大学公共管理学院	4	

表 3—60　　综合指数排名

机构名称	转载量归一值	篇均分归一值	综合指数	名次
武汉大学马克思主义学院	1.000 000	0.882 642	0.953 057	1
中国人民大学马克思主义学院	0.760 000	0.899 547	0.815 819	2
清华大学马克思主义学院	0.440 000	0.885 868	0.618 347	3
中山大学社会科学教育学院	0.360 000	0.894 027	0.573 611	4
北京大学马克思主义学院	0.360 000	0.845 072	0.554 029	5
东北师范大学马克思主义学部	0.280 000	0.879 385	0.519 754	6
西南大学马克思主义学院	0.280 000	0.871 028	0.516 411	7
华东师范大学人文社会科学学院	0.240 000	0.864 592	0.489 837	8
复旦大学哲学学院	0.160 000	0.923 121	0.465 248	9
南京大学哲学系	0.120 000	0.935 113	0.446 045	10

七、教育学

本学科高等院校转载全文 919 篇，约占本学科转载总数（1 188 篇）的 77.4%，本次对 3 篇以上进行转载量和综合指数计算并选取前 10 名进行排序。高等院校所属院所教育学学科全文转载量排名见表 3—61，综合指数排名见表 3—62。

表 3—61 全文转载量排名

机构名称	转载数	名次
北京师范大学教育学部	75	1
华东师范大学教育科学学院	43	2
南京师范大学教育科学学院	29	3
西南大学教育学部	28	4
华中师范大学教育学院	26	5
北京大学教育学院	24	6
东北师范大学教育学部	17	7
天津大学教育学院	14	8
厦门大学教育研究院	14	
上海师范大学教育学院	13	10
浙江大学教育学院	13	

表 3—62 综合指数排名

机构名称	转载量归一值	篇均分归一值	综合指数	名次
北京师范大学教育学部	1.000 000	0.843 583	0.937 433	1
华东师范大学教育科学学院	0.573 333	0.842 627	0.681 051	2
南京师范大学教育科学学院	0.386 667	0.849 635	0.571 854	3
西南大学教育学部	0.373 333	0.836 471	0.558 588	4
华中师范大学教育学院	0.346 667	0.839 782	0.543 913	5
北京大学教育学院	0.320 000	0.875 798	0.542 319	6
东北师范大学教育学部	0.226 667	0.818 431	0.463 373	7
天津大学教育学院	0.186 667	0.848 207	0.451 283	8
厦门大学教育研究院	0.186 667	0.836 132	0.446 453	9
上海师范大学教育学院	0.173 333	0.837 329	0.438 931	10

八、心理学

本学科高等院校转载全文 121 篇，约占本学科转载总数（131 篇）的 92.4%，本次对 3 篇以上进行转载量和综合指数计算并选取前 10 名进行排序。高等院校所属院所心理学学科全文转载量排名见表 3—63，综合指数排名见表 3—64。

表 3—63 全文转载量排名

机构名称	转载数	名次
西南大学心理学部	12	1
北京师范大学心理学院	11	2
华中师范大学心理学院	7	3

续前表

机构名称	转载数	名次
华南师范大学心理学院	4	4
武汉大学哲学学院	4	
吉林大学哲学社会学院	3	6
南开大学周恩来政府管理学院	3	
陕西师范大学心理学院	3	
首都师范大学教育学院	3	
浙江大学心理与行为科学系	3	

表3—64　　综合指数排名

机构名称	转载量归一值	篇均分归一值	综合指数	名次
西南大学心理学部	1.000 000	0.901 953	0.960 781	1
北京师范大学心理学院	0.916 667	0.865 081	0.896 033	2
华中师范大学心理学院	0.583 333	0.885 069	0.704 027	3
武汉大学哲学学院	0.333 333	0.936 632	0.574 653	4
华南师范大学心理学院	0.333 333	0.829 274	0.531 709	5
南开大学周恩来政府管理学院	0.250 000	0.931 977	0.522 791	6
首都师范大学教育学院	0.250 000	0.905 627	0.512 251	7
浙江大学心理与行为科学系	0.250 000	0.892 782	0.507 113	8
陕西师范大学心理学院	0.250 000	0.871 446	0.498 578	9
吉林大学哲学社会学院	0.250 000	0.821 082	0.478 433	10

九、中国语言文学

本学科高等院校转载全文741篇，约占本学科转载总数（874篇）的84.8%，本次对3篇以上进行转载量和综合指数计算并选取前10名进行排序。高等院校所属院所中国语言文学学科全文转载量排名见表3—65，综合指数排名见表3—66。

表3—65　　全文转载量排名

机构名称	转载数	名次
北京大学中国语言文学系	36	1
中国人民大学文学院	30	2
北京师范大学文学院	25	3
武汉大学文学院	19	4
复旦大学中国语言文学系	18	5
浙江大学人文学院	18	
首都师范大学文学院	16	7
华中师范大学文学院	14	8
南京大学文学院	13	9
杭州师范大学人文学院	12	10
华东师范大学人文社会科学学院	12	

表 3—66　综合指数排名

机构名称	转载量归一值	篇均分归一值	综合指数	名次
北京大学中国语言文学系	1.000 000	0.911 499	0.964 600	1
中国人民大学文学院	0.833 333	0.891 133	0.856 453	2
北京师范大学文学院	0.694 444	0.890 820	0.772 994	3
武汉大学文学院	0.527 778	0.883 685	0.670 141	4
浙江大学人文学院	0.500 000	0.878 450	0.651 380	5
复旦大学中国语言文学系	0.500 000	0.863 817	0.645 527	6
首都师范大学文学院	0.444 444	0.889 873	0.622 616	7
华中师范大学文学院	0.388 889	0.905 485	0.595 527	8
南京大学文学院	0.361 111	0.916 831	0.583 399	9
杭州师范大学人文学院	0.333 333	0.896 928	0.558 771	10

十、外国语言文学

本学科高等院校转载全文 117 篇，约占本学科转载总数（131 篇）的 89.3%，本次对 3 篇以上进行转载量和综合指数计算并选取前 5 名进行排序。高等院校所属院所外国语言文学学科全文转载量排名见表 3—67，综合指数排名见表 3—68。

表 3—67　全文转载量排名

机构名称	转载数	名次
北京大学外国语学院	8	1
北京师范大学文学院	5	2
杭州师范大学外国语学院	5	
北京师范大学外国语言文学学院	3	4
北京外国语大学英语学院	3	
华东师范大学外语学院	3	
武汉大学外国语言文学学院	3	
中国人民大学外国语学院	3	
中国人民大学文学院	3	

表 3—68　综合指数排名

机构名称	转载量归一值	篇均分归一值	综合指数	名次
北京大学外国语学院	1.000 000	0.847 061	0.938 824	1
杭州师范大学外国语学院	0.625 000	0.832 937	0.708 175	2
北京师范大学文学院	0.625 000	0.830 978	0.707 391	3
华东师范大学外语学院	0.375 000	0.850 834	0.565 334	4
中国人民大学文学院	0.375 000	0.849 473	0.564 789	5

十一、新闻传播学

本学科高等院校转载全文251篇，约占本学科转载总数（358篇）的70.1%，本次对3篇以上进行转载量和综合指数计算并选取前10名进行排序。高等院校所属院所新闻传播学学科全文转载量排名见表3—69，综合指数排名见表3—70。

表3—69　　全文转载量排名

机构名称	转载数	名次
中国人民大学新闻学院	20	1
北京大学新闻与传播学院	12	2
复旦大学新闻学院	12	
武汉大学新闻与传播学院	7	4
武汉大学信息管理学院	6	5
河北大学新闻传播学院	5	6
暨南大学新闻与传播学院	5	
华南理工大学新闻与传播学院	4	8
清华大学新闻与传播学院	4	
四川大学文学与新闻学院	4	
浙江大学传媒与国际文化学院	4	
中国政法大学新闻与传播学院	4	

表3—70　　综合指数排名

机构名称	转载量归一值	篇均分归一值	综合指数	名次
中国人民大学新闻学院	1.000 000	0.927 608	0.971 043	1
复旦大学新闻学院	0.600 000	0.944 128	0.737 651	2
北京大学新闻与传播学院	0.600 000	0.896 674	0.718 670	3
武汉大学新闻与传播学院	0.350 000	0.933 392	0.583 357	4
武汉大学信息管理学院	0.300 000	0.923 047	0.549 219	5
暨南大学新闻与传播学院	0.250 000	0.883 461	0.503 384	6
浙江大学传媒与国际文化学院	0.200 000	0.929 919	0.491 968	7
河北大学新闻传播学院	0.250 000	0.851 234	0.490 494	8
四川大学文学与新闻学院	0.200 000	0.902 706	0.481 082	9
华南理工大学新闻与传播学院	0.200 000	0.899 815	0.479 926	10

十二、艺术学

本学科高等院校转载全文299篇，约占本学科转载总数（382篇）的78.3%，本次对3篇以上进行转载量和综合指数计算并选取前10名进行排序。高等院校所属院所艺术学学科全文转载量排名见表3—71，综合指数排名见表3—72。

表 3—71 **全文转载量排名**

机构名称	转载数	名次
上海大学影视艺术技术学院	12	1
中国人民大学文学院	8	2
北京大学艺术学院	6	3
北京师范大学艺术与传媒学院	6	
中央音乐学院音乐学系	6	
北京电影学院电影学系	5	6
南京大学文学院	5	
东南大学艺术学院	4	8
江西师范大学音乐学院	4	
清华大学新闻与传播学院	4	
武汉大学文学院	4	

表 3—72 **综合指数排名**

机构名称	转载量归一值	篇均分归一值	综合指数	名次
上海大学影视艺术技术学院	1.000 000	0.855 014	0.942 006	1
中国人民大学文学院	0.666 667	0.834 928	0.733 971	2
北京大学艺术学院	0.500 000	0.867 496	0.646 998	3
中央音乐学院音乐学系	0.500 000	0.842 554	0.637 022	4
北京师范大学艺术与传媒学院	0.500 000	0.826 235	0.630 494	5
南京大学文学院	0.416 667	0.880 325	0.602 130	6
北京电影学院电影学系	0.416 667	0.826 744	0.580 698	7
江西师范大学音乐学院	0.333 333	0.893 575	0.557 430	8
东南大学艺术学院	0.333 333	0.886 577	0.554 631	9
武汉大学文学院	0.333 333	0.850 368	0.540 147	10

十三、历史学

本学科高等院校转载全文 564 篇，约占本学科转载总数（760 篇）的 74.2%，本次对 3 篇以上进行转载量和综合指数计算并选取前 10 名进行排序。高等院校所属院所历史学学科全文转载量排名见表 3—73，综合指数排名见表 3—74。

表 3—73 **全文转载量排名**

机构名称	转载数	名次
北京大学历史学系	27	1
北京师范大学历史学院	26	2
南开大学历史学院	24	3
复旦大学历史学系	19	4
华东师范大学人文社会科学学院	19	
首都师范大学历史学院	18	6

续前表

机构名称	转载数	名次
南京大学历史学院	16	7
中山大学人文科学学院	16	
浙江大学人文学院	15	9
中国人民大学历史学院	15	

表 3—74　　综合指数排名

机构名称	转载量归一值	篇均分归一值	综合指数	名次
北京大学历史学系	1.000 000	0.912 738	0.965 095	1
北京师范大学历史学院	0.962 963	0.897 218	0.936 665	2
南开大学历史学院	0.888 889	0.900 585	0.893 567	3
华东师范大学人文社会科学学院	0.703 704	0.908 733	0.785 716	4
复旦大学历史学系	0.703 704	0.892 999	0.779 422	5
首都师范大学历史学院	0.666 667	0.907 125	0.762 850	6
南京大学历史学院	0.592 593	0.895 732	0.713 849	7
中山大学人文科学学院	0.592 593	0.874 189	0.705 231	8
浙江大学人文学院	0.555 556	0.913 051	0.698 554	9
中国人民大学历史学院	0.555 556	0.884 210	0.687 018	10

十四、工商管理

本学科高等院校转载全文968篇，约占本学科转载总数（1 096篇）的88.3%，本次对3篇以上进行转载量和综合指数计算并选取前10名进行排序。高等院校所属院所工商管理学科全文转载量排名见表3—75，综合指数排名见表3—76。

表 3—75　　全文转载量排名

机构名称	转载数	名次
中山大学管理学院	19	1
北京交通大学经济管理学院	18	2
中国人民大学商学院	18	
武汉大学经济与管理学院	17	4
西安交通大学管理学院	17	
华南理工大学工商管理学院	15	6
南京大学商学院	15	
南开大学商学院	14	8
清华大学经济管理学院	13	9
浙江大学管理学院	12	10

表 3—76　　**综合指数排名**

机构名称	转载量归一值	篇均分归一值	综合指数	名次
中山大学管理学院	1.000 000	0.842 331	0.936 932	1
中国人民大学商学院	0.947 368	0.869 791	0.916 337	2
北京交通大学经济管理学院	0.947 368	0.805 449	0.890 600	3
西安交通大学管理学院	0.894 737	0.848 603	0.876 283	4
武汉大学经济与管理学院	0.894 737	0.829 100	0.868 482	5
南京大学商学院	0.789 474	0.809 126	0.797 335	6
华南理工大学工商管理学院	0.789 474	0.799 302	0.793 405	7
南开大学商学院	0.736 842	0.863 129	0.787 357	8
清华大学经济管理学院	0.684 211	0.855 701	0.752 807	9
浙江大学管理学院	0.631 579	0.760 447	0.683 126	10

十五、农林经济管理

本学科高等院校转载全文 198 篇，约占本学科转载总数（253 篇）的 70.6%，本次对 3 篇以上进行转载量和综合指数计算并选取前 5 名进行排序。高等院校所属院所农林经济管理学科全文转载量排名见表 3—77，综合指数排名见表 3—78。

表 3—77　　**全文转载量排名**

机构名称	转载数	名次
中国人民大学农业与农村发展学院	25	1
华中农业大学经济管理学院	7	2
中国农业大学经济管理学院	6	3
中国农业大学人文与发展学院	6	
华南农业大学经济管理学院	5	5
浙江大学中国农村发展研究院	5	

表 3—78　　**综合指数排名**

机构名称	转载量归一值	篇均分归一值	综合指数	名次
中国人民大学农业与农村发展学院	1.000 000	0.828 022	0.931 209	1
华中农业大学经济管理学院	0.280 000	0.787 449	0.482 980	2
中国农业大学人文与发展学院	0.240 000	0.824 638	0.473 855	3
中国农业大学经济管理学院	0.240 000	0.797 801	0.463 120	4
华南农业大学经济管理学院	0.200 000	0.855 707	0.462 283	5

十六、公共管理

本学科高等院校转载全文 423 篇，约占本学科转载总数（545 篇）的 77.6%，本次对 3 篇以上进行转载量和综合指数计算并选取前 10 名进行排序。高等院校所属院所公共管理学科全文转载量排名见表 3—79，综合指数排名见表 3—80。

表 3—79　　全文转载量排名

机构名称	转载数	名次
中国人民大学公共管理学院	16	1
苏州大学政治与公共管理学院	14	2
南京大学政府管理学院	13	3
华中科技大学社会学系	9	4
北京大学政府管理学院	8	5
吉林大学行政学院	8	
北京师范大学政府管理学院	7	7
清华大学公共管理学院	7	
上海交通大学国际与公共事务学院	7	
中国人民大学劳动人事学院	7	
中山大学政治与公共事务管理学院	7	

表 3—80　　综合指数排名

机构名称	转载量归一值	篇均分归一值	综合指数	名次
中国人民大学公共管理学院	1.000 000	0.925 413	0.970 165	1
苏州大学政治与公共管理学院	0.875 000	0.919 443	0.892 777	2
南京大学政府管理学院	0.812 500	0.924 440	0.857 276	3
华中科技大学社会学系	0.562 500	0.887 585	0.692 534	4
吉林大学行政学院	0.500 000	0.914 841	0.665 936	5
北京大学政府管理学院	0.500 000	0.910 147	0.664 059	6
北京师范大学政府管理学院	0.437 500	0.895 035	0.620 514	7
中国人民大学劳动人事学院	0.437 500	0.894 487	0.620 295	8
上海交通大学国际与公共事务学院	0.437 500	0.884 120	0.616 148	9
中山大学政治与公共事务管理学院	0.437 500	0.883 301	0.615 820	10

十七、图书馆、情报与档案管理

本学科高等院校转载全文 256 篇，约占本学科转载总数（324 篇）的 79.0%，本次对 3 篇以上进行转载量和综合指数计算并选取前 10 名进行排序。高等院校所属院所图书馆、情报与档案管理学科全文转载量排名见表 3—81，综合指数排名见表 3—82。

表 3—81　　全文转载量排名

机构名称	转载数	名次
武汉大学信息管理学院	27	1
北京大学信息管理系	20	2
南京大学信息管理学院	20	
中国人民大学信息资源管理学院	19	4

续前表

机构名称	转载数	名次
南开大学商学院	8	5
上海大学图书情报档案系	8	
安徽大学管理学院	7	7
中山大学资讯管理学院	6	8
吉林大学管理学院	5	9
解放军南京政治学院上海分院军事信息管理系	5	

表 3—82　　综合指数排名

机构名称	转载量归一值	篇均分归一值	综合指数	名次
武汉大学信息管理学院	1.000 000	0.932 422	0.972 969	1
北京大学信息管理系	0.740 741	0.920 145	0.812 499	2
南京大学信息管理学院	0.740 741	0.918 091	0.811 681	3
中国人民大学信息资源管理学院	0.703 704	0.916 791	0.788 939	4
南开大学商学院	0.296 296	0.943 437	0.555 152	5
上海大学图书情报档案系	0.296 296	0.889 488	0.533 573	6
安徽大学管理学院	0.259 259	0.897 763	0.514 661	7
解放军南京政治学院上海分院军事信息管理系	0.185 185	0.947 311	0.490 035	8
吉林大学管理学院	0.185 185	0.936 198	0.485 590	9
中山大学资讯管理学院	0.222 222	0.871 075	0.481 763	10

第四章　2014年复印报刊资料转载学术地图研究报告[①]

复印报刊资料转载系列年度研究报告，旨在通过对转载排名数据的深入分析，探讨当年中国人文社会科学期刊和学术机构布局、学术创新态势、竞争合作状态等内容，为人文社会科学的研究和发展提供参考。

2014年的研究报告引入了近年来在多个学科领域中广泛应用的可视化方法，绘制出复印报刊资料转载学术地图，从一个新的视角展示中国人文社会科学研究现状。报告中的“学术地图”是指：对某学科或领域研究状况加以梳理，借以理清发展脉络及学术布局、揭示学科或领域研究热点和知识演进趋势的一种可视化工具。

本报告以2014年转载排名的数据作样本，描绘并揭示被复印报刊资料转载的中国人文社会科学期刊和机构的学术力量格局和发展规律。基于复印报刊资料的转载和评文数据，将学术期刊或作者机构的“转载综合指数”确定为绘制学术地图的核心指标，综合指数是一个【0，1】之间的相对值：（1）期刊综合指数＝0.4×转载量归一值＋0.3×转载率归一值＋0.3×论文篇均得分归一值；（2）机构综合指数＝0.6×转载量归一值＋0.4×论文篇均得分归一值。

报告使用了Ucinet和地图汇两种软件，绘制出三种复印报刊资料转载学术地图：

（1）人文社科期刊/机构转载综合指数学术地图：展示期刊/机构在复印报刊资料转载中的重要程度；期刊综合指数越高，离中心越近，图标越大，说明该期刊重要程度越高。当某类期刊/机构数量过多时，为保证清晰的可视效果，仅选取前80名作图。

（2）人文社科期刊/机构的地区分布地图：描绘被转载期刊/机构的地区差异；颜色越深，说明该地区期刊/机构的转载综合指数之和越高或数量越多，即表示该地区转载实力越强。

（3）人文社科期刊/机构学术热点综合指数地图：揭示期刊/机构对2014年热点的关注程度。选取在2014年热点较为集中的学科作图，用热点综合指数，即关注热点的论文的转载量、转载率和篇均得分归一值加权求和形成的综合指数，表示关注程度。每

---

① 本报告所用数据、统计方法及完整内容详见：www.zlzx.org/rssi2014/index.htm。

张图中期刊/机构热点综合指数越高，离热点越近，图标越大，说明该期刊/机构对热点的关注程度越高，同样仅选取前 80 名作图。

第一节　学术期刊转载学术地图

2014 年，复印报刊资料学术刊全文转载的期刊有 1 444 种，论文 12 667 篇（不含报纸、图书发表的论文）。其中，综合指数排在前 80 名的期刊 3 231 篇，约占年度转载总量的 25.5%。本节分别对期刊综合指数、期刊出版地分布、高等院校学报综合指数的学术地图进行分析。复印报刊资料来源期刊除综合刊外，又分为 21 类专业学科期刊，本报告选取社会学和经济学 2 个热点较为明显的学科，对每个学科期刊的综合指数和热点综合指数的学术地图进行分析。

一、期刊综合指数学术地图

图 4—1 展现的是 2014 年复印报刊资料转载综合指数前 80 名期刊的分布情况。依据综合指数的分布特征，图 4—1 由中心向外分为 0.8，0.7，0.6，0.5 四个阵营。

1. 社科院（联）期刊领军，高校期刊紧跟

综合指数在 0.7 以上的第一、二阵营中，共有 14 种期刊，其中有 10 种都由社科院系统主办，占了前两个阵营期刊数的 70%以上，中国社会科学院及其下属研究所主办的有七种，上海社科院（联）主办两种，广东社科院（联）主办一种。《中国社会科学》以综合指数 0.920 933 居于首位，上海市社会科学界联合会的《学术月刊》和上海社会科学院的《社会科学》分居于第二和第九，广东省社会科学界联合会主办的《学术研究》以 0.709 279 的综合指数位列 13。这些社科院（联）主办的期刊，被转载论文质量优异，处于领军地位。

在第一、二阵营，高校学报主办期刊仅有《北京大学学报（哲学社会科学版）》位于其中。高等院校主办期刊普遍集中在第三、四阵营，有 31 种期刊，占了这两个阵营期刊总数的近一半。中国人民大学主办的《经济理论与经济管理》和《中国人民大学学报》领军第三阵营，综合指数分别为 0.686 493 和 0.680 663，《复旦学报（社会科学版）》紧随其后。《澳门理工学报（人文社会科学版）》处于第四阵营首位，其后是《法律科学（西北政法大学学报）》和《南开学报》。

2. 传统学科类专业期刊优势突出

图 4—1 显示，经济学、哲学、法学、历史学几个学科的专业期刊较多。在前三个阵营中，经济类期刊有《经济研究》、《财贸经济》、《中国工业经济》等，法学类期刊有《政治与法律》、《法商研究》、《法学》等，哲学类期刊有《哲学研究》、《哲学动态》、《世界哲学》，历史学类期刊有《历史研究》、《史学月刊》。通过数据统计，这些学科被转载的论文数量也在复印报刊资料转载总量中占比较高，经济学占 17.1%，法学占 7.9%，哲学占 7.3%，历史学占 5.9%。这一方面与复印报刊资料学术系列刊对

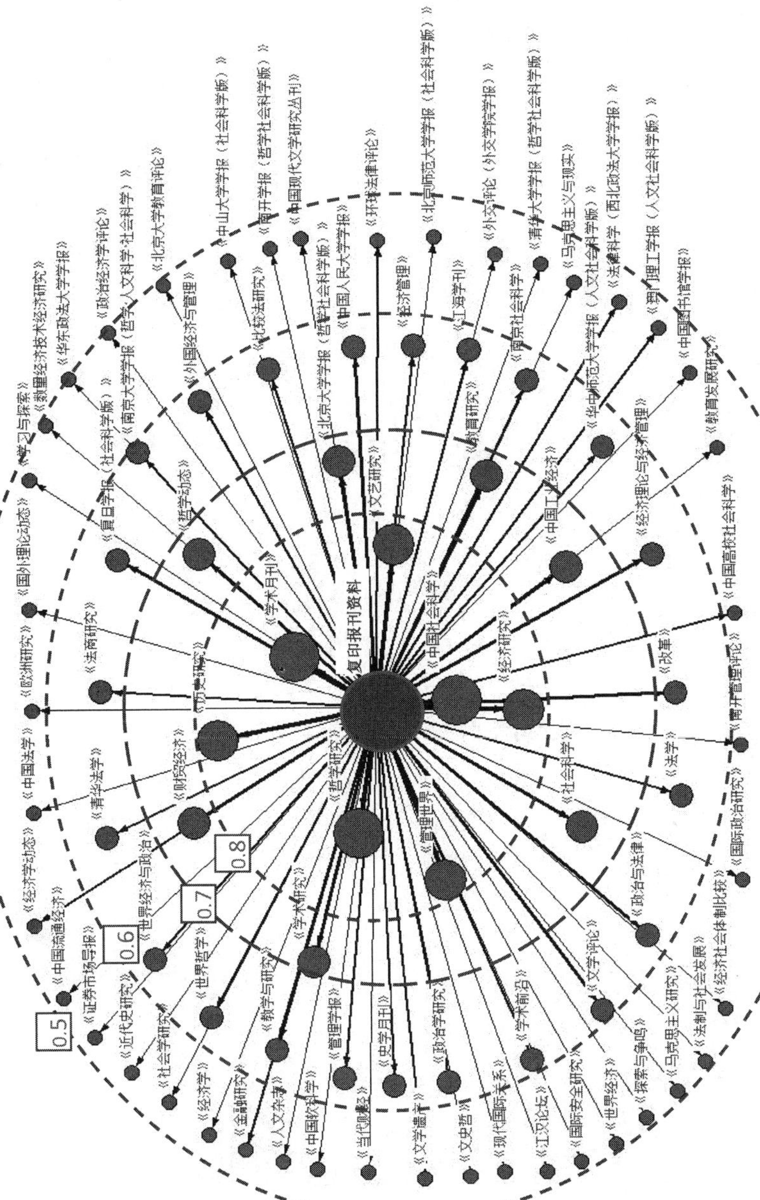

图4—1　2014年期刊综合指数学术地图

传统学科关注较多有关，另一方面也与这些学科发展成熟、学术积累深厚、学科期刊完备有关。

二、期刊出版地分布学术地图

2014 年，复印报刊资料学术刊全文转载的期刊出版地涉及除台湾、香港地区外的 32 个省市自治区。图 4—2 是被转载期刊出版地综合指数之和的学术地图，图 4—3 是被转载期刊出版地期刊数量的学术地图。

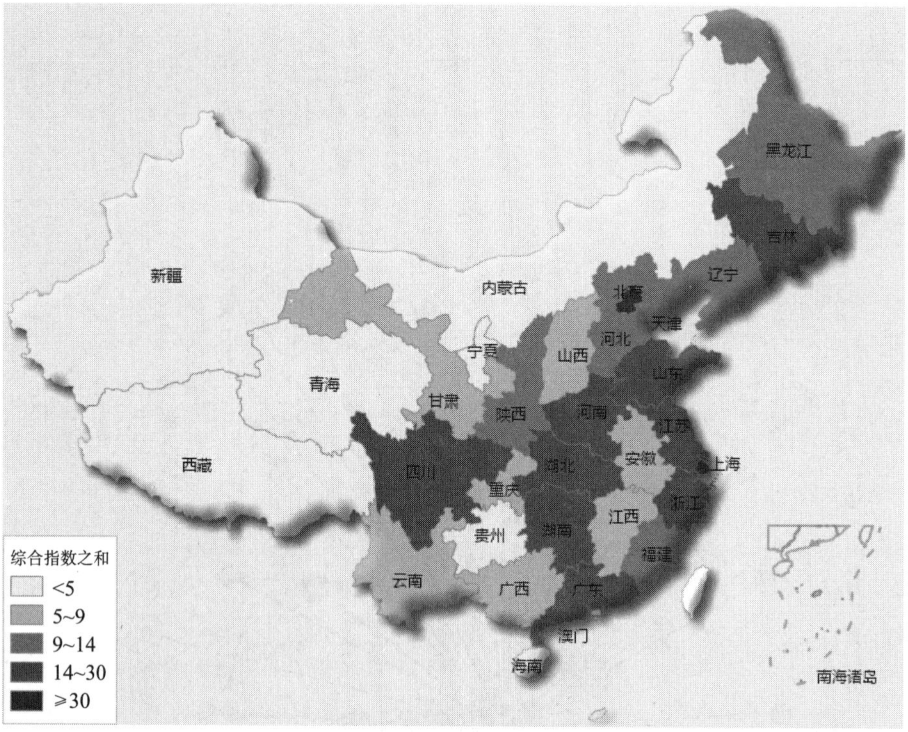

图 4—2　2014 年期刊综合指数分布学术地图

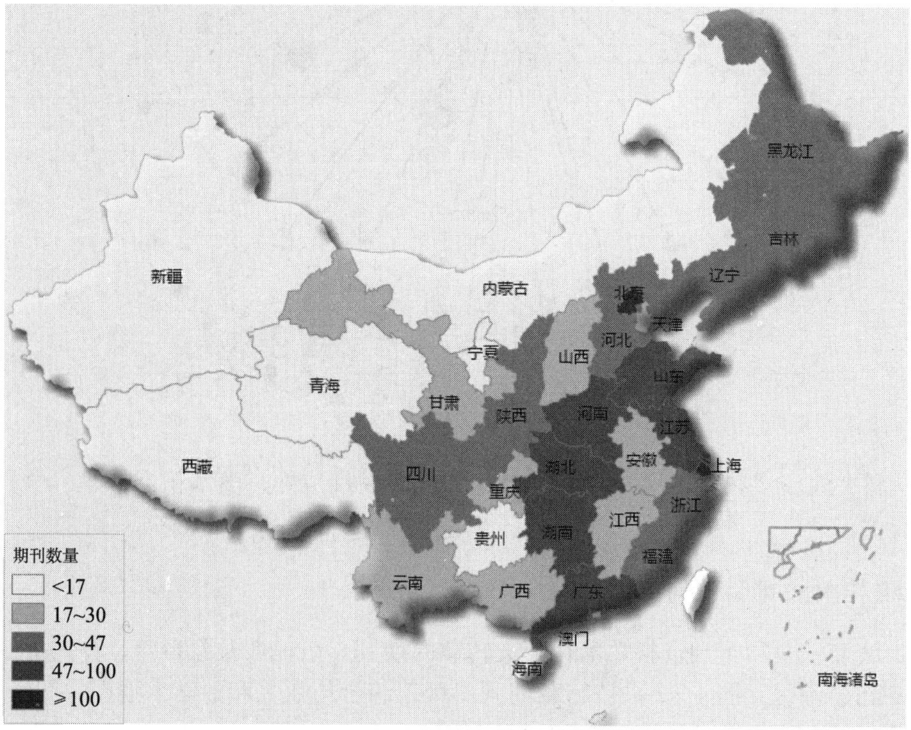

图 4—3　2014 年期刊数量分布学术地图

1. 北京和上海：期刊数量、质量双高峰

北京市和上海市的综合指数之和位居前两位，均达到30以上，被转载期刊数量分别为447种、100种，也包揽了期刊数量的前两名。北京和上海的人文社会科学研究在中国处于领先地位，科研产出名列前茅，也出版了大量优秀的学术期刊，吸引着来自全国各地的研究者投稿，两地学术期刊被转载的论文数量占2014年复印报刊资料全部被转载论文的一半以上。

2. 东部、中南部：期刊种数多，学术实力强

位于中国的东部沿海和中南部地区的湖北、江苏、广东、山东、湖南、河南六省的综合指数之和和期刊数量都位于前列。湖北和江苏的综合指数之和排在前两位，两省的期刊数量相近，分别为73种和74种，是除北京和上海之外被转载期刊数量超过70种的两个大省。在国家社科基金资助的第一、二批学术期刊中，湖北和江苏被资助的期刊数量也是除北京和上海之外排在最前面的两个省份。广东、山东、湖南三省被转载的期刊数量都在50种以上，河南被转载期刊47种，广东和山东的综合指数分别为18.9和15.7。

3. 山东、吉林、天津：期刊质量相对较高

被转载期刊种数多少与该地的综合指数之和的高低并不完全呈正相关关系。有些省虽然被转载期刊数量不高，但综合指数却高于被转载期刊数量更高的省份，如山东被转载期刊数量少于湖南，但综合指数却高于湖南；吉林被转载的期刊数量和四川一样，但综合指数却高于四川；天津被转载期刊数量虽然低于辽宁、福建和河北，但综合指数排名却在这三省之上。这种转载论文集中于高质量期刊的情况说明这三个地区的期刊质量相对期刊数量优势更为突出。

三、高等院校学报综合指数学术地图

在中国人文社会科学领域，综合性学术期刊主要隶属于三大系统：高等院校、社科院（联）和党政干部院校（含党校、行政学院、社会主义学院、干部管理学院），这个分类是复印报刊资料在多年分析中发现的。此次报告选取其中的高等院校学报，对其转载综合指数学术地图进行分析。

全国各类高等院校主办学报约有1 150种，被2014年复印报刊资料学术刊全文转载的学报有386种，约占总数的33.6%；共被转载论文2 509篇，约占复印报刊资料年度转载总量的19.8%。其中，综合指数排在前80名的期刊共被转载1 493篇，约占复印报刊资料学术刊全文转载总量的11.79%。

图4—4展现的是2014年被复印报刊资料转载的综合指数前80名期刊的分布情况。依据综合指数的分布特征，图4—4由中心向外分为0.9，0.7，0.5，0.4四个阵营。

1. 北大学报、人大学报、复旦学报三足鼎立

在第一阵营中，《北京大学学报（哲学社会科学版）》、《中国人民大学学报》和《复旦学报（社会科学版）》实力相当。在其之下没有综合指数在0.8～0.9的高校学报，说明其占据高校学报的绝对领先地位。这三种期刊2014年分别被转载46篇、43

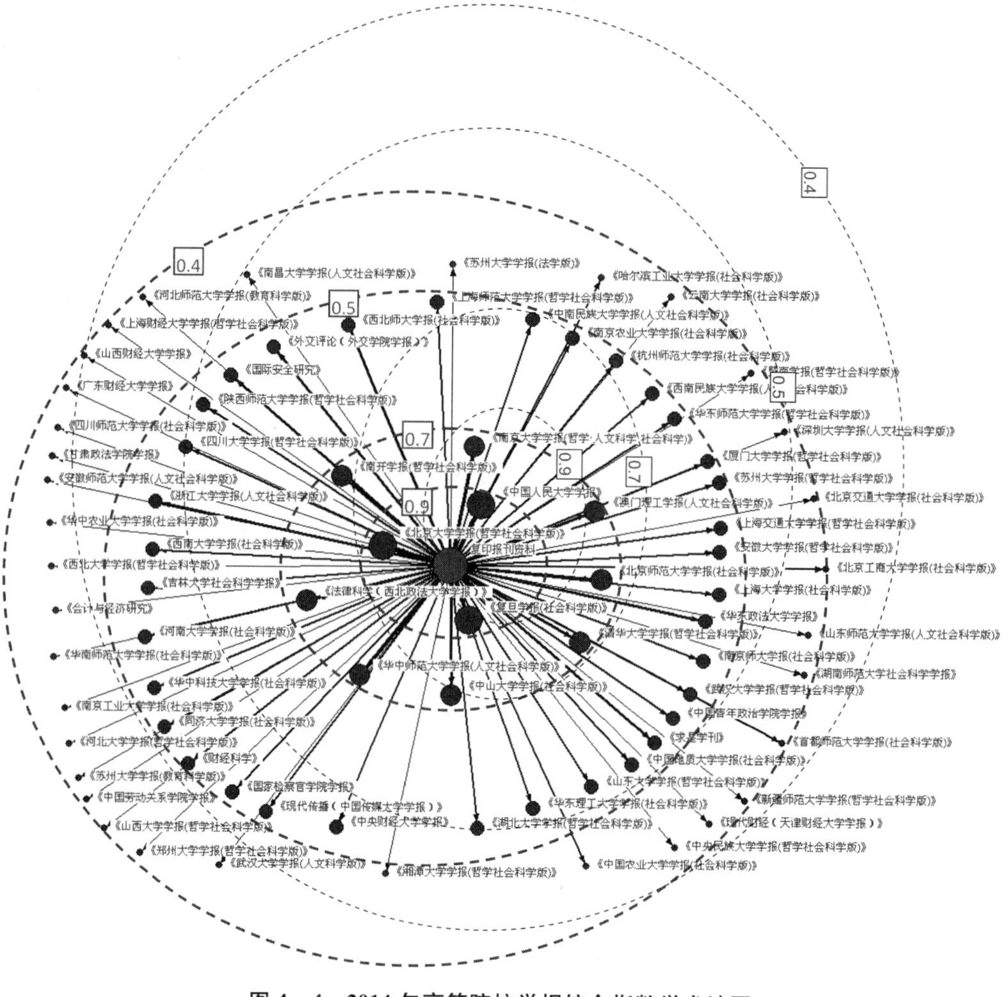

图 4—4　2014 年高等院校学报综合指数学术地图

篇、42 篇，转载率分别为 45.54%，38.74%，39.62%，综合指数分别为 0.976 366，0.907 551，0.904 978。三种学报依托高校丰厚的人文社会科学底蕴和较强的学术研究力量，关注中国人文社会科学各学科领域理论前沿问题和热点问题研究新进展，成为高校学报的领军期刊。

2. 华师学报、北师学报分领南北师院

在图 4—4 中所列的 80 种期刊中，师范院校学报有 14 种，占 17.5%。第二阵营的《华中师范大学学报（人文社会科学版）》和《北京师范大学学报（社会科学版）》分别领军南北师范院校学报。前者位于第二阵营首位，高等院校学报排名第四，被转载 36 篇，转载率为 29.51%，综合指数 0.789 771。后者在高等院校学报排名第十，综合指数为 0.708 362。这两种学报注意突出学科特点和学科优势，质量在师范院校学报中属于佼佼者。大部分师范院校学报分布在第三、四阵营，转载量为 10～23 篇，可见师范类学报整体还有很大提升空间。

3. 澳门理工学报异军突起

在第二阵营的 8 种期刊中，除《澳门理工学报（人文社会科学版）》外的其他 7 种刊物近几年名次都比较稳定。《澳门理工学报（人文社会科学版）》是第二阵营出现的一匹黑马。该刊 2011 年被收入复印报刊资料来源期刊后，综合指数一直在不断进步，2012 年、2013 年分列高校学报排名 68 名、17 名，2014 年上升至第六名，综合指数也进入 0.7 以上的第二阵营，为 0.761 593。其“名家专论”和笔谈栏目所发表的学术论文思路新颖，独具特色。2014 年策划的两个笔谈——“全球史”笔谈和“蒋介石与近代中国”笔谈尤为引人注目，转载于此栏目的论文占据其转载总量约 30%，说明突出问题意识的专题策划是提高期刊质量的有效途径。

四、社会学期刊学术地图

2014 年，社会学涉及全文被转载的期刊数量为 199 种，转载全文总量为 536 篇，约占复印报刊资料学术刊年度转载总量的 4.2%，其中，转载量排在前 80 名的期刊共被转载 399 篇，约占复印报刊资料学术刊全文转载总量的 3.2%。

图 4—5 展示的是社会学综合指数排名前 80 位期刊的学术地图。根据综合指数的分布特征，图 4—5 由中心向外辐射分为 0.9，0.8，0.6，0.5，0.4，0.3 六个阵营。

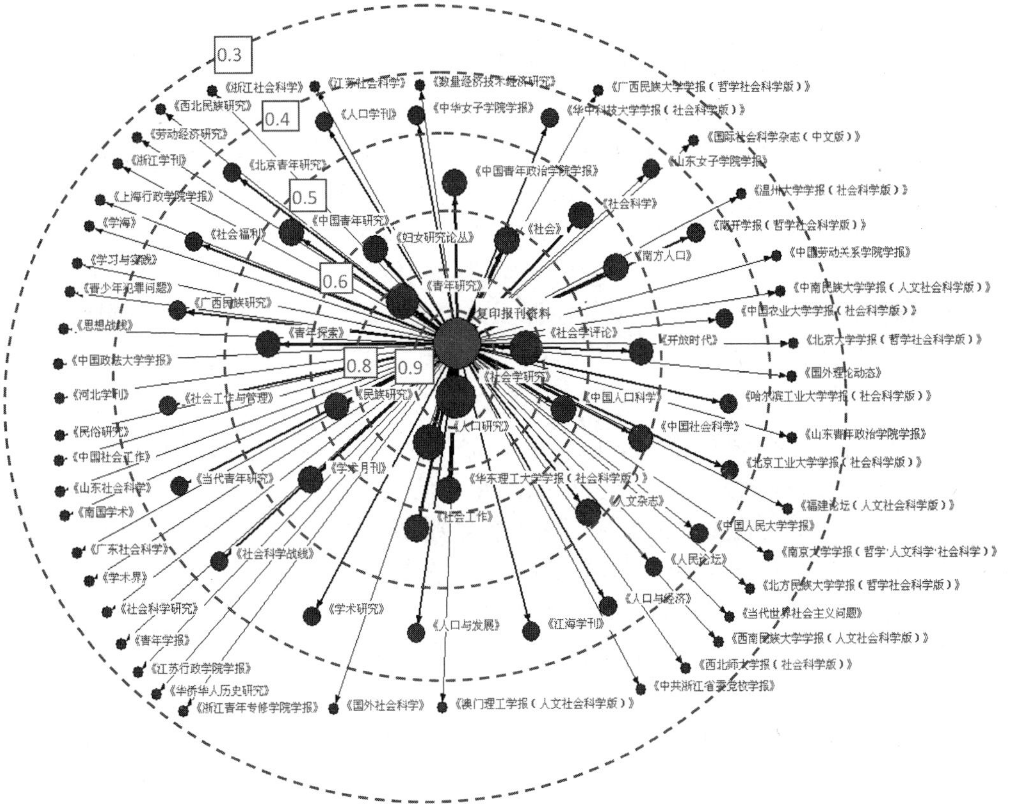

图 4—5　2014 年社会学期刊综合指数学术地图

1. 北京地区主办期刊优势明显

在综合指数排名前 80 位的期刊中，北京地区主办的期刊有 29 种，占了三分之一；在进入社会学期刊排名榜的 20 种期刊中，北京地区主办刊物占了一半。前两个阵营的 4 种领军刊物《社会学研究》、《青年研究》、《人口研究》、《社会学评论》也都出版于北京地区，前两种由中国社会科学院社会学研究所主办，后两种由中国人民大学主办，这 4 种期刊都是社会学研究的专业期刊。其中，这一学科的权威期刊《社会学研究》被转载 15 篇，转载率为 23.08%，综合指数高达 0.981 030，比第二名高 0.1 以上，处于社会学研究遥遥领先的位置。

2. 高校学报的社会学研究实力增长

在图 4—5 综合指数排名前 80 位的期刊中，高校学报有 27 种，约占 34%，比 2013 年 30%有所增长。在第三阵营中有两种高校学报：《华东理工大学学报（社会科学版）》领军高校学报的社会学研究，被转载 12 篇，转载率为 13.64%；《中国青年政治学院学报》被转载 11 篇，比 2013 年增长了 4 篇，综合指数从 2013 年的 24 名上升至 11 名，两种期刊的综合指数分别为 0.766 147 和 0.647 552。在 27 种高校学报中，综合指数比 2013 年有进步的占到 80%，如《中华女子学院学报》、《哈尔滨工业大学学报（社会科学版）》等。高校学报的社会学研究实力有所增长，成为发表该学科论文的一支重要力量。

图 4—6 展示的是社会学期刊三个学术热点的学术地图。

3. 养老服务体系、中国社会治理和“单独二孩”成为年度热点关键词

依据对转载数据的统计，2014 年社会学排名前三的热点议题有：(1) 老龄化背景下的养老服务体系优化。在老龄化背景下，通过优化养老服务体系来增强养老资源的可及性成为学界的重要议题。(2) 中国社会治理体系创新。在全面深化改革的新时期，学界对社会治理体系的理论意涵、现实路径进行深入探讨。(3)“单独二孩”生育新政研究。面对生育政策的重大调整与完善，学界深刻阐述了当前实行“单独二孩”生育新政的内涵、意义及其实施过程中的具体相关问题。2014 年，复印报刊资料转载论文中关注养老服务体系的论文约有 240 篇，关注后两个热点的论文都在 60 篇左右。

4. 养老服务体系优化受关注程度最高

养老服务体系优化在三个热点中表现最为突出，被关注度远远领先于其他两个热点，约有 150 种期刊予以关注。《人口与经济》的热点关注指数最高，为 0.865 552，《中国人口科学》被转载文章也与这一热点关系密切，热点关注指数为 0.708 409。学者们从完善养老服务结构体系、总结国外养老服务构建的经验与教训等角度进行考察，如《经济研究》探讨多轨制社会养老保险体系的转型路径，《山东社会科学》阐释了中国养老服务政策目标定位的演化，《安徽师范大学学报（人文社会科学版）》分析了老龄化背景下的日本高龄者雇用政策。2014 年 5 月召开了“第三届中国国际养老服务业博览会暨第三届中国养老服务业发展论坛”，也引发了学界更多关注。老龄化背景下的养老服务体系优化也是 2014 年“中国人文社科十大学术热点”之一。[①]

① 详见 http://epaper.gmw.cn/gmrb/html/2015-01/14/nw.D110000gmrb_20150114_3-01.htm。

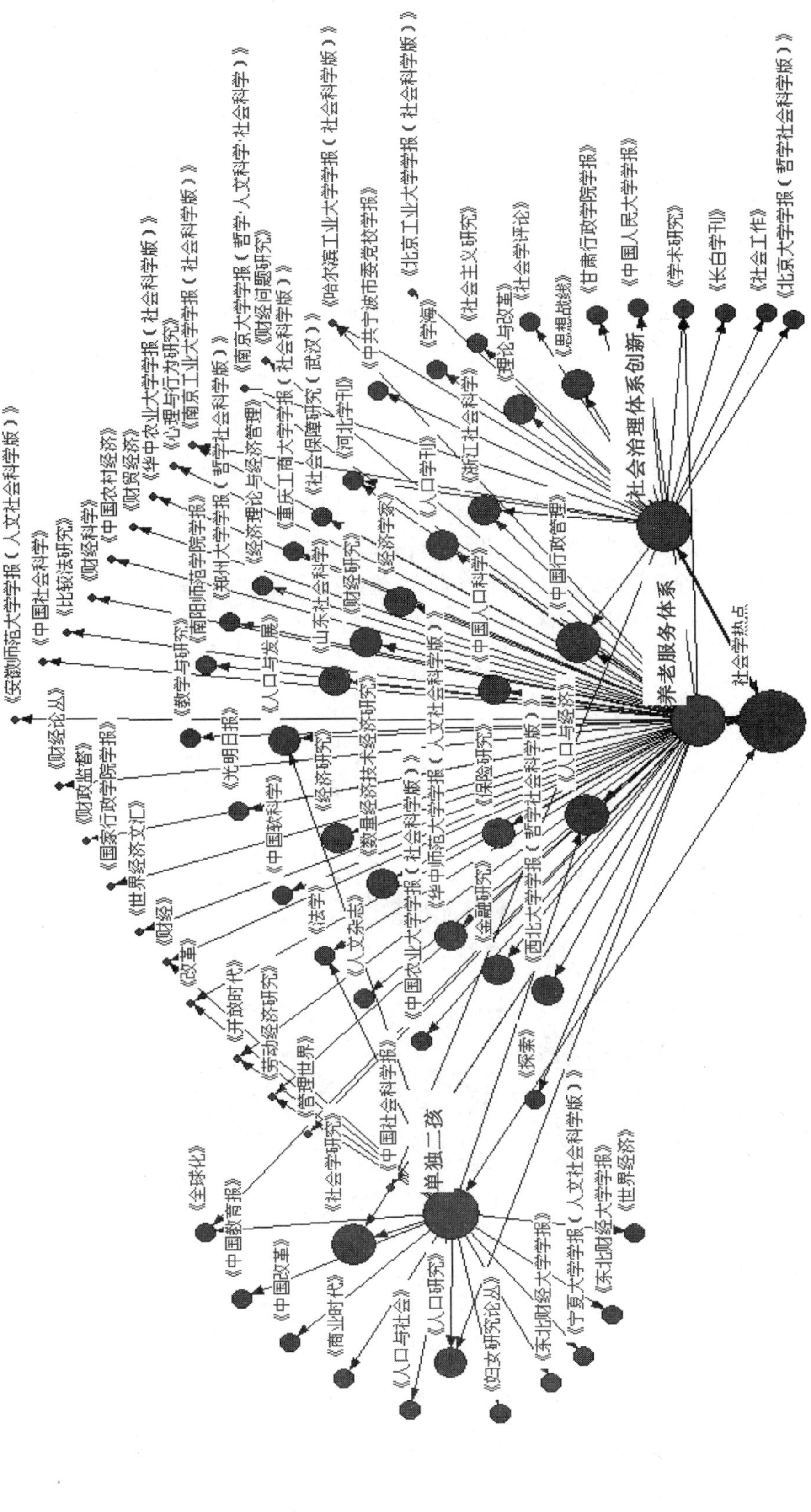

图4—6　2014年社会学期刊热点学术地图

5.《人口与发展》等期刊在跨热点追踪方面表现突出

有些在本学科转载论文较多的期刊同时涉及两个热点。这些期刊的编辑眼光敏锐，较好地把握了社会学研究的最新进展与热点。如《人口与经济》、《人口与发展》、《社会学研究》等期刊同时关注养老服务体系优化与“单独二孩”生育新政，《中国行政管理》、《哈尔滨工业大学学报（社会科学版）》、《河北学刊》等期刊则涉及养老服务体系优化和社会治理体系创新两个热点。其中，《人口与发展》在跨热点追踪方面具有代表性，其2014年发表的论文，既有对“单独二孩”政策下新增人口测算和监测的探讨，也有对新型农村社会养老保险参保率影响因素的实证研究。由于对热点把握较好，《人口与发展》以0.496 269的综合指数排名第21，比2013年增加了0.1以上，提高了13名。

五、经济学期刊学术地图

2014年，经济学涉及全文被转载的期刊数量为489种，转载论文总量为2 167篇，约占复印报刊资料年度转载总量的17.1%，其中，综合指数排在前80名的期刊共被转载1 198篇，约占复印报刊资料学术刊全文转载总量的9.5%。

图4—7展示的是经济学综合指数排名前80位期刊的综合指数学术地图。依据综合指数的分布特征，图4—7由中心向外辐射分为0.9，0.7，0.6，0.5，0.4，0.3六个阵营。

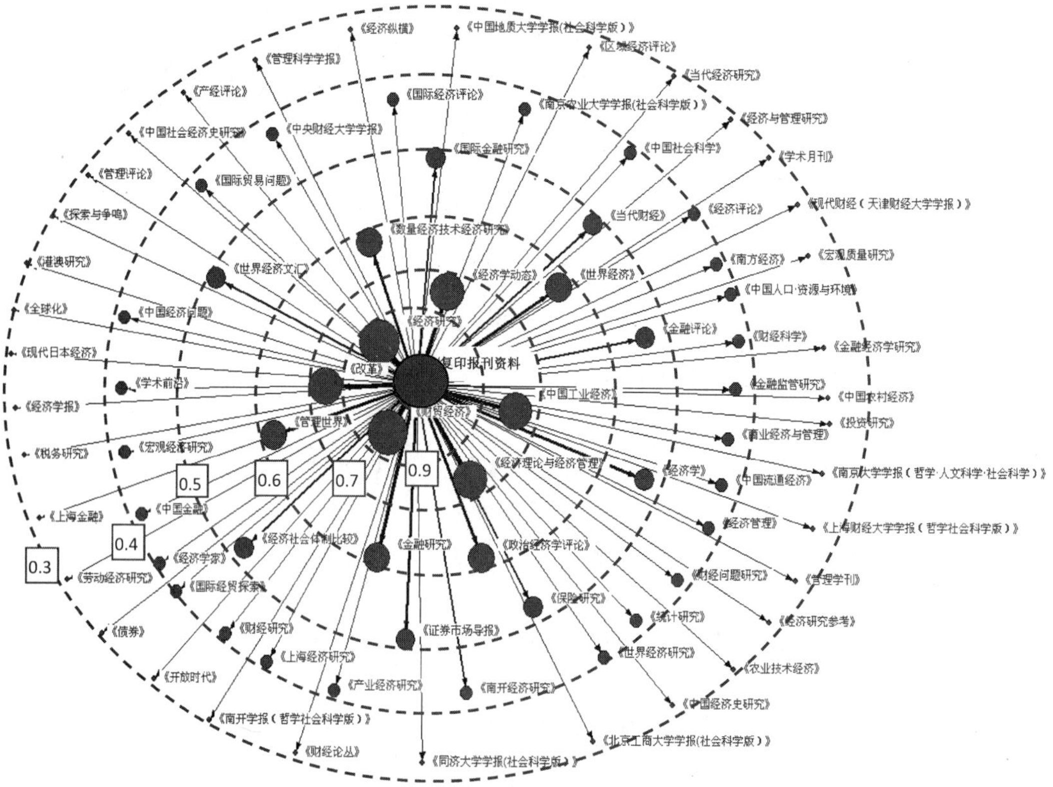

图4—7　2014年经济学期刊综合指数学术地图

1.《经济研究》和《财贸经济》双优并显

在第一阵营中，《经济研究》和《财贸经济》两刊的转载量分别是 61 篇和 54 篇，转载率分别为 33.89%和 35.06%，综合指数为 0.952 166 和 0.906 882。由中国社会科学院经济研究所和财经战略研究院主办的这两种刊物，对中国在改革开放和经济建设中出现的新问题尤其关注，在近两年经济学期刊排名中包揽综合指数前两位，体现出很强的综合实力。

2. 综合性期刊的经济学研究实力有所增长

虽然专业期刊在经济学论文转载方面占有优势，但综合性期刊的经济学研究实力也有所增长。相较 2013 年，排名前 80 位的综合性期刊在转载总量上增加了 18 篇，综合指数比 2013 年有进步的占到 85%以上。如第五阵营的《中国社会科学》和《南京农业大学学报（社会科学版）》，前者的综合指数从 2013 年经济学总榜单的 29 名上升至 26 名，被转载经济学论文 12 篇；后者新进入 2014 年理论经济学转载量、转载率和综合指数的排行榜，以综合指数 0.507 912 排在第 12 名。

图 4—8 展示的是经济学期刊四个学术热点的学术地图。

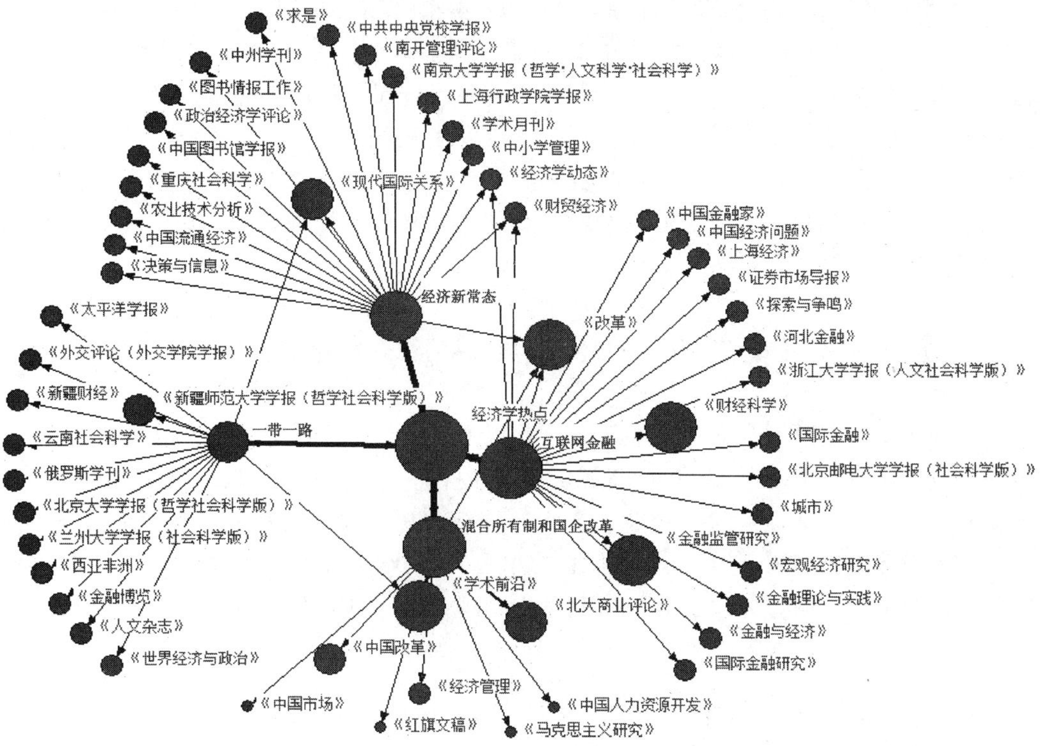

图 4—8　2014 年经济学期刊热点学术地图

3. 互联网金融、混合所有制、经济新常态、"一带一路"成为年度热点关键词

2014 年经济学的热点议题有：（1）互联网金融与金融变革研究。互联网金融相关

理论、对传统金融的影响、风险与防范等问题引起高度关注。(2)发展混合所有制经济与深化国企改革。学界主要围绕混合所有制经济的含义及发展意义、国企参与混改的难点和试点情况、政府与市场在国企混改中的作用等问题展开研究。(3)中国经济新常态与国家发展战略转型。国内外经济新常态历史性变化的内涵、形成适应新常态发展所需要的政策等方面成为中国经济学界的重要议题。(4)“一带一路”战略研究。学界的视角集中在“一带一路”战略的路线、在促进各国的经济共同发展方面的意义。

4. 综合指数领先的期刊对热点关注度较高

从图 4—8 可以看出，在经济学期刊综合指数排名前五的《财贸经济》、《改革》、《经济学动态》三种期刊都对两个以上热点进行了关注。《财贸经济》和《经济学动态》对互联网金融与金融变革研究、中国经济新常态与国家发展战略转型两个热点进行了追踪。《改革》2014 年被转载论文考察了互联网金融监管体系催生、大型国企混合所有制改革、中国经济“微刺激”效果等问题。此刊 2014 年在经济学上共被转载论文 47 篇，转载率为 20.98%，以综合指数 0.739 412 位列第三。

5. 期刊的专题策划有效地追踪了热点

《学术前沿》和《北大商业评论》在 2014 年都策划了与混合所有制有关的专题，《学术前沿》的“所有制之混合”专题，从理论视野出发，从混合所有制原则性问题、混合所有制价值的发现与实现途径、西方所有制混合对中国的借鉴意义等角度进行分析论证，被转载的专题策划论文占了该刊经济学被转载论文的三分之一。《北大商业评论》的“混合所有制：尴尬与出路”专题则重点探讨了国企进行混合所有制改革的若干问题，该刊被转载论文都来自此专题。专题策划有助于增强期刊的内容深度，是编辑敏锐捕捉学术热点和积极组文的结果。

第二节　作者机构转载学术地图

2014 年，复印报刊资料共转载论文（含报纸、图书、集刊论文，下同）13 025 篇，涉及一级作者机构 1 669 家，包括高等院校、社科院、党政干部院校、政府机构、独立科研院所、学会协会研究会、企业、出版机构等多种类型，下属的二级机构共 4 641 家。本节对作者机构综合指数、作者机构地区分布、党政干部院校转载综合指数的学术地图进行分析，同时选取法学和马克思主义理论两个热点研究较为集中的学科，对每个学科转载作者机构的综合指数和热点综合指数的学术地图进行分析。

一、作者机构综合指数学术地图

图 4—9 和图 4—10 分别展示了 2014 年综合指数的前 80 名，即位于转载中心区域的被转载作者一级、二级机构学术地图。

图 4—9 的一级机构可大体分为四个阵营，综合指数依次约为 0.7，0.5，0.4，0.3，每个阵营的机构数量依次为 3 家，8 家，20 家和 49 家。

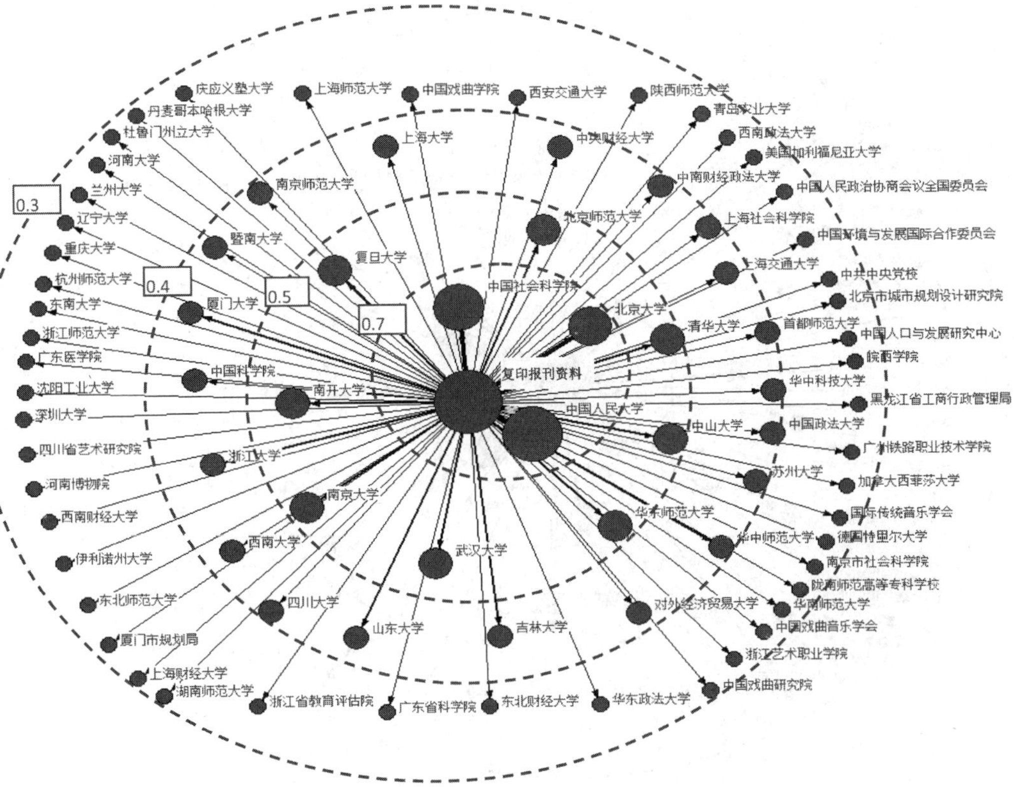

图 4—9　2014 年一级作者机构综合指数学术地图

图 4—10 的二级机构可大体分为四个阵营，综合指数依次约为 0.8，0.7，0.6，0.5，每个阵营的机构数量依次为 4 家，7 家，16 家和 53 家。

1. 高等院校始终是研究主力

长期以来，高等院校是复印报刊资料作者机构的主力军，每年占所有被转载作者机构总量的比重最高，约为 40%，被转载论文约占年度被转载总量的 60%～80%。2014 年，高等院校共被转载论文 10 052 篇，涉及高等院校 678 家，转载量约占全年复印报刊资料转载总量的 77.2%。在图 4—9 展示的 2014 年综合指数位于前 80 名的作者一级机构中，国内高等院校占 72.0%；这些作者机构的前三个阵营共有 31 家机构，其中 27 家为高等院校。从二级机构来看，高等院校的转载主力军地位更为明显。在图 4—10 展示的前 80 名作者二级机构中，75 家为国内高等院校所属院所，可以说高校所属院所几乎囊括了二级作者机构被转载中心区域。

2. 京沪两地社科院优势凸显

2014 年，社科院（联）作者机构共被转载论文 830 篇，涉及社科院（联）37 家，转载量约占全年复印报刊资料转载总量的 6.4%，其中京沪两地社科院凸显出了优势。在图 4—9 中，中国社科院和上海社科院是仅有的两家入围前三个阵营的社科院（联）作者机构，分别以综合指数 0.994 791 和 0.477 833，位列社科院（联）作者机构转载

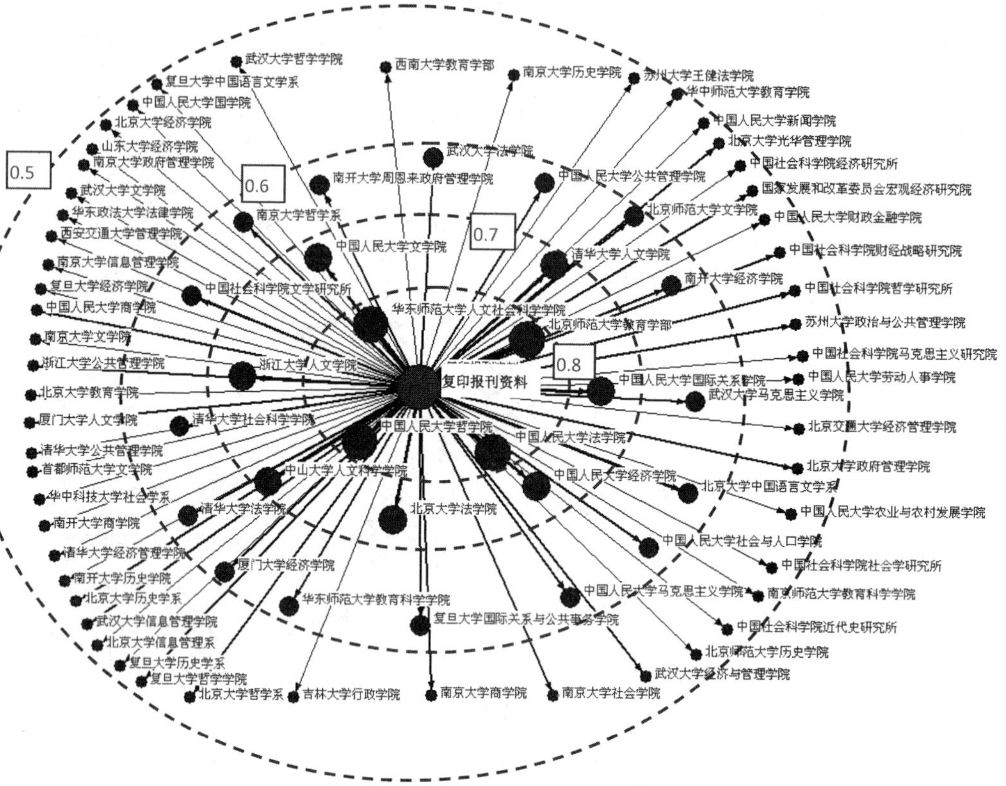

图 4—10　2014 年二级作者机构综合指数学术地图

第一、二名。二级机构的地图也显示出个别社科院的优势，进入图 4—10 所示转载中心区的 5 家非高校所属院所中，有 4 家隶属中国社会科学院。

3. 综合性所属院所占据要位

分析图 4—10 还可发现，部分综合性高校所属院所（如人文学院、社会科学学院）在前 80 名的转载中心区域中显示出竞争实力，尤其在前三个阵营中占据重要席位。如华东师范大学人文社会科学学院 2014 年共被转载论文 87 篇，覆盖了法学、公共管理、理论经济学、历史学、马克思主义理论、社会学、外国语言文学、新闻传播学、艺术学、哲学、政治学、中国语言文学共 12 个一级学科，综合指数超过 0.8，超过众多只侧重单一学科的所属院所，强势位居第一阵营。此外，浙江大学人文学院、中山大学人文科学学院、清华大学人文学院三家综合指数均超过 0.7，位居第二阵营；清华大学社会科学学院，综合指数超过 0.6，位居第三阵营。这种状况主要是由于这些综合性所属院所汇聚了多学科的科研实力，因而能够在激烈的竞争中崭露头角。

4. 六家国外大学转载实力初现端倪

2014 年，复印报刊资料共转载了来自国外大学作者的论文 164 篇，占复印报刊资料年度转载总量的 1.26%，比上一年度提高约 0.02 个百分点。这些论文的作者共来自

127家国外大学。在图4—9展示的第四阵营中，共有6家国外大学转载综合指数入围，分别是美国加利福尼亚大学、伊利诺伊州立大学、杜鲁门州立大学、加拿大西菲莎大学、丹麦哥本哈根大学和德国特里尔大学，其中分校众多的美国加利福尼亚大学转载量达5篇。

从国家分布来看，来自美国的大学和论文被转载量均占据首位，分别是66家和104篇。从作者国籍来看，45.1%为国外学者，54.9%为中国学者。这些国外大学被转载论文覆盖了除民族学以外的20个一级学科，其中哲学、政治学、理论经济学三个学科被转载论文最多，均占国外论文转载总量的10%～20%；艺术学、法学、历史学、社会学四个学科的论文占比紧随其后，约占5%～10%；其余学科论文占比均不超过5%。这一状况既体现了复印报刊资料选文的国际视野正在逐步拓展，也说明国外大学的学术力量在中国人文社会科学研究中占有一席之地。

二、作者机构地区分布学术地图

2014年，复印报刊资料的转载机构涉及了港澳台在内的中国34个省级行政地区（含直辖市和自治区）。图4—11、图4—12分别展现的是各省级地区转载机构综合指数和机构数量分布的学术地图。

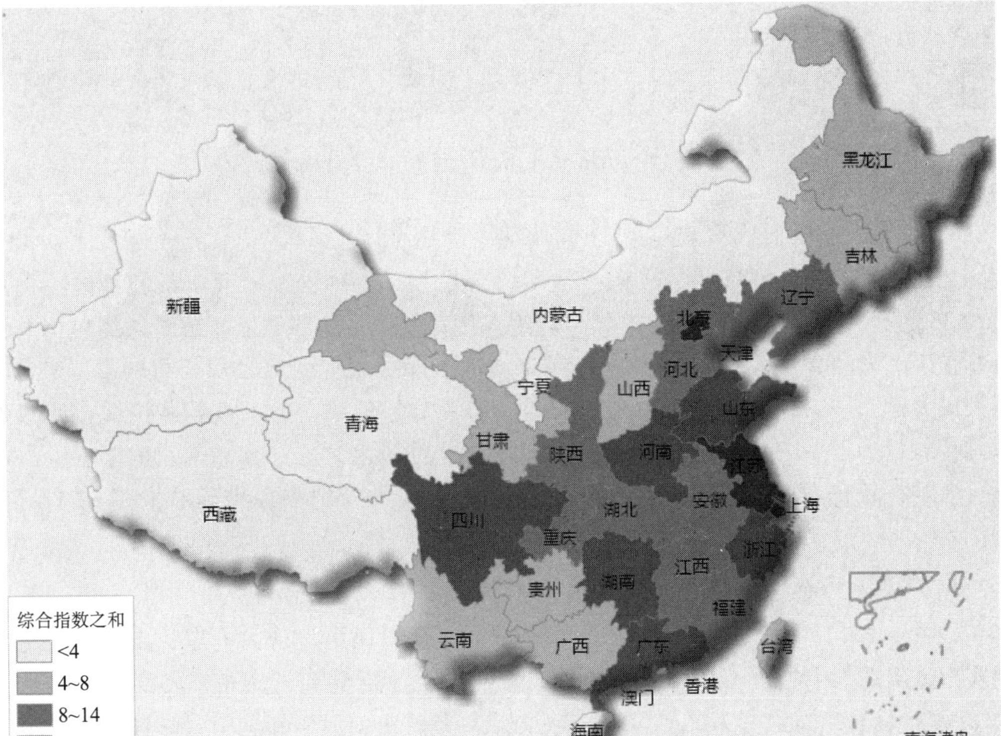

图4—11　2014年作者机构综合指数分布学术地图

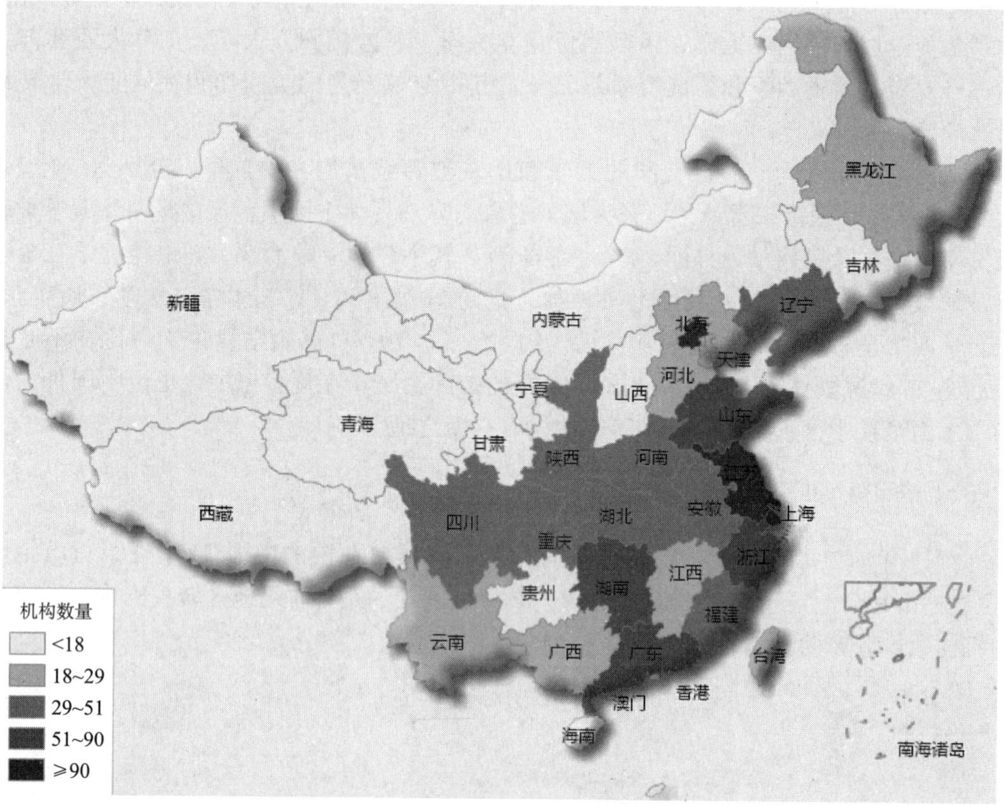

图 4—12　2014 年作者机构数量分布学术地图

1. 北京、江苏、上海：机构科研实力位列三甲

北京、江苏、上海三地的机构数量和综合指数都位列前三，北京被转载的机构数量为 362 家，综合指数之和为 121.5，以绝对优势领先。江苏和上海被转载的机构数量分别是 117 家和 91 家，综合指数之和在 30～40 之间。北京地区的科研机构中，来自中国人民大学、中国社会科学院和北京大学的作者贡献最大，三家被转载论文占北京地区总转载量的近 40%，占据全国机构被转载总量的 13.4%。江苏的南京大学、上海的复旦大学在各自地区的作者机构中贡献最大，转载量分别占该地转载总量的 17.7% 和 7.5%。

2. 广东、山东、湖南：期刊与科研机构实力均名列前茅

将图 4—11、图 4—12 与图 4—2、图 4—3 进行对比可发现，广东、山东、湖南期刊实力突出的三个省份，其科研机构的综合实力也位居前列。广东被转载的机构数量为 75 家，综合指数之和为 25.2，该省实力最雄厚的中山大学和暨南大学被转载数量就达到广东省总转载量的 41.7%。山东、湖南的机构数量在 50～60 之间，综合指数之和分别为 18.8 和 16.6，山东大学和湖南师范大学分别是两省转载量的领头羊。这些地区研究机构众多、学者科研实力强，同时还具有一批发展态势较好的期刊，在学术科研

和期刊出版之间形成了相互促进的良性发展局面。

三、党政干部院校转载综合指数学术地图

高等院校、社科院（联）、党政干部院校是复印报刊资料作者机构的“三大系统”。本节选取党政干部院校，对其转载综合指数学术地图进行分析。

2014 年，党政干部院校作者论文共被转载 350 篇，占复印报刊资料年度转载总量的 2.7%，这些作者共来自 69 家党校，占年度转载作者机构总量的 4.1%；平均每家党校转载量为 5.1 篇，与上一年度相比，转载实力基本持平。

在“三大系统”中，党政干部院校作者机构的总体规模较小，图 4—13 展示了所有被转载党政干部院校的转载综合指数学术地图。这些机构可以大体上分为四个阵营，综合指数依次约为 0.7，0.4，0.3，0.2。

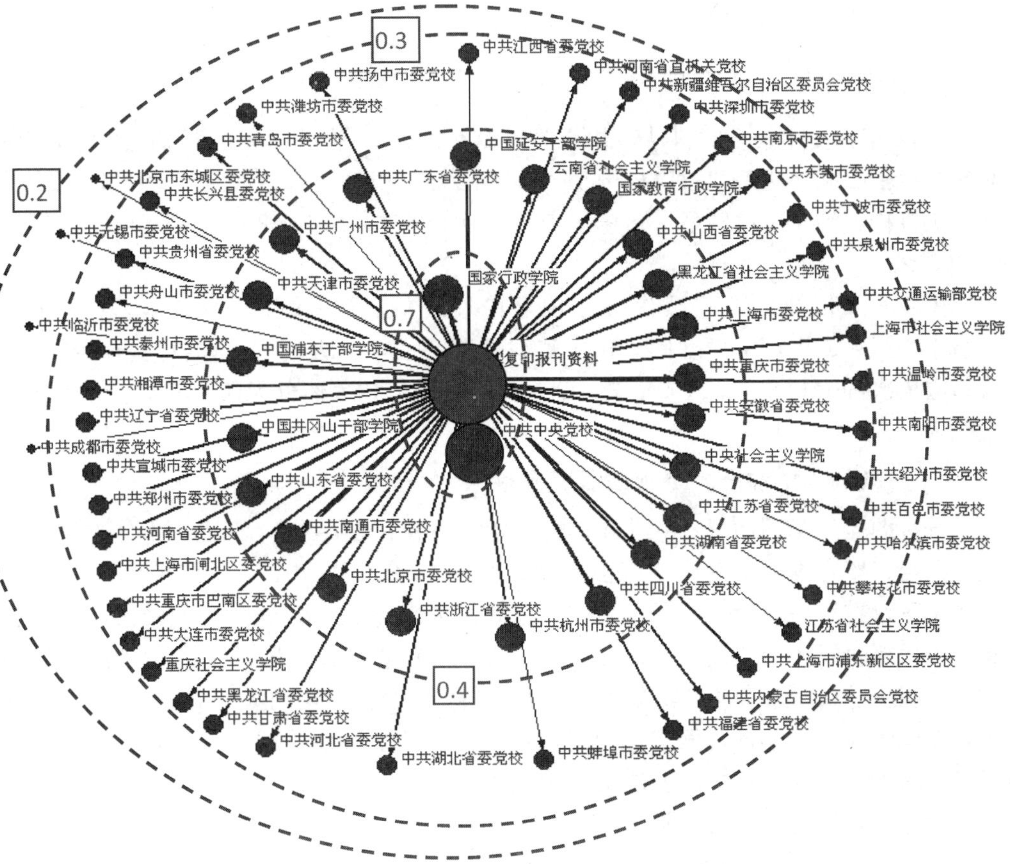

图 4—13　党政干部院校转载综合指数学术地图

1. 两极实力相差悬殊

如图 4—13 所示，按综合指数从高到低每个阵营的机构数量依次为 2 家、22 家、44 家和 4 家，成两头小、中间大的“梭形”。具体来讲，在第一阵营中，中共中央党校

和国家行政学院的优势十分突出；在第二、三阵营中，各家机构的综合指数相差不大，机构数量也较多，实力相对均衡；第四阵营机构数量少、综合指数也相对较小。位居党政干部院校第一名的中共中央党校，综合指数为 0.974 774，而第四阵营四家机构的综合指数均约为 0.2，两极差距超过 0.7，这种状况使“两极实力悬殊”成为党政干部院校学术地图的显著特征。

2. 党校行政级别与转载指数基本呈正相关

分析图 4—13 还可看出，行政级别对党校的转载实力有较大影响，级别越高的党校，转载综合指数越高，在转载阵营中的位置越靠前。前两个阵营以国家级、省级党校为主；后两个阵营中，市级、区级党校较多。在 69 家党校中，共有国家级党校 8 家，其中 7 家位于第一、二阵营；省级（含直辖市、自治区）党校共有 27 家，全部位于第二、三阵营；地市级党校共 27 家，其中 88.9%位于第三、四阵营；第四阵营的 4 家党校均为地市级或区级。

四、法学作者机构学术地图

2014 年，复印报刊资料共转载法学论文 1 002 篇，共有 236 家机构被转载，其中，高等院校 152 家，法院和政府机构 51 家，社科院、党政干部院校等其他机构 33 家。这些一级机构共涉及所属院所 328 家，其中高等院校所属院所 232 家，其他机构所属院所 106 家。

图 4—14 和图 4—15 分别展示了位于前 80 名的法学一级、二级作者机构，即位于转载中心区域的机构学术地图。按照转载分布特征，一级机构大体分为五个阵营，综合指数依次约为 0.8，0.7，0.5，0.4，0.3，二级机构大体分为四个阵营，综合指数依次约为 0.7，0.5，0.4，0.3。

1. 一级机构中综合、专业院校旗鼓相当

分析图 4—14、图 4—15 还可看出，高等院校是法学作者机构的主体，其中，政法、财经、警官等专业院校和综合院校分别占 43.8%和 56.2%，均显示出一定实力。具体来看，在第一阵营中，专业院校华东政法大学与综合院校中国人民大学的表现不相上下，综合指数均超过 0.8；在第二阵营中，专业院校中国政法大学和西南政法大学，与综合院校北京大学和清华大学实力相当，综合指数均约为 0.7；在第三、四阵营中，专业院校比例稍低，但中南财经政法大学、西北政法大学、上海财经大学、对外经济贸易大学等专业院校也表现出一定实力，与苏州大学、南开大学、武汉大学、吉林大学等综合性院校并驾齐驱。

2. 综合院校所属院所转载实力领先

在法学所属院所中，大多数专业院校的法学专业所属院所的综合指数明显低于综合院校的所属院所，前者平均综合指数比后者低约 0.03。这是由于政法等专业类院校对法学学科的划分更细，实力被多家所属院所分散，因而不敌优势集中的综合院校法学专业所属院所。

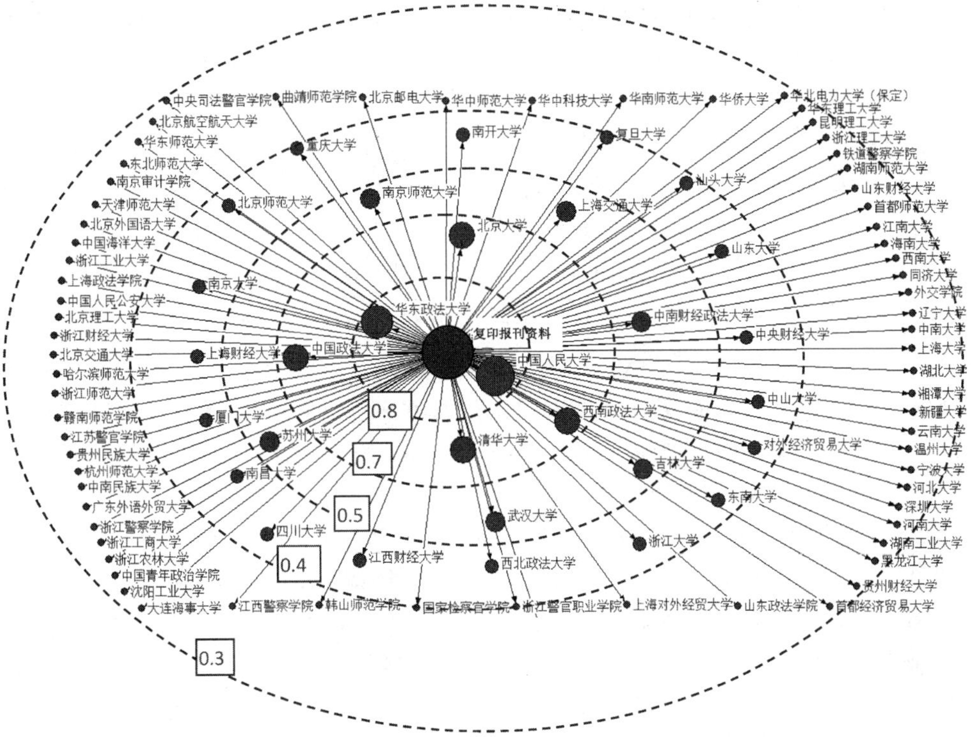

图 4—14　2014 年法学一级机构综合指数地图

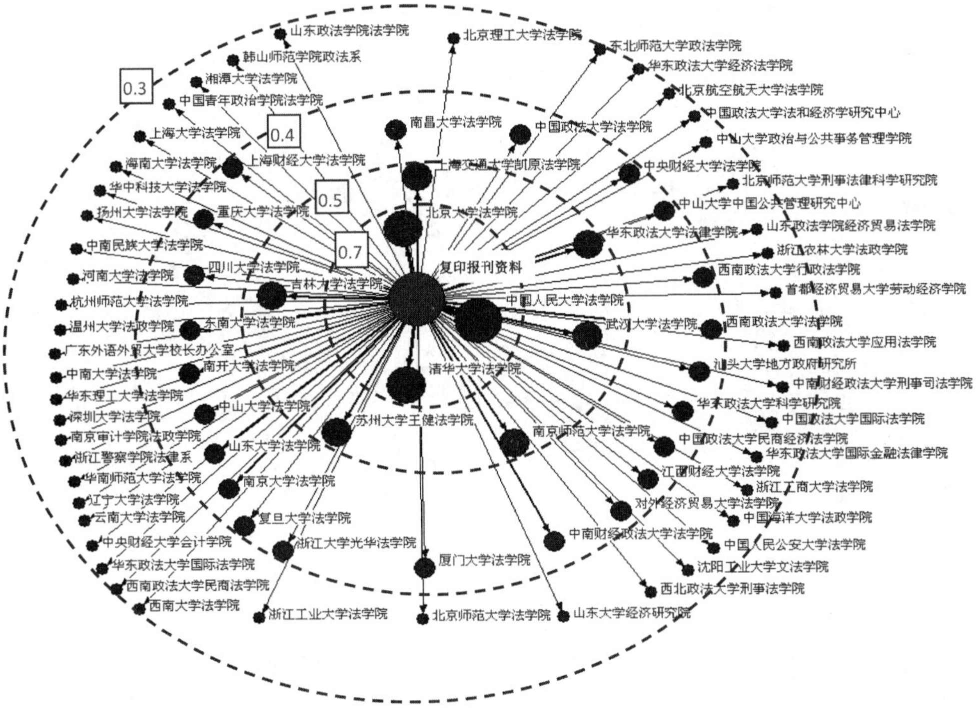

图 4—15　2014 年法学二级机构综合指数地图

如专业院校华东政法大学虽然作为一级机构法学实力位居第一阵营，但其实力分散于国际金融法研究院、经济法学院、科学研究院等多家所属院所，单个院所的竞争力减弱；该校法律学院在校内几家所属院所中实力最强，但综合指数仅为 0.586 876、位居第二阵营。西南政法大学在一级机构中位居第二阵营，但其法学实力分散于法学院、行政法学院、民商法学院和应用法学院四家所属院所，综合指数均约为 0.4、位居第三阵营。在这种情况下，综合院校在法学二级机构地图中的位置比一级机构进一步前移，位居前三名的所属院所均隶属综合院校，即中国人民大学法学院、北京大学法学院和清华大学法学院，转载综合指数均高于 0.7。

3. “依法治国”受到学术、司法、党群组织等多类机构关注，成为第一大热点

“依法治国理论的全面深化”是指对法治基本理论进行深入阐释，围绕“依宪治国”、依法行政、地方法治建设、司法工作队伍和司法体系运行机制建设开展深入探讨，针对经济社会发展中的新问题对中国特色社会主义法律体系进行完善等方面的研究。2014 年，复印报刊资料转载论文中关注“依法治国”的 211 篇，占法学被转载论文总量的 21.1%，使其成为第一大热点，共涉及一级机构 67 家、所属院所 47 家。

如图 4—16、图 4—17 所示，与其他学科研究不同，关注此热点的除学术机构外，还包括司法部门、党群组织等类型，如最高人民法院、河南商丘人民检察院、中共中央统战部三家机构，热点综合指数均处于 0.4～0.5，位居第三阵营。

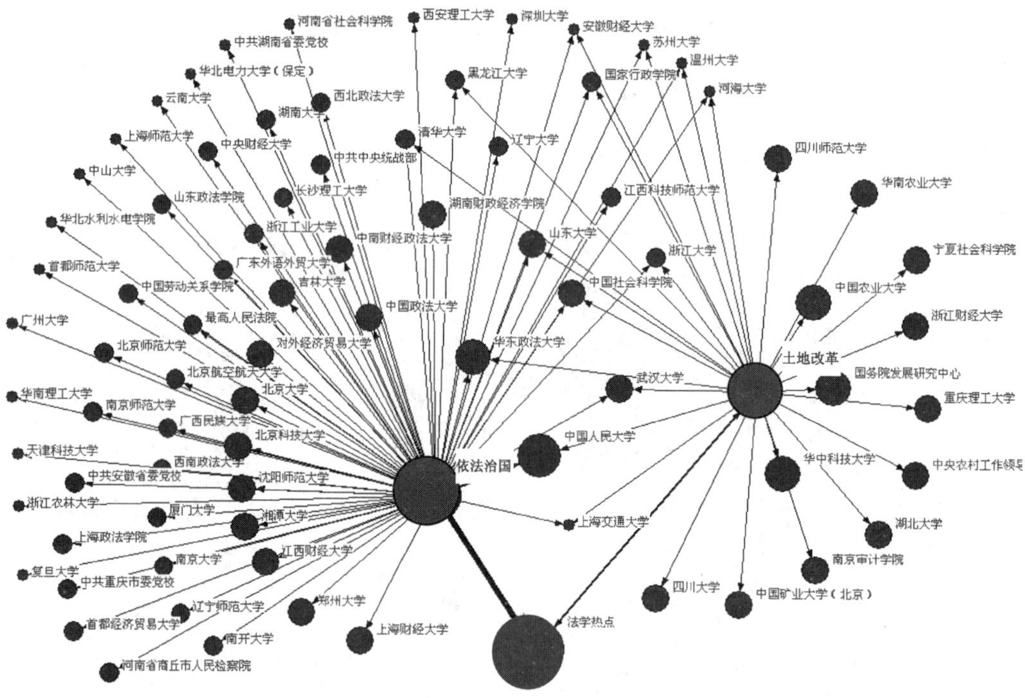

图 4—16　2014 年法学一级机构热点学术地图

法学的热点关注机构类型多样化，不同于其他学科“以学术机构为主”的特征，

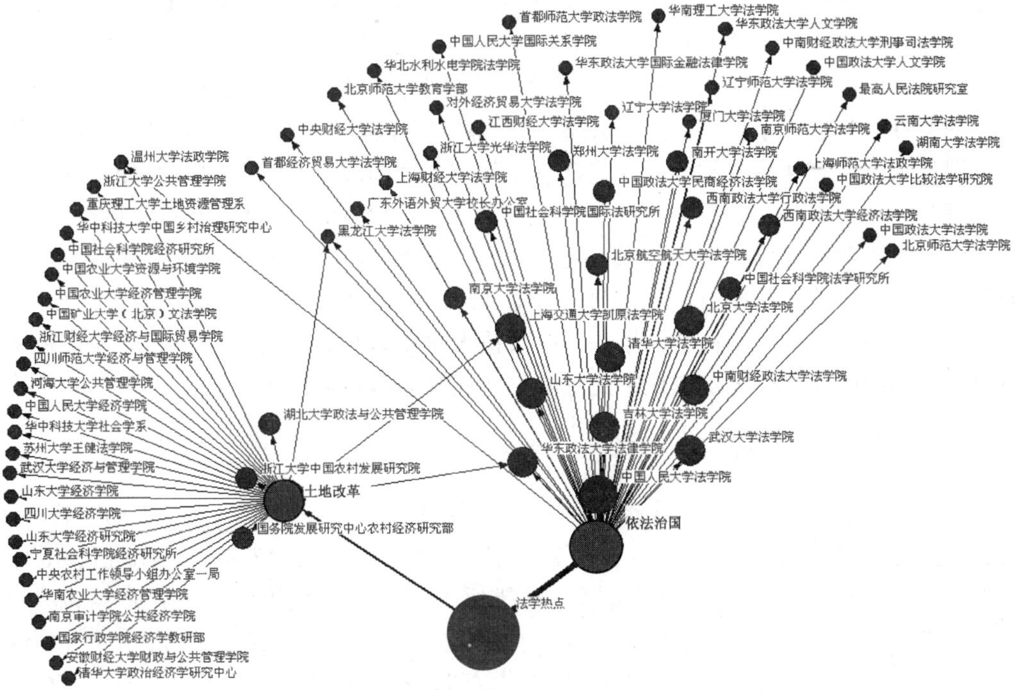

图 4—17　2014 年法学二级机构热点学术地图

也与图 4—14、图 4—15 所示的法学机构综合指数学术地图“以高校等学术机构为主”的格局有所差异，呈现出与总体格局不同的特征。这是由于“依法治国”是理论与实践结合极为紧密的重大议题，既涉及加强和改进党对全面推进依法治国的领导问题，也涉及保证公正司法、提高司法公信力问题，因而党群组织和司法部门都从自身角度进行了深入研究，促进理论的深化、推动实践的发展。

4. 关注“土地改革”的机构分布分散、学科呈现多样化

“农村土地改革的法律制度安排”是指深入和有针对性地论证农村土地改革的具体制度安排，征地制度、农村集体经营性建设用地制度、农村宅基地制度是本次土地改革整体框架下的三项重点改革领域。2014 年，复印报刊资料转载论文中关注“土地改革”的论文超过 34 篇，占法学被转载论文总量的 3.4%，共涉及一级机构 27 家、所属院所 31 家。

关注此热点的机构转载分布较为分散，每家机构或院所的转载量均不超过 4 篇，且机构之间关注度差距不大。一级机构热点综合指数之间最大相差不超过 0.05，其中中国农业大学和国务院发展研究中心表现相对突出，热点综合指数约为 0.5；二级机构热点综合指数之间最大相差不超过 0.03，其中国务院发展研究中心农村经济研究部、湖北大学政法与公共管理学院、浙江大学中国农村发展研究院 3 家关注度最高，热点综合指数约为 0.4。

关于农村土地改革的法律制度安排的研究是一个跨学科的议题，法学、经济学、

管理学等众多学科领域都进行了广泛研讨和深入研究。因此，关注“土地改革”的机构分布还呈现出学科多样化的特征，既包括众多综合性学术机构，也涉及法学、农林经济管理、工商管理、公共管理、经济学、社会学等学科的专业机构。从图 4—16 来看，除浙江大学、山东大学、武汉大学、中国社科院等综合性机构外，华东政法大学、安徽财经大学、国家行政学院、中央农村工作领导小组办公室等专业机构的入围均显示出跨学科性。从图 4—17 所示的所属院所来看，国务院发展研究中心农村经济研究部、湖北大学政法与公共管理学院、浙江大学中国农村发展研究院、安徽财经大学财政与公共管理学院、国家行政学院经济学教研部、河海大学公共管理学院、黑龙江大学法学院、华中科技大学社会学系、华中科技大学中国乡村治理研究中心等各家机构，分别侧重不同的学科，再次佐证了此热点关注机构的学科多样化。

五、马克思主义理论作者机构学术地图

2014 年，复印报刊资料共转载马克思主义论文 513 篇，共有 206 家机构有论文被转载，其中，高等院校 145 家，社科院 12 家，党政干部院校 13 家，其他机构 46 家，共涉及所属院所 298 家，其中高等院校所属院所 212 家，其他机构所属院所 86 家。

图 4—18 和图 4—19 分别展示了位于前 80 名的马克思主义理论一级、二级作者机构，即位于转载中心区域的机构学术地图。按照转载分布特征，一级、二级机构各自可分为四个阵营，综合指数依次约为 0.8，0.5，0.4，0.3。

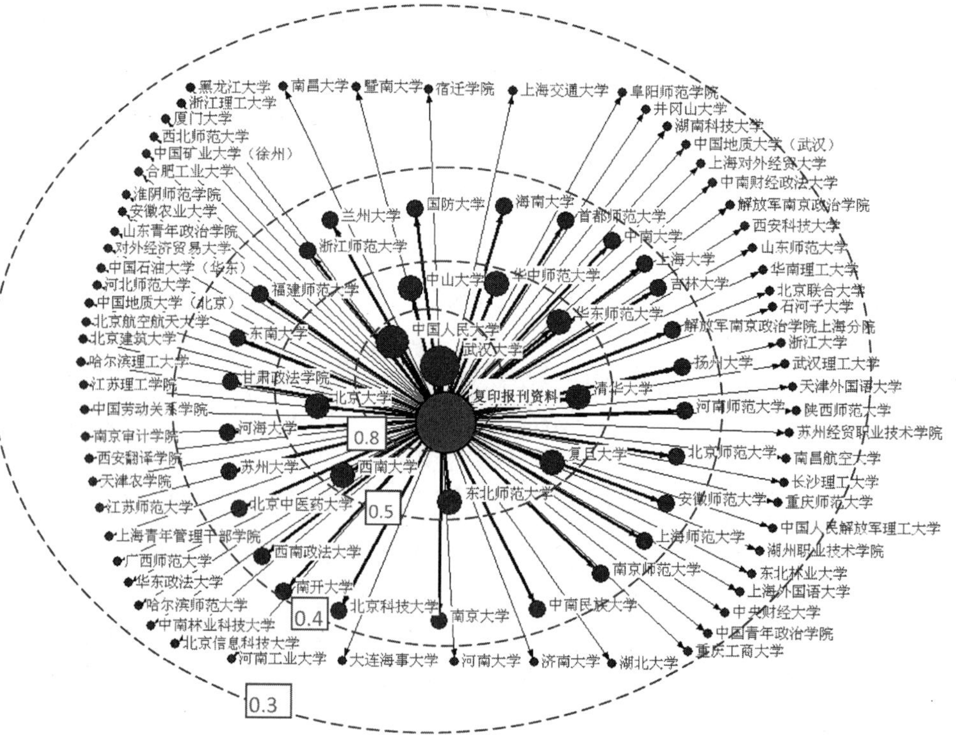

图 4—18 2014 年马克思主义一级机构综合指数地图

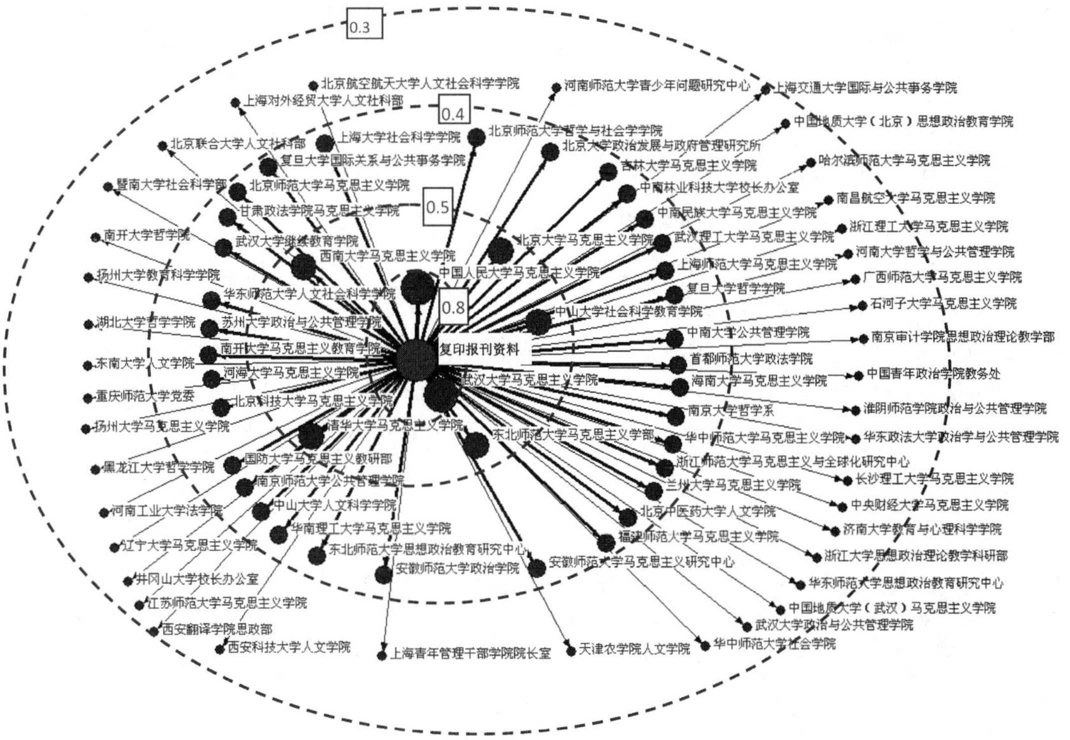

图 4—19　2014 年马克思主义二级机构综合指数地图

1. 武汉大学、中国人民大学领军优势突出，中间阵营力量雄厚

图 4—18 展示了转载指数位于前 80 名的作者机构。这些机构按转载综合指数可大体上分为四个阵营：其中表现最为突出的是武汉大学和中国人民大学，转载综合指数均超过 0.8，遥遥领先于其他机构，位居第一阵营；转载综合指数为 0.4，0.5 的机构数量依次为 8 家和 26 家，分别位居第二、三阵营，共占中心区机构总量的 42.5%；转载综合指数为 0.3 的机构占中心区的 55.0%，与其他学科相比，中间阵营机构所占比重相对较高，边缘阵营机构比重相对较低，说明在该学科中，中间阵营的机构力量较为雄厚，如北京大学、西南大学、中山大学、清华大学、东北师范大学、华东师范大学、华中师范大学和复旦大学等均表现不俗。

图 4—19 展示了转载综合指数位于前 80 名的二级机构。这些机构的分布仍呈现中间阵营力量雄厚的特征，但与一级机构不同的是，中间阵营中的第二阵营机构数量减少、第三阵营数量增多。这是由于部分一级机构中多家所属院所都有马克思主义理论论文被转载、以致实力分散所致。

2. 多学科所属院所共同关注马克思主义理论研究

如图 4—19 所示，在此学科转载突出的所属院所，不仅包括马克思主义理论专业院所，一些侧重公共管理、政治学、哲学、教育学的所属院所也凸显竞争力。比如中山大学社会科学教育学院转载指数为 0.573611，位居第二阵营，复旦大学国际关系与公共事务学院、复旦大学哲学学院、武汉大学继续教育学院、苏州大学政治与公共管理学院、南京师范大学公共管理学院、北京大学政治发展与政治管理研究所、中南大学公共管理学院、首都师范大学政法学院、南京大学哲学系等所属院所，转载指数均约为 0.4，在第三阵营也具备较强实力。说明学界充分发挥多学科交叉研究优势，理论与实践、传统与现实相结合，共同关注马克思主义研究领域。

3. 北京、湖北、江苏、上海四地脱颖而出

复印报刊资料 2014 年转载的所有马克思主义论文所涉及的作者机构中，来自北京、湖北、上海和江苏四地的机构在整体竞争力上脱颖而出，依次位列地区综合指数之和的前四名。这四地的综合指数之和依次为 141.3，47.8，38.1 和 37.6，明显高于位居第五名的江苏省（综合指数之和为 16.4）。在图 4—18 所示的前 80 名机构中，这四地作者机构的综合指数之和均高于 3，明显领先于位居第五名的湖南省（综合指数之和为 1.6），也显示出了四地的领先优势。

4. “核心价值观”、“与中国传统文化的结合”备受关注

“核心价值观的培育和践行”是指对十八大报告提出的“三个倡导”所概括的社会主义核心价值观的本质含义，培育和践行核心价值观的意义、路径和机制等方面的探讨。“马克思主义与中国传统文化的结合”是指对两者结合的必要性与可能性、历史进程与途径、基本规律和经验教训、典型范例和代表人物研究等方面进行深入研究。2014 年，复印报刊资料转载论文中，与“核心价值观”密切相关的论文共 146 篇，占马克思主义理论年度转载论文总量的 28.5%，其中关注度较高的一级机构 75 家、所属院所 78 家；与“与中国传统文化结合”密切相关的论文共有 20 篇，占马克思主义理论年度转载论文总量的 3.9%，其中关注度较高的一级机构 20 家、所属院所 23 家。

如图 4—20、图 4—21 所示，关注“核心价值观”这一热点的一级机构中，武汉大学和中国人民大学的关注度最高，热点综合指数均超过 0.9，在所属院所中，武汉大学马克思主义学院的热点综合指数最高，约为 0.8；关注“与中国传统文化的结合”的一级机构中，中国人民大学关注度最高，综合指数约为 0.8；在所属院所中，北京大学和中国人民大学马克思主义学院的热点综合指数最高，约为 0.4。

5. 各系统领军机构同时关注两大热点，发挥引领作用

从图 4—20 可以看出，共有 11 家一级机构同时关注了两大热点，其中有 7 家机构的热点综合指数超过 0.5，分别是中国人民大学、北京大学、清华大学、吉林大学、中共中央党校、中国社科院和教育部。其中前 4 家为高校，在复印报刊资料转载中均位居前列，综合指数依次为 0.989 152，0.831 659，0.630 472，0.522 528，在高校综合指数排名中分别位列第 1，2，7，14 名，中共中央党校和中国社科院分别位居党校和社科院（联）作者机构转载榜首。从图 4—21 可以看出，共有 5 家二级机构同时关注了两大热点。其中中国人民大学马克思主义学院、北京大学马克思主义学院、清华大学马克思主义学院 3 家高校所属院所，在马克思主义所属院所排名中同样取得了优异成绩，位居综合指数前三甲，这些机构在马克思主义理论学科热点关注中，也表现出

了应有的引领作用，说明在该学科中，机构转载综合指数与热点综合指数之间存在正相关关系。

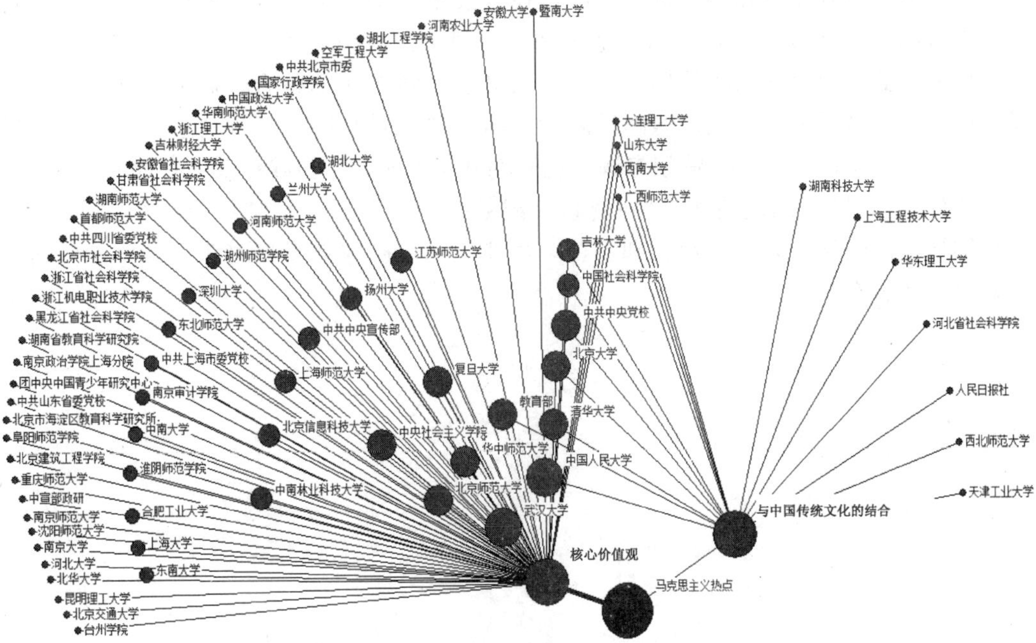

图4—20 2014年马克思主义理论一级机构热点学术地图

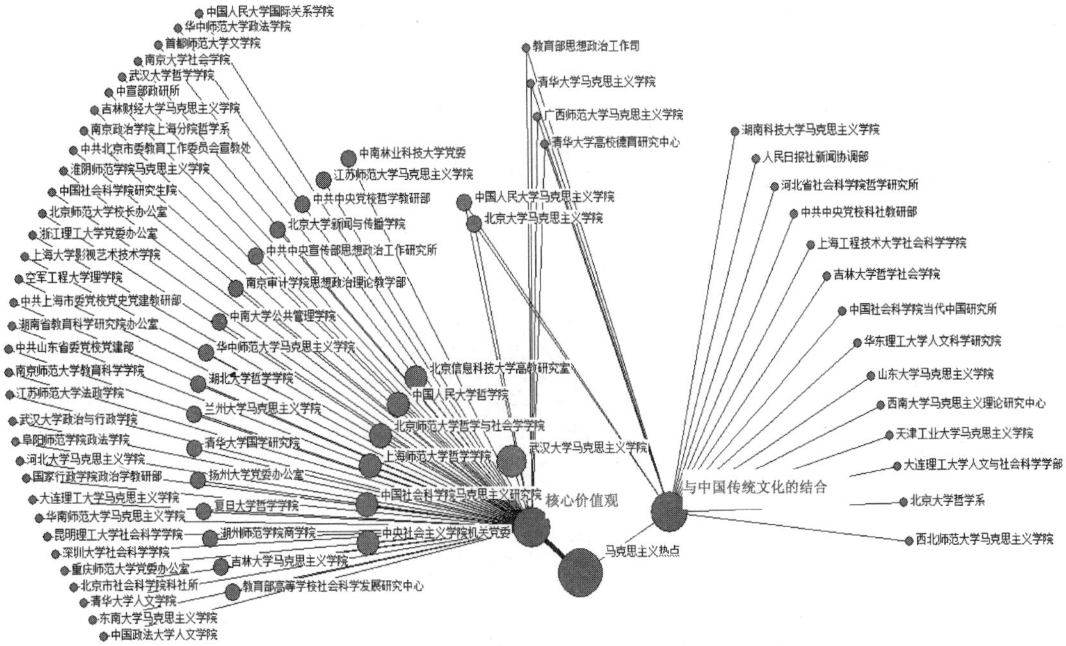

图4—21 2014年马克思主义理论二级机构热点学术地图

综上所述，本报告利用“学术地图”这一工具，从一个新的视角展示了复印报刊资料转载所呈现出来的中国人文社会科学发展格局，分析发现：第一，各领域、各地区、各学科的学术期刊和科研机构，都存在发展不均衡现象，且阵营梯队清晰，优势集聚态势明显；部分领域各阵营、地区间差距过大，应引起关注。第二，突破单一学科的研究方式，对学术问题采用跨学科方法和多学科视角的整合性研究，代表了当代学术研究的发展趋势。第三，准确反映学术研究热点是复印报刊资料选文的重要标准之一，及时追踪热点、主动策划专题是提升期刊学术质量、转载数量的有效方式。

此外，本报告只基于复印报刊资料转载数据，选取了个别学科或领域加以分析，分析结果仅反映某一方面的现状和特征，而非全面反映整体发展趋势，希望能够对人文社科工作者有所启发。

第五章　2014 年转载排名的发布

2014 年转载排名的发布，以举办大型发布论坛提升品牌影响，以期刊报纸、门户网站、论坛博客、移动终端等多种媒体结合的方式扩大传播范围，以新内容和深度报道强化宣传力度，排名的关注度和认可度比往年有所提高。我们对此次发布工作进行了总结，并选取了转载排名发布后两个月（2015 年 3 月 31 日—5 月 31 日）的时间区间，对发布的反响情况进行了追踪和分析，以期详细记录发布工作的经验和问题，不断改进转载排名研制和发布工作。

本章主要包括如下四个方面的内容：

1. 发布渠道简介：简要介绍此次转载排名的发布成果、发布会情况、平面和网络媒体首发情况，以及复印报刊资料学术专题刊和贺信、证书的后期宣传情况。

2. 书报资料中心排名网页的网络访问情况分析：通过监测访问数据，对排名的总访问量、访问者地区分布、访问时间变化、单个排名网页的访问情况、访问来源路径等进行分析，总结得出排名网页的被关注度增减、访问重点和访问行为特征等。

3. 各类关注与报道情况分析：通过广泛搜集平面媒体、互联网对本次转载排名的报道、转载、搜索等页面，进行分类统计和分析，总结出转载排名影响力的变化情况，以及关注主体的分布情况。今年新增了对微博、微信关注情况的分析。

4. 转载排名的电话、来访等其他渠道关注情况分析：记录并简要分析转载排名发布后的电话、来访咨询情况。

第一节　发布渠道

一、成果发布论坛

自 2014 年 3 月开始，“中国人民大学人文社会科学学术成果评价发布论坛”作为发布转载排名的主要渠道之一定期召开。该论坛吸引和汇聚了来自知名学术期刊、权威科研机构、重要管理部门的数百名专家学者，集中发布评价研究中心的年度评价成果，2015 年 3 月 31 日下午，2014 年度中国人民大学人文社会科学学术成果评价发布论坛（以下简称“发布论坛”）在中国人民大学逸夫会议中心召开。中宣部、教育部、国家新闻出版广电总局、中国人民大学有关部门的领导出席了会议。人文社科成果评价研究界专家学者、学术期刊与学术机构代表约 400 人参会。会议同时还邀请了《中国新闻出版报》、《人民日报》、《光明日报》、人民网、新浪网、中国网、凤凰网等 18 家媒体进行报道宣传。

本次论坛发布了由评价研究中心与书报资料中心联合研制的“2014 年复印报刊资料转载指数排名”和《复印报刊资料重要转载来源期刊（2014 年版）》两项成果，围绕“中国人文社科学术成果评价同行评议”的主题，中国学术评价领域的多位专家就同行评议的理论、实践、难点等展开了研讨。论坛演讲嘉宾和报告主题分别为：

1. 邱均平（武汉大学中国科学评价研究中心主任）
   报告题目：《大数据时代同行评议的创新与实践》
2. 蔡蓉华（北京大学图书馆文献计量学研究室原主任）
   报告题目：《同行评议难点分析》
3. 刘益东（中国科学院学部学科发展战略研究中心主任）
   报告题目：《开放式评价：替代同行评议的新方案》
4. 伍军红（中国知网中国科学文献计量评价研究中心副主任）
   报告题目：《大数据与同行评议》
5. 沈固朝（南京大学中国社会科学研究评价中心副主任）
   报告题目：《学术成果评价与期刊评价》

二、平面媒体发布

转载排名共在三家平面媒体发布：

1.《中国新闻出版报》传媒周刊 2015 年 3 月 31 日第 5～8 版，发布了部分期刊和机构转载排名榜以及“2014 年复印报刊资料转载期刊学术地图研究报告”。

2.《光明日报》2015 年 3 月 31 日第 07 版，发布了部分期刊和机构转载排名榜。

3.《中国人民大学校报》2015 年 5 月 4 日第 04 版，发布了“2014 年中国高等院校复印报刊资料转载指数排名榜”。

三、网络媒体发布

共有 23 家网络媒体对此次转载排名及发布论坛进行了首发报道：

1. 综合性网站：2015 年 3 月 31 日或 4 月 1 日，书报资料中心网、人大新闻网、中国高校人文社会科学信息网、光明网、人民网、中国新闻出版网、中国新闻网、新浪网、中国网和凤凰网、学者在线共 11 家综合性网站，同时报道了关于 2014 年转载排名的新闻和成果链接。其中凤凰网、学者在线为今年新增的网络首发媒体。

2. 专业性网站：社会学视野网、中国教育学会网、中国高等教育学会网、国学网、中国职业技术教育网和中国民商法律网、哲学在线共 7 家专业网站，先后报道了 2014 年转载排名的新闻和成果链接，其中社会学视野网、中国教育学会网、中国高等教育学会网、哲学在线为今年新增。

3. 论坛、博客及微信：人大经济论坛、水木社区（清华大学 BBS）、运动科学论坛、豆丁网、新浪博客、壹学者微信客户端共 6 家论坛、博客或微信新媒体，报道了 2014 年转载排名的新闻和成果链接，其中运动科学论坛、壹学者为今年新增。

四、复印报刊资料学术专题刊持续发布

2015 年复印报刊资料专题刊刊载转载排名榜的基本原则是，每种专题刊分批刊载与本专题相关学科的期刊和高校及所属院所转载排名榜；“三大系统”的综合性期刊和科研机构转载排名榜在大部分专题中均进行刊载。2015 年 4—10 月，复印报刊资料学术专题刊分三批次刊载 2014 年期刊和机构转载排名榜。计划登载转载排名的专题刊共 102 种（含文摘），在封二、封三、封四刊登转载排名榜 865 版。

五、转载排名贺信、重要转载来源期刊证书寄送

2015 年 4 月下旬，评价研究中心向所有转载排名的上榜期刊社和科研机构邮寄了贺信，以便被评价者能够及时、准确地了解转载数据。此次共寄出 2014 年转载排名贺信 921 封，其中，向期刊社寄出贺信 545 封，向科研机构寄出贺信 376 封。2014 年的贺信总数与上一年的 932 封相差不大，说明近两年上榜期刊和机构的规模和数量较为稳定。

第二节　反响情况

一、转载排名网页的访问情况

平面媒体发布了 2014 年转载排名的部分排名榜，全部转载排名榜在书报资料中心网站的“学术评价”版块上①发布。我们选择了 2015 年 3 月 31 日至 5 月 31 日期间（共 62 天）的网页被浏览情况，用“日均 PV 总次数”、“独立 IP 访问次数”和“人均浏览 PV 次数”三个指标进行监测分析。

（1）“日均 PV 总次数”：是指每天转载排名页面被浏览的总次数。

（2）“独立 IP 访问次数”：指每天独立 IP 访客访问转载排名页面的总次数，相同 IP 同一天只算作一次。

（3）“人均浏览 PV 次数”：是指平均每个访客浏览转载排名网站的页面次数。人均浏览次数＝PV 总次数/独立访客人数。

1. 转载排名网页访问量的总体分析

（1）访问总量分析。在 2015 年 3 月 31 日至 5 月 31 日期间，转载排名网页的“PV 总次数”为 58 953 次，“日均 PV 次数”为 951 次。这一数据说明，转载排名网页的访

① 2014 年转载排名网页详见：http：//www.zlzx.org/rssi2014。

问量比上一年略有下降，分析其原因：一方面，网友浏览页面更关注阅读深度，而不是阅读广度；另一方面，今年召开发布论坛首次达到 400 余人规模，众多媒体、业界专家、期刊或机构相关人员受邀出席，通过发布论坛和会议材料当场了解了转载排名的信息，因而不再需要访问网站，致使网站访问量出现一定程度的减少。

（2）访问量的时间变化分析。2015 年 3 月 31 日下午，发布论坛召开，各大网络媒体在 3 月 31 日至 4 月 2 日进行了大量的报道，经过前三天的各渠道宣传，转载排名发布后第三天（4 月 2 日）浏览次数出现第一个高峰期，说明许多期刊、机构以及个人都比较关注转载排名的发布，得知转载排名发布信息之后立即访问转载排名页面，以便了解和获取更详尽的信息。

4 月 7 日，浏览次数达到第二个高峰期，且达到最大值，出现这样情况的原因主要有两点：一是一周时间内第二批的媒体报道与专题宣传，使得人们对于 2014 年转载排名的兴趣进一步提升；二是参会人员将宣传材料、荣誉证书、贺信等资料带回，并在机构内部进行宣传，引发未参会人员访问转载排名网页的兴趣。

此外，转载排名发布后两周内是转载排名网页访问最集中的时间段，之后关注度明显下降。3 月 31 日至 4 月 10 日，此 11 日间的“日均 PV 次数”之和占转载排名发布后“62 天 PV 总次数”的 58.95%。

与往年相比，2014 年转载排名贺信和证书寄送后，并未引起第二轮关注高峰，出现这种现象的原因仍主要在于今年召开了 400 余人规模的发布论坛，各媒体、期刊、机构人员通过发布会及会议资料已对本年度转载排名有了较为深刻和全面的了解，并直接领取了证书与贺信，对于转载排名网页的关注集中在初期阶段。但也不排除我们所掌握的期刊社或科研机构的联系方式不准确，以致有些贺信和证书并未成功传递至被评价者。

（3）人均浏览 PV 次数分析。相较日均浏览次数，人均浏览次数的变化曲线更为和缓，在 3 月 31 日至 5 月 31 日期间，人均浏览次数略低于去年同期。这种状况仍与大规模发布论坛的召开有关，同时也说明今年访问用户浏览转载排名页面的目的性增强，重复点击转载排名网页的次数下降。

（4）访问者所在地区分布分析。根据网站访问记录，2015 年 3 月 31 日至 5 月 31 日期间，访问转载排名网页的用户集中在国内，覆盖了中国所有的省级行政区域，其中港澳台地区占 0.52%，2.37%的用户从海外 IP 访问了转载排名网页，相比去年的 0.37%和 1.88%，有了一定的提升，说明本年度转载排名吸引了更多港澳台及海外地区用户的关注，具体分布如图 5—1 所示。

由图 5—1 可以看出，访问用户的地区分布呈现如下特点：

1）访问转载排名网页的用户，主要集中在北京、重庆、上海、湖北、江苏、广东、浙江、四川、山东、江西、福建、河南、安徽、湖南等 14 个省市，这些省市的访问总次数占该时间段内访问总量的 83.14%，集中度较高，其中北京市的用户，所占比重在所有省市中最高。

2）重庆市的访问者排名第二，相较去年的第 15 名，有了大幅度的提升，说明

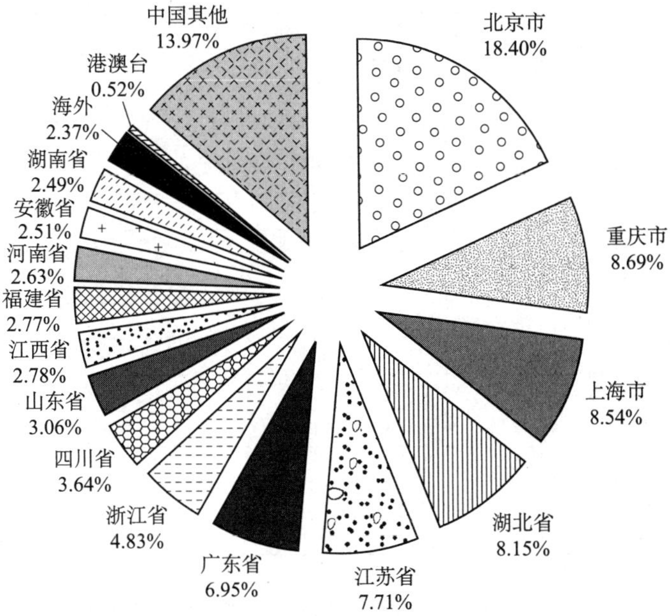

图 5—1　访问者地区分布

2014 年转载排名在重庆地区宣传效果有显著提升。分析其原因包括：

一是 2014 年转载排名中，重庆地区的期刊转载排名名次上升、数量增多，转载排名的进步明显带动了关注度的增长。本次转载排名中，共有《改革》、《探索》、《西南大学学报（社会科学版）》、《现代法学》、《重庆大学学报（社会科学版）》、《重庆理工大学学报（社会科学）》、《重庆社会科学》7 家期刊上榜，期刊上榜数量增多（2013 年为 5 种）且名次提升明显。

二是西南大学网站报道了 2014 年转载排名，引发 500 多人次的网页来访（详见本节第三部分），促使重庆地区访问用户比例大幅提升。

3）此外，中国其他部分省市地区的总和达到了 13.97％，略低于上一年的同类数据 18.00％，说明相较上一年访问者在地区分布上的集中程度进一步提高。

2. 各个转载排名网页的访问情况分析

2014 年各转载排名榜中访问次数最多的前 20 个排名页面如表 5—1 所示。

表 5—1　访问次数最多的前 20 个转载排名页面

序号	页面
1	综合性期刊总排名
2	高等院校学报排名
3	高等院校总排名
4	社科院（联）综合性期刊排名
5	党政干部院校学报排名
6	基础教育教学类专业性期刊排名

续前表

序号	页面
7	基础教育教学类综合性期刊排名
8	高等院校分学科排名——法学
9	社科院（联）总排名
10	高等院校分学科排名——教育学
11	高等院校分学科排名——政治学
12	高等院校分学科排名——工商管理
13	学科分类期刊排名——教育学
14	高等院校分学科排名——哲学
15	高等院校分学科排名——中国语言文学
16	高等院校分学科排名——应用经济学
17	高等院校分学科排名——马克思主义理论
18	高等院校分学科排名——理论经济学
19	高等院校分学科排名——心理学
20	高等院校分学科排名——社会学

从访问量大体可以看出，综合性期刊总排名、高等院校学报排名、社科院（联）综合性期刊排名、党政干部院校学报排名、基础教育教学类专业性期刊排名、基础教育教学类综合性期刊排名 6 张期刊排名榜，以及高等院校总排名 1 张机构排名榜备受关注，总浏览次数显著高于其他排名榜。值得一提的是，2014 年新增的基础教育教学类期刊的 2 张排名榜受关注位居前列，受访次数分别列第六、七位，总浏览次数均超过 900 人次。

同时，规模较大学科的期刊排名榜和机构排名榜也较受关注，如法学、教育学、政治学、工商管理、哲学、中国语言文学、应用经济学、马克思主义理论、理论经济学、心理学、社会学等。在各分学科排名榜中，高等院校分学科排名榜的受关注度明显高于学科分类期刊排名榜。相比之下，小学科的期刊排名和机构排名相对浏览次数较少。

（1）各期刊排名榜的平均浏览次数对比

综合性期刊总排名、高等院校学报排名、社科院（联）综合性期刊排名、党政干部院校学报排名 4 张期刊排名榜的浏览次数较高。在期刊分学科排名榜中，各学科期刊排名榜的浏览次数，基本与其学科期刊的规模和排名数量成正比，其中教育学期刊排名榜的总浏览次数最多，艺术学、地理学、体育学与语言文学的总浏览次数最少，均低于 200 次。新增的基础教育教学类期刊排名榜、尤其是专业性期刊排名榜的比值均高于平均值。

（2）各机构排名榜的平均浏览次数对比

相较于期刊排名网页来说，机构排名网页以更少的排名数量，引起了更高的关注度。参加 3 月 31 日发布会的上榜机构很少，参会机构代表的数量仅为参会期刊代表的约 1/6，造成机构对网络版转载排名榜的关注度更高，从而形成机构排名页面平均点击率更高的状况。

在各机构排名榜页面中，社科院（联）和党政干部院校学报排名网页的平均浏览次数较高。高等院校分学科排名及高等院校二级分学科排名网页也得到了一定的关注。在高等院校分学科排名中，马克思主义理论、理论经济学、心理学、社会学、外国语言文学五个学科的页面相对于排名数量，其平均浏览次数最高。在高等院校所属院所分学科排名中，外国语言文学、农林经济管理、法学三个学科的页面相对于排名数量，其平均浏览次数最高。

3. 排名网页访问来源路径分析

3 月 31 日至 5 月 31 日期间，访问者除了直接访问转载排名页面外，还通过约 150 多个其他网站的路径链接访问了书报资料中心的转载排名页面。表 5—2 列举了使用最多的 25 个访问路径，来源路径最多的依次为以下几类：

（1）通过中国人民大学网站——人大新闻、光明网教育频道、中国高校人文社会科学信息网等影响力较大的媒体网站访问排名网页，成为间接访问的首要路径。

（2）通过报道排名结果的科研机构或期刊社网站访问排名主页是第二类主要路径，如中国高等教育学会首页、中国教育协会首页、安徽财经大学首页、江西师范大学新闻网、复旦大学国际关系与公共事务学院等；其中，值得一提的是通过西南大学首页访问书报中心网站排名网页在众多路径中，访问次数最多。

（3）通过影响力较大的论坛访问转载排名主页是第三类主要路径，如人大经济论坛、运动科学论坛等。

（4）通过搜索引擎和社交媒体访问转载排名主页是第四类主要路径，如百度、好搜、新浪微博和微信等。

表 5—2　　使用较多的路径一览表（排序按从多至少）

序号	路径
1	西南大学首页
2	中国人民大学网站——人大新闻
3	光明网教育频道
4	中国高校人文社会科学信息网
5	百度
6	中国高等教育学会首页
7	国学网
8	学者在线——学术评价
9	中国教育学会首页
10	人大经济论坛
11	安徽财经大学首页
12	江西师范大学新闻网
13	复旦大学国际关系与公共事务学院
14	中国青年政治学院—中青新闻网
15	华南理工大学新闻网
16	杭州师范大学首页

续前表

序号	路径
17	河南师范大学首页
18	上海财经大学思进网
19	好搜
20	国关新闻网
21	新浪微博
22	中国法学创新网
23	微信
24	中山大学管理学院
25	运动科学论坛

以上数据说明，与排名内容相关的专业性网站在宣传转载排名中发挥了重要作用。此外，与 2013 年转载排名的访问情况相比，通过全国性学术团体机构网站、学术平台及专业性网站间接来访次数有大幅提升，有必要对此渠道进行深入挖掘和推广。

二、各类关注与报道情况

1. 网络搜索结果统计

（1）三大搜索引擎中的网页数量统计。在百度、谷歌和搜狗三大搜索引擎中，以检索词“复印报刊资料＋2014＋排名”进行搜索，检索结果表明，三大搜索引擎检索的相关网页与去年相比均略有下降。分析造成这种现象的原因，随着网络技术的发展，各种互动式社交网络媒体更加受到人们的欢迎，传统的网络媒体宣传的效果下降；此外，由于关注者对转载排名越来越熟悉，可直接登录排名网页查看数据，主动搜索转载排名的需求降低。

（2）新浪微博发布分析。2014 年，我们首次统计了微博关注与报道转载排名的情况，在新浪微博的搜索页面中，以检索词“复印报刊资料＋转载排名＋2014”进行检索。检索结果发现，近 3 年来，新浪微博中关于转载排名的微博数量变化不大，但仍可看出，有一部分使用传统互联网关注排名的用户正在转向通过微博的新方式关注排名。

从转载排名网页访问路径来看，有相当部分的访问者来自微博，关于 2014 年转载排名的相关微博始于 3 月 31 日，从 4 月 1 日开始，微博数量骤然上升，4 月 3 日达到峰值，之后经历短暂的波动，4 月 8 日再次达到一个波峰，之后偶有波动，5 月 21 日后再无相关微博，微博曲线变化与转载排名网页的访问量曲线变化较为一致。

在发布的相关微博中，机构类认证微博发博量最多，大多为高校官博，也有部分属于期刊、网站的官方微博。其次是非认证用户，个人认证用户和微博达人比例较小，个人用户中大多为机构科研、管理人员，或期刊社工作人员。

微博的内容主要分为三类：对转载排名的总体介绍；对某期刊排名数据的介绍；对某机构排名数据的介绍。3 月 31 日至 4 月 2 日期间微博的内容主要集中在第一类，对 2014 年转载排名的总体介绍，配有链接、排名榜、发布会照片等；4 月 3 日之后，则多为期刊或机构进入排行榜的消息发布，配有链接及排名榜、荣誉证书、贺信等图片。

通过微博界面直接发送相关微博的内容，在各类微博中比例最大，其次是通过浏览器发布微博，分享软件及其他应用紧随其后，使用移动终端发送微博的比例最小。

在获取的有效微博中，认证用户的微博受关注度显然比非认证用户更好，大部分期刊、网站或高校的官博发布的相关微博受到较多的转发、评论和点赞。其中，华东政法大学副教授吴一鸣（微博账号：@吴一鸣学长）的微博获得最多的转发量，西南大学官方微博对于该校心理学科居院校心理学科首位的报道获得了最多的评论与点赞数。

（3）微信发布分析。2014 年，我们首次统计了微信关注与报道转载排名情况，使用搜狗搜索引擎以检索词“复印报刊资料＋转载排名＋2014”对微信进行检索。

对于 2014 年度转载排名的微信推送始于 4 月 1 日，在 4 月 2 日蹿升至峰值，4 月 3 日后急剧下落，4 月 8 日左右有所回升，经历 4 月 11—20 日的偶有发布，4 月 21 日又出现了明显的增长，之后则经历了较长时间的空白期，5 月 6—8 日则有一个较小的波动段，之后，仅 5 月 11 日、18 日、29 日出现相关推送微信。

发布微信推送的账号之中，学校相关机构及组织占据了极大的比例，其次是期刊杂志社账号，还有较小一部分是专业网站、论坛和领域信息推送账号。

这些微信账号推送的信息内容主要有三类：一是对于 2014 年度转载排名的总体或者部分分学科排名榜的介绍，大多配有排名数据、发布会图片及相关的网站和新闻链接；二是所在机构或者隶属机构进入排名的新闻推送，发布的微信账号大多为所属院所或校友会等组织机构，大多配有排名数据、荣誉证书或者贺信的图片；三是某期刊进入排名的新闻推送，发布微信账号主要为学报所属高校或二级院校、期刊杂志社官微，大多配有荣誉证书及贺信。

2. 各类报道内容分析

我们对搜索到的转载排名相关网页进行了人工筛选，筛选 2015 年 3 月 31 日至 5 月 31 日期间的搜索结果，之后判断网页内容是否与此次排名相关，并除去重复网页，共获取 258 篇网页对转载排名的发布情况进行了报道或转载，按内容可以分为四大类：

- 知名媒体对此次排名进行的新闻报道；
- 期刊社或编辑部所属机构对本刊转载排名的报道；
- 作者机构就本单位排名情况的报道；
- 各大论坛、博客对此次排名进行的转载和评论。

（1）知名媒体报道情况分析。平面媒体报道：在首发后，共有 9 家重要的平面媒体在网络上发布了对转载排名的报道或分析：

●《中国教育报》2015 年 4 月 2 日第 05 版“新闻·深度”，刊登发表了《高校学术期刊难入一二阵营——2014 年度复印报刊资料转载分析》。

●《中国新闻出版报》2015 年 4 月 2 日第 1 版“今日视点”栏目根据发布论坛的内容刊登了题为《学术期刊同行评议是与非》的报道。

●《澳门日报》2015 年 4 月 9 日第 C09 版，报道了中国人民大学 2014 年度复印报刊资料转载排行榜发布及《澳门理工学报》期刊排名跃升至全国第六的新闻。

●《河南日报》2015 年 4 月 14 日第 02 版，报道了中国人民大学 2014 年度复印报刊资料转载指数排名出炉、《新闻爱好者》期刊排名情况以及首次入选重要转载来源期刊的新闻。

●《河南商报》2015 年 4 月 14 日第 A04 版，报道了中国人民大学 2014 年度复印报刊资料转载指数排名及分析报告发布、《新闻爱好者》期刊排名情况以及首次入选重要转载来源期刊的新闻。

●《大河报》2015 年 4 月 14 日第 A10 版，报道了中国人民大学 2014 年度转载排名出炉、《新闻爱好者》期刊排名情况以及首次入选重要转载来源期刊的新闻。

●《青海日报》2015 年 4 月 9 日第 02 版，报道了《青海民族研究》再次入选复印报刊资料重要转载来源期刊的新闻。

●《苏州大学报》2015 年 4 月 15 日第 01 版，报道了苏州大学在 2014 年度转载排名中喜获佳绩的新闻。

●《对外经济贸易大学校报》2015 年 5 月 20 日第 03 版，报道了对外经济贸易大学 2014 年度转载排名居引领地位的新闻。

与往年相比，突出特征是新闻媒体通过媒体视角的报道有了更加深入的思考，对于转载排名的影响力做出了更高、更客观的评价。如《中国教育报》针对本年度转载排名结果进行了详细分析，得出综合高校科研实力高、高校学术期刊质量亟待提高、被转载量高的学术期刊更关注社会热点等结论；《中国新闻出版报》2015 年 4 月 2 日第 1 版“今日视点”栏目报道了《学术期刊同行评议是与非》，对此次成果发布论坛的主题“同行评议”及相关专家发言内容做了深入分析。

综合性网站：共有 48 家网站对转载排名进行了转发报道，如搜狐网、腾讯网、网易网、中国日报网、中国社会科学网、中国招生考试网、中国人民大学在职研修网、中国台湾网、中国网、解放网、中教网、长城网、北方网、南报网、中国经济网、中国行业研究网、华夏经纬网、大众网等；其中人民网、中国新闻出版网、中国新闻网、中国教育新闻网在第一时间发布专题报道，对本次排名进行了深入的分析与评述。

专业性网站：共有 27 家网站对转载排名进行了转发报道，如中国出版网、中国高校教材图书网、中国教育和科研计算机网、中国科教评价网、中国作家网、中国法学创新网、学术论文网、中国教育科研网等。

论坛、博客及 BBS：共有 6 家论坛、博客和微信对 2014 年期刊转载排名进行了报道。其中，新浪博客用户张家辉的博客中转发了“复印报刊资料 2014 年期刊学术论文指数排名——《地理教学》、《中地参》榜上有名”，受到较多关注。

总体上，2014 年新闻媒体的报道内容和形式较多样，基本形成了传统纸媒、综合性网站、专业性网站、新媒体等的立体式报道网络。网络报道的深度和广度也进一步加强，尤其是一些有影响力的媒体进行的专题报道，显示出转载排名模式的深化创新。

（2）期刊报道情况分析。共有 115 篇网页对 2014 年期刊的转载排名情况进行了相关报道，如《南京农业大学学报》、《首都经济贸易大学学报》、《中国行政管理》、《语文教学通讯》、《青海民族研究》、《实验教学与仪器》、《湖湘论坛》、《新疆师范大学学报（哲学社会科学版）》、《教学月刊》、《社会科学》、《教育科学研究》、《中学数学》、《山东社会科学》、《环球法律评论》、《山东科技大学学报（社会科学版）》、《陕西师范大学学报（哲学社会科学版）》、《华东经济管理》、《人口与经济》、《浙江档案》、《清华法学》、《西北师范大学学报（社会科学版）》《甘肃社会科学》等等。

1）网络报道数量分析。27 家综合性或专业性网站对部分期刊进行了转载报道，74 家机构、编辑部、杂志社对自家期刊排名进行报道或者转载其他期刊有关转载排名的报道，涉及 78 种上榜期刊，其中高校学报和主办期刊 48 种，党政干部院校学报 9 种，社科院学报 10 种，专业期刊 11 种，在这些期刊报道中，《青海民族研究》和《新闻爱好者》是报道最多的期刊，共有 23 种综合性、专业性及机构网站报道《青海民族研究》的转载排名，《新闻爱好者》以 14 篇报道紧随其后。总结期刊报道主要有以下特点：一是期刊单位对 2014 年转载排名给予了极大关注，相比前两年，报道数量有了大幅提升；二是报道数量与排名规模大致呈正比例相关，高等院校学报排名规模较大，因而相关的网络报道也较多，而社科院（联）、党政干部院校学报排名规模相对较少，报道也较少。

2）报道内容分析。对期刊转载排名的报道内容可分为如下三类：一是对 2014 年度转载排名进行总体介绍后，引出自己期刊的排名情况；二是直接引用转载排名榜数据报道自家期刊的转载排名情况或将荣誉证书、贺信粘贴在网上进行报道；三是报道转载排名的同时，分析期刊的办刊水平，回顾往年转载排名情况。

总体上，所有报道都高度肯定了复印报刊资料的学术影响力及转载排名对期刊办刊的重要指导意义。另外，除了网络报道外，部分期刊、杂志、学报也对自己入选本次排名的情况在封底或内页做了相关报道与介绍，如《档案》、《观察与思考》、《会计之友》、《教育学术月刊》、《民族艺术研究》、《南京社会科学》、《世界知识》、《浙江档案》、《中州学刊》、《中学数学》、《学习论坛》、《农林经济管理学报》、《湖北大学报》、《西南民族大学学报》、《四川师范大学学报》、《中国青年社会科学》等。

（3）机构报道情况分析。共有 42 家机构网站对 40 家机构的转载排名进行了报道，如中央社会主义学院、河南师范大学、华中农业大学、中山大学、复旦大学、苏州大学、武汉大学、厦门大学、华东师范大学、河北大学、江西师范大学、西南大学、上海大学、首都师范大学、华南理工大学、暨南大学、北京师范大学、华侨大学、西南财经大学、南京师范大学、西北大学、中国劳动关系学院、对外经济贸易大学、中国浦东干部学院、安徽财经大学、河海大学、吉林大学、浙江师范大学、上海财经大学、南开大学等等。

1）网页数量分析。从网页数量看，有以下特点：

第一，高等院校及其所属院所的转载排名最受关注，有 18 家高校及 17 家所属院所进行了报道。其中，南开大学及南开大学周恩来政府管理学院均对政府管理学院的排名进行了报道，广东共青团对深圳大学的排名进行了报道。2014 年转载排名的机构报道中，高等院校的关注度略有下降，高等院校所属院所的关注度略有提升，另有 1

家非在榜机构也对本次排名投入了关注。

第二，部分老牌名校及其知名院所对本校或本院所排名情况进行了报道，包括复旦大学、中山大学、厦门大学、武汉大学、北京师范大学等。

第三，与往年一样，虽然社科院（联）排名网页的浏览次数较高，但没有机构对此次排名进行网络报道；党政干部院校中，中共上海市委党校上海行政学院（4 月 2 日）、中央社会主义学院（4 月 2 日）、中国浦东干部学院（5 月 7 日）3 家机构网站对转载排名进行了报道。

2）报道内容分析。报道内容有以下特点：一是结构相似，多数报道均采用新闻与排名榜相结合的方式，或同时将荣誉证书、贺信粘贴在网页上。二是多角度深入报道，有纵向比较分析，如今年与往年的排名变化，排名提升或降低的客观原因；有横向对比分析，与同类性质院校、211 高校、985 高校对比。三是与往年相比，部分机构不仅关注机构自身的排名情况，还对 2014 年转载排名的总体情况进行了概括性报道。四是大部分高校都高度肯定了复印报刊资料的学术影响力，以及对本校科研的支撑作用。

（4）论坛、博客报道情况分析。共有 6 家论坛、博客对 2014 年的转载排名进行了报道，具体有如下特点：一是从数量上看，今年在论坛与博客方面的发布大幅度减小，尤其是各大高校论坛的比例下降；二是从访问路径来看，书报中心转载排名网页的访问者中有相当一部分来自这些论坛及博客，但网友仅仅通过此途径访问书报资料中心网站查看排名，并没有进行深入探讨，因此充分开发利用论坛和博客引发网友讨论，并向转载排名提出意见和建议，应作为让用户深入了解转载排名的重要阵地。

3. 电话、来访咨询情况分析

虽然 2014 年召开了 400 人规模的成果发布会，但是电话和来访的数量有增无减；且电话和来访咨询涉及多个部门，均对评价成果的研制过程和结果表示关注。在 2014 年转载排名成果发布前，即有若干期刊社或科研机构咨询是否上榜或入选《复印报刊资料重要转载来源期刊（2014 版）》，成果发布后，部分已上榜或入选的期刊或机构，请求提前寄发贺信和证书、咨询关于本单位的详细转载数据或论文转载明细、未收到贺信及证书需重新寄发等；未入选期刊则咨询未能入选原因。其中一部分电话来访者对书报资料中心和评价研究中心的工作表示感谢，对评价工作进行详细询问与深入研究，对数据统计方法或流程的疑问进行求证，还有部分期刊主动要求为转载排名或重要转载来源期刊提供宣传版面。

第三节　总结分析

1. 成功经验

（1）两项成果同时发布并举办大型发布论坛，影响力大幅度提升。2015 年是评价研究中心第二次召开转载排名发布论坛，与去年相比，规模显著扩大，发布活动更为规范，评价成果的影响力明显提升，增进了评价对象对评价研究中心工作的了解，也进一步优化了与媒体的合作关系。

（2）新媒体在宣传转载排名中的力量不容忽视。在“互联网＋”时代，公众关注渠道多样化，在宣传方式方面有充分体现。与去年相比，微博、微信正在展现出新的移动媒体的优势，数媒公司推出的“壹学者”微信客户端，为广大微信用户提供了更加便利的查询渠道，充分研究和利用这些新媒体对扩大宣传评价成果至关重要。

（3）从媒体视角对评价成果进行深度报道成为一种更有效的宣传方式。连续两年举办成果发布会后，《中国教育报》、《中国新闻出版报》、人民网等媒体产生对评价成果深度剖析的兴趣和意愿，并取得了比以往更好的宣传效果，需要进一步深化和推广这种模式。

（4）与评价对象的互动交流越发重要。追踪发现，评价对象对评价研究中心提出了更多的互动交流要求。比如，被评价者对评价的细节关注颇多，对评价数据统计的精确性要求越来越高。因此，未来将对评价成果的诸多细节进行完善，以便更容易被评价对象理解和分析。

（5）转载排名新内容的增加有效地提升了被关注程度。今年期刊排名榜新增加了 2 张基础教育教学类期刊排名榜，吸引了更多读者的关注，从不同维度研制更精更细的评价成果，增加发布内容，是拓宽关注面的有效途径。

（6）港澳台及海外用户关注度持续提升。今年新增凤凰网的报道，对排名发布在港澳地区的影响起到了助推作用，《澳门日报》的连续报道、与《澳门理工学报（人文社会科学版）》的互动增多，都使此次发布吸引了更多港澳台及海外地区用户的关注。

2. 问题和改进

（1）期刊仍是主要关注群体，科研机构的关注度有待进一步开发。追踪发现，科研机构对评价成果的关注度在上升；今年，机构排名以更少的排名数量，引起了更高的关注度。但科研机构对评价成果的关注度绝对值仍然不高。今年发布会参会数据和网络关注数据均显示，期刊仍是关注评价工作的主要群体，科研机构尤其是社科院系统的关注潜力仍待进一步深入开发。

（2）网络关注度呈下降趋势应引起关注。虽然期刊对评价成果发布的网络报道转发量比去年同期明显增多，但据转载排名网页访问量统计，排名发布之后的 2 个月内，2014 年度的“PV 总次数”比 2013 年度同期有所减少；百度、谷歌和搜狗三大搜索引擎总网页检索数量比去年有所下降。网络和媒体关注方式的变革正在影响着读者对评价成果的关注渠道，需加大对此的关注。

（3）期刊社和科研机构的联系信息有待精确和规范。由于给上榜的期刊社和科研机构寄发贺信的地址和收件人数据仍有很多不准确信息，导致贺信的寄发出现失误，不少期刊或机构也会主动联系我们要求补发贺信。地址和收件人信息是与期刊社/科研机构联系的重要纽带，也是转载排名的基础性工作，规范、精确各项信息对于成功发布至关重要。

（4）专业性网站的发布渠道仍然有限，未来要争取做到全学科覆盖。专业性网站的报道吸引了大量的读者，但相对于转载排名发布的学科范围还远远不够，需要进一步扩展专业性网站的发布渠道，争取做到全学科覆盖，使各学科领域的读者都能了解到转载排名的成果。

附录：复印报刊资料重要转载来源期刊（2014年版）

第一节　研制报告

一、研制背景

复印报刊资料系列学术刊①是从中国公开出版的报刊上搜集、精选人文社会科学学术论文和相关信息，由学科专家和学术编辑共同遴选，并按学科门类进行转载的规模化、专业化、标准化、体系化的精品刊群。

复印报刊资料从20世纪60年代创立7本专题刊始，已具有学术理论性和学科大类的特征。在50余年的发展过程中，不断根据中国人文社会科学的发展需要调整期刊布局，专题种类不断增多、学科分布更加全面细化。其编辑主旨是基本覆盖人文社会科学的各个领域，以学科特征确定专题名称和选文范围，每个专题都是相对独立的一门学科或是社会生活的重要选题。编辑和专家则按照不同专题的学科要求，精选前沿性、创新性、社会性及争论性的文章，包括研究本学科所需的消息、讲话、评论等各类素材，使复印报刊资料成为以全为基础、以精为核心的参考材料。这一“精选千家报刊”的特性使其从诞生伊始就具备了“评”的雏形。经过不断地调整、发展，复印报刊资料在方针、体系、流程等各方面渐趋成熟，在学科覆盖、专业团队、流程规范、学术精选等自身特色上具备了学术评价的条件，学术评价功能得以逐步确立，并在学术界和期刊界产生了广泛的影响。具体如下：

第一，搜集范围广泛，学科覆盖齐全。目前，复印报刊资料每年收集、整理国内公开出版的近4 000种报刊上约40万篇人文社科论文，从中精选出1.5万～2万篇优秀论文供其学术系列期刊进行转载。复印报刊资料学术系列期刊按学科门类编辑出版，

---

① 复印报刊资料系列刊共有115种，其中学术系列刊93种（具体参见 http：//www.zlzx.org/rssi2012/pdf/Journal_List.pdf），是本成果研制的参照范围。这些期刊对学术论文实行全文转载而非摘要转载。

基本覆盖了中国所有人文社会科学二级学科，而且对于一些交叉性较强的学科和边缘性学科，也设有相应期刊或栏目与之对应。① 近百种复印报刊资料学术刊群组成了一个有着内在紧密逻辑联系的整体，综合、全面地反映了中国人文社科各学科的研究现状和发展趋势。这为以复印报刊资料转载数据为基础开展学术成果评价提供了全面的数据样本。

第二，专业化、全学科的编辑队伍和专家团队。书报资料中心拥有 100 多名各学科高水平编辑组成的专业队伍和 150 余位学界知名专家组成的顾问团队，这种通过编辑和专家共同选文、评文、编辑的生产流程，实质已是一种对学术成果进行同行评议的过程。

第三，公正、规范的选文流程。书报资料中心建立了一整套完整、严格的编选流程和质量监控机制②，按照学术共同体公认的评价指标体系③，经过各学科的责任编辑、学术顾问，通过内评、外审等多个环节对论文质量进行比较、评价，每一篇论文的确定都经过了多评次、多评委，相互制约，确保所选论文的学术水平。

第四，分类科学，同类评优。人文社科各学科之间在研究方法和研究性质上均存在较大差异，必须针对内容之间的差异性进行分类评估、同类比较。书报资料中心学科编辑首先要将同一专题同一时间段内的所有论文汇集齐全，在此基础上再将其中同学科、同专业论文进行反复比较评选，确定优质论文进行编排。

可以说，复印报刊资料在一定程度上彰显了其不可替代的同行专家评议价值。它依据统一的体系标准，通过分类评估、同类比较，直接对单篇论文进行专业化、标准化、规模化、持续性的同行专家评选，为中国人文社科成果评价提供了崭新视野。许多学者对复印报刊资料的学术评价功能进行了分析和探讨，指出复印报刊资料已成为评价人文社会科学期刊学术影响力的尺度之一。④

2001 年 5 月，《光明日报》首次刊登了 2000 年度复印报刊资料全文转载量排名，引起了学术界和期刊界的普遍关注，成为了复印报刊资料评价功能确立的标志性事件。此后，复印报刊资料每年 3 月都在报纸和网络媒体发布人文社科期刊和科研机构的学术论文转载排名。十多年来，这个排名发布从单一的转载量排名发展到转载量、转载率、论文篇均得分、综合指数等多种维度的排名体系，积累了大量宝贵数据。这些数据已成为评价人文社科论文和期刊的学术影响指标之一。越来越多的科研机构、科研管理部门、期刊社在论文评价、期刊评价、科研奖励和职称评定等工作中，将转载量数据作为一个重要的可量化参数。客观上，复印报刊资料对全国的社科期刊及其所载论文起到了独特的鉴定、评价作用，对学术研究和期刊发展起到了一定的导向作用。

我们在分析研究复印报刊资料论文转载数据和十余年转载排名资料的过程中发现，

---

① 参见《中国人民大学书报资料中心复印报刊资料分类指南》（内部资料）。

② 参见《中国人民大学书报资料中心编辑工作手册》（内部资料）。

③ 复印报刊资料评文、选文参照由中国人民大学人文社会科学学术成果评价研究中心研制的《人文社会科学论文质量评估指标体系及实施方案》，详见：http：//www.zlzx.org/files/otherFiles/2011rssi.pdf。

④ 如施振宏：《图书馆学情报学期刊排名分析》，载《图书馆建设》，2003（3）。

这些数据反映了中国人文社科学术期刊阵营的分类、布局、水平、变化和发展态势等状况，有一部分期刊始终是复印报刊资料转载论文的重要来源刊，这些期刊在业界也具有较好的学术质量和影响力。为充分挖掘复印报刊资料积累的这些数据资源的价值，我们对复印报刊资料重要转载来源期刊进行了专门的课题研究。

根据复印报刊资料的出版周期，兼顾时效性、连续性、稳定性和动态性，我们以两年为一个统计周期，研制并发布复印报刊资料重要转载来源期刊。2012年10月，《复印报刊资料重要转载来源期刊（2012年版）》（以下简称“2012版”）首次发布，受到学术期刊界、教学科研机构和广大人文社会科学工作者的重视和关注，也为我们提供了许多有益的意见和建议。2014版重要转载来源期刊是第二次发布，我们根据各界的意见和建议对研制思路进行了改进和完善，以期继续从论文转载这一特殊视角为科研管理部门、期刊出版单位、科研人员提供参考资料。

二、研制方法

我们把复印报刊资料重要转载来源期刊界定为：某一时间段内，被复印报刊资料转载学术论文数量较多且被学术界、期刊界同行评议为学术质量较好、影响力较大并有国内统一刊号的学术期刊。为此，我们采用了转载分析为主、期刊同行评议为辅的定性分析的研究方法，着重对成果内容而非形式进行直接评估，将反映内容的定性指标作为主要依据，强调质量为本的评估导向。

（一）转载分析法

期刊转载分析法，指通过一次文献被著名学术文摘或期刊全文转载、摘要、索引的数量和比例等数据，分析期刊质量和影响力、期刊学科或专业分布规律等状况的研究方法。在本成果的研制中，复印报刊资料的专家顾问和学科编辑依据质量标准选取有科学创新价值的文献资料服务于学术研究活动，这实际上也是对期刊论文的评议过程。同行专家对论文的评价是直接的、专业的，这一点有效确保了评价的针对性和精确度。

转载分析法一般采用转载量、转载率、转载媒体的重要程度等指标来分析期刊质量和影响力，在实质上是基于同行专家对论文定性评价结果开展量化分析。根据本次研究需要，我们根据复印报刊资料的选文数据，采用了转载量、转载率、篇均得分及其加权求和形成的期刊综合指数作为基本指标。

● 转载量：指某期刊2012—2013年度被复印报刊资料学术系列刊全文转载的论文篇数均值。这个绝对量指标反映了期刊被复印报刊资料转载优质论文的数量，可大体反映出期刊的学术影响力。

● 转载率：指某期刊2012—2013年度每年被复印报刊资料全文转载的篇数除以同期该刊的总发文数，得出某期刊两年的平均转载率。这个相对量指标反映了期刊优质学术论文的占比情况，即期刊优质论文的投入—产出绩效。

● 篇均得分：指某期刊被复印报刊资料全文转载论文的同行评议平均得分。虽然每篇被转载论文学术质量都较高，但相互之间也存在差别，因此这一指标反映了期刊被转载学术论文的整体质量。我们选取了 2012—2013 年度某期刊两年平均的篇均得分。

2012—2013 年度期刊综合指数的计算公式如下：

期刊综合指数＝0.3×两年转载量均值的归一值＋0.4×两年转载率均值的归一值＋0.3×两年篇均得分均值的归一值①

（二）期刊同行评议法

复印报刊资料选文依据同行专家对期刊所发表论文“优中选优”结果以及对被转载论文质量的精细评价数据，因此仅包括部分所发表论文，并不能完全体现期刊的整体质量和影响力。再者，目前复印报刊资料学术系列刊的学科覆盖、期刊布局、选文趋向等也不可避免地存在局限，有个别质量较高的原发期刊的转载数据也不理想。为避免以偏概全、以部分代替整体，我们在转载分析后，辅之以期刊同行评议法进行补充和修正，凭借同行专家的丰富经验对期刊质量和影响力进行整体把握。

我们把备选期刊按主办单位和主要对应学科拆分成多张列表，每张列表分别提供给 5 位相关同行专家进行定性评估。其中，综合性期刊提供给 5 位相关的综合期刊主编进行评估；学科专业期刊则提供给 3 位学科专家和 2 位学科资深编辑进行评估。遴选专家时，我们还注意专家所在机构和地区的分布广度，避免专家集中于一处。

同行专家参照如下四方面标准、结合所提供的复印报刊资料转载分析数据，对期刊的学术水平和声誉做出综合判断，既可以提出删减意见，也可以提出增补意见：

（1）学术性：期刊内容的学术含量；

（2）公信度：期刊学术水平及其在国内外同行中的认同度；

（3）学术规范性：包括学风（有无学术不端行为）及论文的著录规范；

（4）编校质量：主要指编校差错率。

总体上看，“以转载分析法为主、期刊同行评议法为辅”的研制思路，本质上建立在同行专家对论文内容质量、期刊质量与影响力进行直接评判的基础上，这是一种不同于主要以引文计量为基础的核心期刊研制的新尝试，也是本成果研制的特色所在。

三、研制步骤

根据以上两种研究方法，从选取数据到研究成果发布，一共分为五个步骤。

（一）选取数据样本

选取 2012—2013 年度复印报刊资料的论文转载数据，作为此次遴选复印报刊资料重要来源期刊的基础数据。

根据多年选文经验，每年被复印报刊资料转载 1 篇或 2 篇论文的期刊，具有较大的偶然性和随机性，不具有统计意义；若连续两年度转载量某一年超过 3 篇、另一年低于 3 篇，则说明期刊的转载量稳定性不足。因此，我们选取了 2012—2013 年度共被

① 三项指标的权重分配是在问卷调查和反复测算数据的基础上确定的。由于这三项指标的“量纲不同”，我们还进行了归一化处理：某指标得分归一值为某期刊该指标的得分值除以同类期刊中该指标得分的最大值。

复印报刊资料转载论文不少于 6 篇且每年转载均不少于 3 篇的期刊，作为我们按指标进行转载分析的来源期刊范围。

（二）确定备选期刊

根据前文公式计算得出的期刊综合指数，我们去掉了综合指数排在约后 5%的期刊，保留备选期刊 850 种。以上两个初选环节并未对期刊进行分类，因为根据前文的“重要转载来源期刊”定义，无论一种期刊被转载的论文属于哪一学科，只要被转载数量较多，就意味着对复印报刊资料的重要性较大。在此基础上，以下环节进一步分类判断期刊的学术质量和影响力。

（三）备选期刊分类

为了便于备选期刊学术质量和影响力的同类比较和分类同行评议，我们将 850 种期刊按照主办单位和学科属性分为 24 张表：

（1）综合性期刊按主办单位性质不同分为 3 张表：高等院校主办学报、社科院（联）主办综合性期刊、党政干部院校主办学报。①

（2）所有备选期刊都按对应的主要学科分为 21 张表。② 在判断某一期刊归属于哪一学科时，我们以该期刊被转载论文的所属学科为主要依据。若某一期刊在某学科每年的转载量均不少于 3 篇，则入选该学科备选期刊列表。例如，某期刊共被转载论文 20 篇，其中只有被转载的法学论文在 2012 年度和 2013 年度均不少于 3 篇，那么该刊归属法学专业期刊；若某期刊被转载的 20 篇论文，在政治学、哲学或更多学科中都符合每年均不少于 3 篇的要求，则该刊就同时被划分到多个专业期刊列表中。

在分类过程中，我们还发现，有一部分跨学科期刊虽然按转载总量和综合指数列入备选，但其被转载论文学科较为分散，在任何一个分表上的转载量均不足每年 3 篇，这种期刊未被分到 24 张分类期刊表，但在期刊总名录中保留。

（四）同行定性评审

我们把备选期刊分类后的 24 张列表，分别提供给同行专家进行定性评估。每位同行专家需要对所列期刊中的 20%提出“否定”即“删减”意见以及增补意见。之后，我们将被 5 票否定的期刊直接删除、仅有 1 票否定的保留；对于获得 4 票、3 票和 2 票否定票的期刊，考虑其转载数据的排名及其被转载论文的学科分布数据，确定是否入选；对于同行专家提出增补的期刊，则综合考虑增补票数和转载数据确定是否入选。经过对同行意见的处理，最终确定拟入选的重要转载来源期刊。

---

① 在中国人文社科领域，综合性学术期刊主要隶属于三大系统：高等院校、社科院（联）和党政干部院校（含党校、行政学院、社会主义学院、干部管理学院），这个分类是复印报刊资料在多年分析中发现的，详见 2009 年转载分析报告，http：//www. zlzx. org/rssi/index. htm#i。

② 学科分类主要依据 2011 年国务院学位委员会、教育部发布的《学位授予和人才培养学科目录》并结合复印报刊资料期刊学科布局和选文需要确定，分为哲学、理论经济学、应用经济学、法学、政治学、社会学、民族学、马克思主义理论、教育学、心理学、体育学、中国语言文学、外国语言文学、新闻传播学、艺术学、历史学、地理学、工商管理、农林经济管理、公共管理、图书情报与档案管理 21 类。

（五）期刊名录公示

将《复印报刊资料重要转载来源期刊（2014 年版）拟入选名单》在书报资料中心网站进行公示（http：//www.zlzx.org/bulletinDetail.action? id＝6ea5ef4a-4303-4303-a015-84d5065ce36a），听取社会各界的意见和建议；对拟入选名录进行调整和完善，确定最终入选期刊 747 种，详见 http：//www.zlzx.org/rank.action? selectYear＝2014。

相比 2012 版，《复印报刊资料重要转载来源期刊（2014 年版）》（以下简称“2014 版”）的研制步骤在以下三个方面有所优化：

（1）在测算期刊综合指数时，提高了“转载率”这一指标的比例，并按备选期刊综合指数，去除一部分排名在后的期刊，以便综合反映转载量、转载率、篇均得分等指标的总体情况，同时也有利于更好地体现出“以质量为导向”的研制理念。

（2）在期刊同行评议中，向同行专家提供了详细的转载数据作为参考，并针对同行专家评议的结果制定具体的数据处理规则，进一步规范了研制过程的量化依据，有效降低了评选行为的盲目性和主观随意性，使评选结果的标准化、精确度得到了提升。

（3）分类评价是期刊评价的难点，转载数据表明，跨学科期刊学科分布更为分散。本次研制充分关注了跨学科期刊的这一特殊性，对于同时具有多个学科优势的期刊，将其归入相应的多个学科分表中；而对于学科优势不明显的跨学科期刊，综合考虑其分类数据和综合数据确定是否入选，这一处理方式避免了转载总量较高但因学科过于分散而无法入选的情况发生。有 32 种期刊虽未入选任何分学科期刊列表，但却保留在入选期刊总目录中，使综合性期刊得以体现。

四、评选结果分析

（一）总体入选情况

复印报刊资料每年收录约 3 700 种期刊，约有 1 600 种被转载，其余 2 000 余种未被转载。根据期刊转载数据和同行专家评议的结果，最终遴选出 747 种作为 2014 版的复印报刊资料重要转载来源期刊。这些期刊两年总共被转载论文 21 693 篇，占复印报刊资料两年总转载论文数量的 86.85％，在 2012—2013 年度的转载中占据了重要地位。

为了更好地体现入选期刊在不同类别中的影响力优势，我们在入选期刊总目录表的基础上，又将入选期刊按学科专业优势和综合性期刊主办单位类型进行了再组合，最终形成了 1 张入选期刊总名录、21 张专业学科期刊列表和高等院校学报、社科院（联）主办综合性期刊、党政干部院校学报 3 张综合性期刊列表，共 25 张表。这样的成果编排方式，会出现一种期刊重复出现在几个表中的情况，但却能够充分展现出每一种期刊的特色和优势；同时我们也发现，有一些期刊被转载总量达到了入选标准，但是被转载论文的学科分散、学科优势不明显，这些期刊仅出现在总目录中。因此，总目录中列出的 747 种期刊的集合大于其余 24 张分表所列期刊数量之和。

2014 版 25 张入选期刊列表的入选数量及相关比例，如表 1 所示。需要说明的是，“被转载不少于 1 篇的期刊数量”并非每类期刊的全部来源期刊数量，因为并未包括那些被复印报刊资料收录、但 2012—2013 年度却未被转载的期刊；“入选期刊占被转载期刊的比例”一列，是指“入选期刊数量”与“2012—2013 被转载不少于 1 篇的期刊数量”的比值。

表 1　　复印报刊资料重要转载来源期刊（2014 年版）入选期刊数量统计

入选期刊类别		入选期刊数量（种）	2012—2013 被转载不少于 1 篇的期刊数量	入选期刊占被转载期刊的比例
入选期刊总名录		747	1 852	40.3%
各学科入选期刊名录	哲学	60	359	16.7%
	理论经济学	38	349	10.9%
	应用经济学	96	548	17.5%
	法学	39	257	15.2%
	政治学	68	391	17.4%
	社会学	27	288	9.4%
	民族学	11	88	12.5%
	马克思主义理论	30	293	10.2%
	教育学	66	306	21.6%
	心理学	11	46	23.9%
	体育学	11	27	40.7%
	中国语言文学	69	341	20.2%
	外国语言文学	10	85	11.8%
	新闻学	23	171	13.5%
	艺术学	25	221	11.3%
	历史学	58	275	21.1%
	地理学	8	43	18.6%
	工商管理	54	438	12.3%
	农林经济管理	14	186	7.5%
	公共管理	24	378	6.3%
	图书情报与档案管理	26	60	43.3%
三大系统综合性期刊名录	高等院校主办学报	159	492	32.3%
	社科院（联）主办综合性期刊	54	80	67.5%
	党政干部院校主办学报	31	103	30.1%

分析发现，不同类别期刊的转载分布不均衡。如社科院（联）期刊被转载的集中度最高，入选期刊占被转载期刊的比例达到 67.5%，而公共管理学科期刊的集中度最低（即被转载期刊相对分散），入选期刊占被转载期刊的比例仅为 6.3%。

从入选期刊主办单位来看，高等院校、社科院（联）、党政干部院校/机关三类单位主办的期刊，入选比例最高，依次为 46.1%、17.8%和 9.5%，其他系统主办单位，如学会或研究会、出版机构、独立科研院所、政府部门等，各自主办的入选期刊所占比重则相对较小，详见图 1。

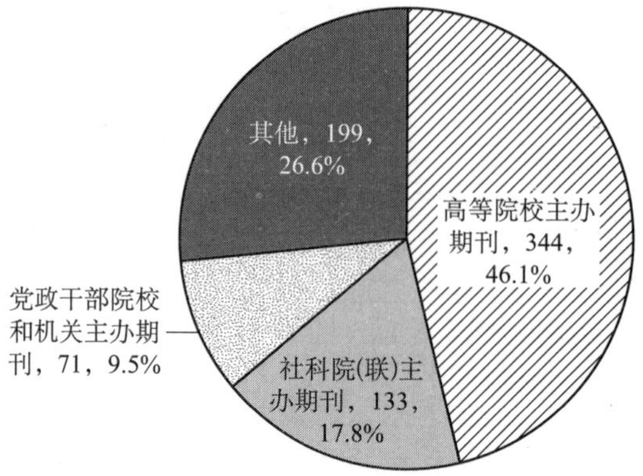

图 1　入选期刊主办单位性质分布

入选期刊主办单位的出版地覆盖了除内蒙古、香港和台湾以外的所有中国省级地区，其中，入选期刊数量最多的是北京，为 285 种，占入选期刊总量的 38.2%；上海、江苏和湖北三省的入选期刊所占比重次之，处于 5%～10%之间；入选期刊数量较少的是海南、青海、西藏、贵州、宁夏、新疆等地区（如图 2 所示）。其中入选期刊数量大于 10 种的省、自治区和直辖市已标出。

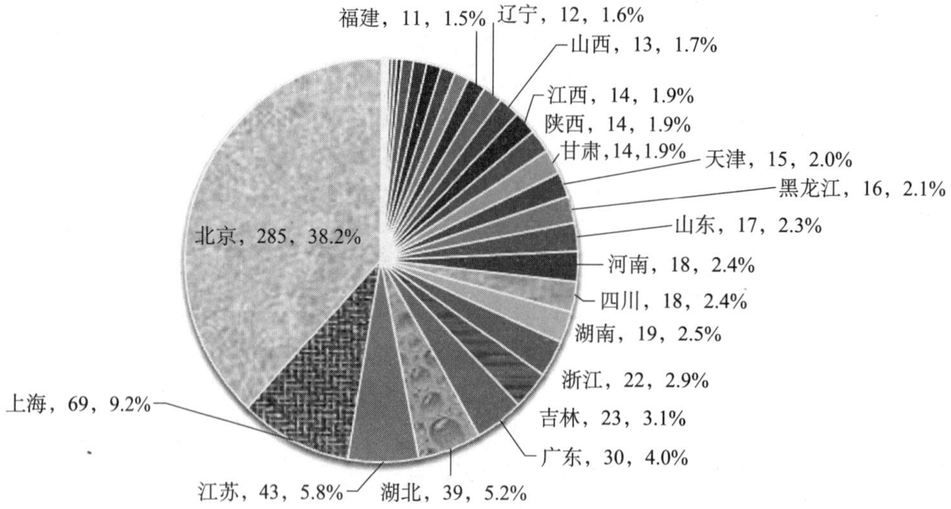

图 2　入选期刊出版地分布

我们将本次入选期刊名录与《中文社会科学引文索引来源期刊目录（2014—2015)》(南京大学)、《中文核心期刊要目总览（2011 年版)》（北京大学）和《中国人文社会科学核心期刊要览（2013 年版)》（中国社会科学院）的并集进行比对，有 586

种期刊与之相重叠，约占最终入选期刊总数的78.45%。这说明，本项目的评选结果与上述评选成果既具有较高的耦合度，同时也体现出一定差异。

（二）与2012版的对比分析

2014版的研制对入选期刊的标准控制更为严格，共遴选出期刊747种，总量比2012版入选的772种期刊减少了25种。2014版入选期刊的平均转载量为29.04篇，比2012版28.66篇略有增加；平均转载率为10.08%，与2012版持平。从数据可以看出，入选复印报刊资料重要转载来源刊的转载水平较为稳定。

从各学科分表的入选数量看，2014版24张分表的入选期刊数量普遍比2012版有所下滑。如图3所示，外国语言文学入选期刊数量降幅最多，达到约50%；体育学、应用经济学、理论经济学等学科入选期刊数量的降幅也较大，处于10%～20%之间；相比之下，艺术学、农林经济管理、中国语言文学、新闻学、图书情报与档案管理、马克思主义理论、公共管理等学科的入选期刊数量不降反升，其中，后两个学科的入选期刊数量增幅最高，达到近20%。从综合期刊主办单位分表来看，2014版入选期刊数量与2012版相比变化幅度不大，其中高校学报的入选数量略有提升，社科院（联）主办综合期刊和党政干部院校学报入选数量则略有下降。

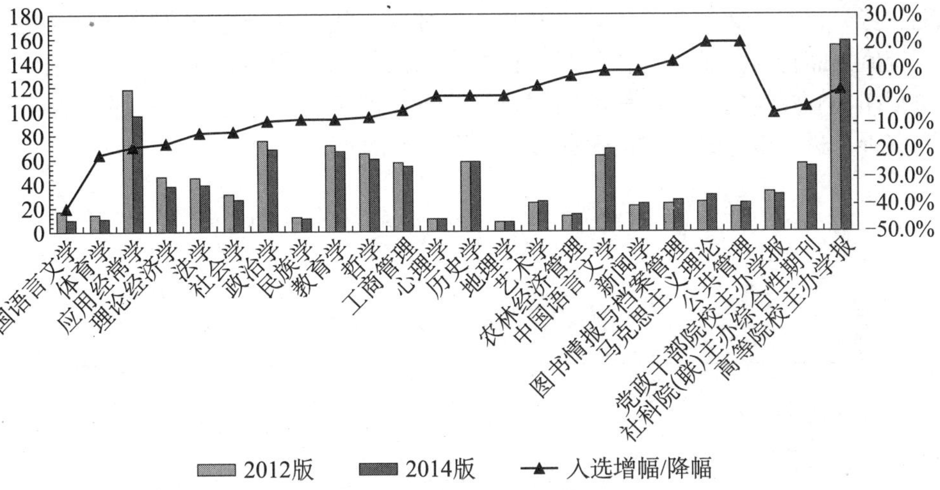

图3　各分表入选期刊数量增幅/降幅

共有644种期刊蝉联入选两版重要转载来源期刊，占2014版所有入选期刊的86.21%；新入选期刊103种，占2014版所有入选期刊比重为13.79%。如图4所示，在21个学科期刊中，新入选期刊比重最高的是公共管理、农林经济管理和马克思主义理论三个学科，新入选期刊比重最低（即入选期刊稳定程度最高）的是体育学、教育学和地理学三个学科。在三大系统主办的综合性期刊中，新入选期刊所占比重最高的是高等院校主办学报，为19.11%；社科院（联）主办综合性期刊居中，新入选期刊所占比重为18.52%，党政干部院校主办学报入选期刊的稳定程度相对略高，新入选期刊仅占16.13%。

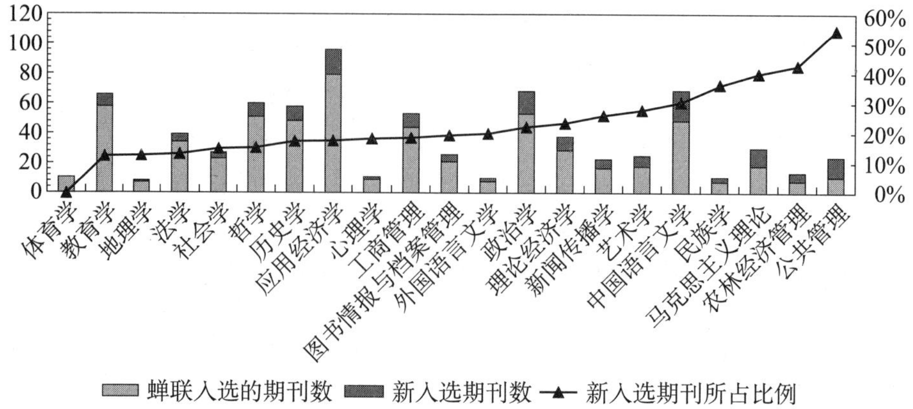

图 4　各学科新入选期刊所占比重对比

2014 版复印报刊资料重要转载来源期刊的研制，虽然在研制思路和流程细节方面相较 2012 版有了诸多改进，但仍有不少需要改进之处，我们仍在探索中，请读者对我们的错误和疏漏给予批评指正。

还需指出，虽然复印报刊资料已积累了数十年的选文经验，不断强化其学术评价功能，努力提升论文的评选质量，但其选文过程毕竟是一种建立在同行评议基础上的主观价值判断行为，难免见仁见智。在本成果的研制过程中，我们也深入挖掘和不断反思复印报刊资料的选文过程和期刊布局等方面的不足，以期在未来的工作中逐步改进和完善，进一步彰显复印报刊资料的评价功能。

第二节　期刊总名录（747 种）

（按期刊名称音序排列）

序号	期刊名称	刊期	主办单位
1	《阿拉伯世界研究》	双月	上海外国语大学
2	《安徽大学学报（哲学社会科学版）》	双月	安徽大学
3	《安徽师范大学学报（人文社会科学版）》	双月	安徽师范大学
4	《安徽史学》	双月	安徽省社会科学院
5	《澳门理工学报（人文社会科学版）》	季刊	澳门理工学院
6	《班主任》	月刊	北京教育科学研究院
7	《班主任之友》	月刊	湖北第二师范学院
8	《保险研究》	月刊	中国保险学会
9	《北方法学》	双月	黑龙江大学
10	《北方论丛》	双月	哈尔滨师范大学
11	《北方民族大学学报（哲学社会科学版）》	双月	北方民族大学
12	《北京大学教育评论》	季刊	北京大学

续前表

序号	期刊名称	刊期	主办单位
13	《北京大学学报（哲学社会科学版）》	双月	北京大学
14	《北京档案》	月刊	北京市档案局，北京市档案学会
15	《北京第二外国语学院学报》	月刊	北京第二外国语学院
16	《北京电影学院学报》	双月	北京电影学院
17	《北京工商大学学报（社会科学版）》	双月	北京工商大学
18	《北京航空航天大学学报（社会科学版）》	双月	北京航空航天大学
19	《北京交通大学学报（社会科学版）》	季刊	北京交通大学
20	《北京教育》	月刊	北京教育音像报刊总社
21	《北京联合大学学报（人文社会科学版）》	季刊	北京联合大学
22	《北京社会科学》	月刊	北京市社会科学院
23	《北京师范大学学报（社会科学版）》	双月	北京师范大学
24	《北京体育大学学报》	月刊	北京体育大学
25	《北京舞蹈学院学报》	双月	北京舞蹈学院
26	《北京行政学院学报》	双月	北京行政学院
27	《比较法研究》	双月	中国政法大学
28	《比较教育研究》	月刊	北京师范大学
29	《编辑学刊》	双月	上海市编辑学会，上海世纪出版集团
30	《编辑之友》	月刊	山西三晋报刊传媒集团有限责任公司
31	《财会通讯》	旬刊	湖北省会计学会
32	《财经科学》	月刊	西南财经大学
33	《财经理论与实践》	双月	湖南大学
34	《财经论丛》	月刊	浙江财经大学
35	《财经问题研究》	月刊	东北财经大学
36	《财经研究》	月刊	上海财经大学
37	《财贸经济》	月刊	中国社会科学院财经战略研究院
38	《财贸研究》	双月	安徽财经大学
39	《财政研究》	月刊	中国财政学会
40	《残疾人研究》	季刊	残疾人事业发展研究会
41	《产经评论》	双月	暨南大学
42	《产业经济研究》	双月	南京财经大学
43	《长白学刊》	双月	中共吉林省委党校
44	《长沙理工大学学报（社会科学版）》	双月	长沙理工大学
45	《成都体育学院学报》	月刊	成都体育学院
46	《成人教育》	月刊	黑龙江省教育学院
47	《城市发展研究》	月刊	中国城市科学研究会
48	《城市观察》	双月	广州市社会科学界联合会
49	《城市规划学刊》	双月	同济大学
50	《重庆大学学报（社会科学版）》	双月	重庆大学

续前表

序号	期刊名称	刊期	主办单位
51	《重庆工商大学学报（社会科学版）》	双月	重庆工商大学
52	《重庆理工大学学报（社会科学）》	月刊	重庆理工大学
53	《重庆社会科学》	月刊	重庆社会科学院
54	《出版发行研究》	月刊	中国新闻出版研究院
55	《出版广角》	半月	广西出版杂志社
56	《出版科学》	双月	湖北省编辑学会，武汉大学
57	《船山学刊》	季刊	湖南省社会科学界联合会
58	《大学教育科学》	双月	湖南大学，中国机械工业教育协会
59	《大学图书馆学报》	双月	北京大学，教育部高等学校图书情报工作指导委员会
60	《当代财经》	月刊	江西财经大学
61	《当代传播》	双月	新疆日报社，新疆新闻工作者协会
62	《当代电影》	月刊	中国电影艺术研究中心，中国传媒大学
63	《当代法学》	双月	吉林大学
64	《当代教育科学》	半月	山东省教育科学研究所，山东省教育学会
65	《当代教育论坛》	双月	湖南省教育科学研究院
66	《当代教育与文化》	双月	西北师范大学
67	《当代经济管理》	月刊	石家庄经济学院
68	《当代经济科学》	双月	西安交通大学
69	《当代经济研究》	月刊	吉林财经大学（中国《资本论》研究会委托）
70	《当代青年研究》	双月	上海社会科学院青少年研究所
71	《当代世界》	月刊	中共中央对外联络部
72	《当代世界社会主义问题》	季刊	山东大学当代社会主义研究所
73	《当代世界与社会主义》	双月	中共中央编译局马克思主义研究部，中国国际共运史学会
74	《当代外国文学》	季刊	南京大学外国文学研究所
75	《当代文坛》	双月	四川省作家协会
76	《当代修辞学》	双月	复旦大学
77	《当代亚太》	双月	中国社会科学院亚太与全球战略研究院，中国亚洲太平洋学会
78	《当代语言学》	季刊	中国社会科学院语言研究所
79	《当代中国史研究》	双月	中国社会科学院当代中国研究所
80	《当代作家评论》	双月	辽宁省作家协会
81	《党的文献》	双月	中共中央文献研究室，中央档案馆
82	《党建研究》	月刊	中共中央组织部
83	《党史研究与教学》	双月	中共福建省委党校
84	《党政研究（原中共四川省委省级机关党校学报）》	双月	中共四川省委省级机关党校

续前表

序号	期刊名称	刊期	主办单位
85	《档案》	月刊	甘肃省档案局（馆），甘肃省档案学会
86	《档案学通讯》	双月	中国人民大学
87	《档案学研究》	双月	中国档案学会
88	《档案与建设》	月刊	江苏省档案局，江苏省档案学会
89	《道德与文明》	双月	中国伦理学会，天津社会科学院
90	《德国研究》	季刊	同济大学
91	《地方财政研究》	月刊	辽宁省财政科学研究所，东北财经大学财政税务学院
92	《地理科学》	月刊	中国科学院东北地理与农业生态研究所
93	《地理科学进展》	月刊	中国科学院地理科学与资源研究所，中国地理学会
94	《地理学报》	月刊	中国地理学会，中国科学院地理科学与资源研究所
95	《地理研究》	月刊	中国科学院地理科学与资源研究所，中国地理学会
96	《地域研究与开发》	双月	河南省科学院地理研究所
97	《电化教育研究》	月刊	西北师范大学，中国电化教育研究会
98	《电影艺术》	双月	中国电影家协会
99	《东北大学学报（社会科学版）》	双月	东北大学
100	《东北师大学报（哲学社会科学版）》	双月	东北师范大学
101	《东北亚论坛》	双月	吉林大学
102	《东方法学》	双月	上海市法学会，上海人民出版社
103	《东南大学学报（哲学社会科学版）》	双月	东南大学
104	《东南学术》	双月	福建省社会科学界联合会
105	《东吴学术》	双月	常熟理工学院
106	《东岳论丛》	月刊	山东社会科学院
107	《读书》	月刊	生活·读书·新知三联书店有限公司
108	《对外传播》	月刊	中国外文局对外传播研究中心
109	《敦煌研究》	双月	敦煌研究院
110	《俄罗斯文艺》	季刊	北京师范大学
111	《俄罗斯学刊》	双月	黑龙江大学
112	《俄罗斯研究》	双月	华东师范大学
113	《发展研究》	月刊	中国区域经济学会，福建省人民政府发展研究中心
114	《法律科学（西北政法大学学报）》	双月	西北政法大学
115	《法律适用》	月刊	国家法官学院
116	《法商研究》	双月	中南财经政法大学
117	《法学》	月刊	华东政法大学
118	《法学家》	双月	中国人民大学
119	《法学论坛》	双月	山东省法学会
120	《法学评论》	双月	武汉大学

续前表

序号	期刊名称	刊期	主办单位
121	《法学杂志》	月刊	北京市法学会
122	《法制与社会发展》	双月	吉林大学
123	《法治研究》	月刊	浙江省法学会
124	《方言》	季刊	中国社会科学院语言研究所
125	《福建论坛（人文社会科学版）》	月刊	福建社会科学院
126	《福建师范大学学报（哲学社会科学版）》	双月	福建师范大学
127	《妇女研究论丛》	双月	全国妇联妇女研究所，中国妇女研究会
128	《复旦教育论坛》	双月	复旦大学
129	《复旦学报（社会科学版）》	双月	复旦大学
130	《改革》	月刊	重庆社会科学院
131	《甘肃理论学刊》	双月	中共甘肃省委党校
132	《甘肃社会科学》	双月	甘肃省社会科学院
133	《甘肃行政学院学报》	双月	甘肃行政学院
134	《甘肃政法学院学报》	双月	甘肃政法学院
135	《高等工程教育研究》	双月	华中科技大学，中国工程院教育委员会，中国高教学会工程教育专业委员会，全国重点大学理工科教改协作组
136	《高等教育研究》	月刊	华中科技大学，中国高等教育学会高等教育学专业委员会
137	《高教发展与评估》	双月	武汉理工大学，中国交通教育研究会高教研究分会
138	《高校教育管理》	双月	江苏大学
139	《工业技术经济》	月刊	吉林省科技信息研究所
140	《公共管理学报》	季刊	哈尔滨工业大学管理学院
141	《古代文明》	季刊	东北师范大学世界古典文明史研究所，东北师范大学亚洲文明研究院，东北师范大学出版社，东北师范大学世界文明史研究中心
142	《古汉语研究》	季刊	湖南师范大学
143	《古籍整理研究学刊》	双月	东北师范大学文学院古籍整理研究所
144	《故宫博物院院刊》	双月	故宫博物院
145	《观察与思考》	月刊	浙江省社会科学院
146	《管理案例研究与评论》	双月	大连理工大学
147	《管理工程学报》	季刊	浙江大学
148	《管理科学》	双月	哈尔滨工业大学管理学院
149	《管理科学学报》	月刊	天津大学，国家自然科学基金委员会管理科学部
150	《管理评论》	月刊	中国科学院大学
151	《管理世界》	月刊	国务院发展研究中心
152	《管理学报》	月刊	华中科技大学
153	《管理学家》	月刊	航空工业信息中心

续前表

序号	期刊名称	刊期	主办单位
154	《管理学刊》	双月	新乡学院，中国社会主义经济规律系统研究会
155	《广东财经大学学报（原广东商学院学报）》	双月	广东财经大学
156	《广东青年职业学院学报》	季刊	广东青年职业学院
157	《广东社会科学》	双月	广东省社会科学院
158	《广西大学学报（哲学社会科学版）》	双月	广西大学
159	《广西民族大学学报（哲学社会科学版）》	双月	广西民族大学
160	《广西民族研究》	双月	广西壮族自治区民族问题研究中心
161	《广西师范大学学报（哲学社会科学版）》	双月	广西师范大学
162	《广州大学学报（社会科学版）》	月刊	广州大学
163	《贵州民族研究》	月刊	贵州省民族研究院
164	《贵州社会科学》	月刊	贵州省社会科学院
165	《国际安全研究》	双月	国际关系学院
166	《国际观察》	双月	上海外国语大学
167	《国际金融》	月刊	中国国际金融学会
168	《国际金融研究》	月刊	中国银行股份有限公司，中国国际金融学会
169	《国际经济评论》	双月	中国社会科学院世界经济与政治研究所
170	《国际经贸探索》	月刊	广东外语外贸大学
171	《国际论坛》	双月	北京外国语大学
172	《国际贸易》	月刊	中国商务出版社
173	《国际贸易问题》	月刊	对外经济贸易大学
174	《国际商务（对外经济贸易大学学报）》	双月	对外经济贸易大学
175	《国际问题研究》	双月	中国国际问题研究所
176	《国际新闻界》	月刊	中国人民大学
177	《国际展望》	双月	上海国际问题研究院
178	《国际政治研究》	双月	北京大学
179	《国家检察官学院学报》	双月	国家检察官学院
180	《国家教育行政学院学报》	月刊	国家教育行政学院
181	《国家图书馆学刊》	双月	中国国家图书馆
182	《国家行政学院学报》	双月	国家行政学院
183	《国外理论动态》	月刊	中共中央编译局世界发展战略研究部
184	《国外社会科学》	双月	中国社会科学院信息情报研究院
185	《国外社会科学文摘》	月刊	上海社会科学院信息研究所
186	《国外文学》	季刊	北京大学
187	《国学学刊》	季刊	中国人民大学
188	《哈尔滨工业大学学报（社会科学版）》	双月	哈尔滨工业大学
189	《海南师范大学学报（社会科学版）》	月刊	海南师范大学
190	《汉语学报》	季刊	华中师范大学
191	《汉语学习》	双月	延边大学

续前表

序号	期刊名称	刊期	主办单位
192	《汉语言文学研究》	季刊	河南大学
193	《杭州师范大学学报（社会科学版）》	双月	杭州师范大学
194	《和平与发展》	双月	和平与发展研究中心
195	《河北大学成人教育学院学报》	季刊	河北大学继续教育学院
196	《河北大学学报（哲学社会科学版）》	双月	河北大学
197	《河北法学》	月刊	河北政法职业学院，河北省法学会
198	《河北经贸大学学报》	双月	河北经贸大学
199	《河北师范大学学报（教育科学版）》	双月	河北师范大学
200	《河北师范大学学报（哲学社会科学版）》	双月	河北师范大学
201	《河北学刊》	双月	河北省社会科学院
202	《河南财经政法大学学报》	双月	河南财经政法大学
203	《河南大学学报（社会科学版）》	双月	河南大学
204	《河南社会科学》	月刊	河南省社会科学界联合会
205	《河南师范大学学报（哲学社会科学版）》	双月	河南师范大学
206	《黑龙江民族丛刊》	双月	黑龙江省民族研究所
207	《宏观经济研究》	月刊	国家发展和改革委员会宏观经济研究院
208	《湖北大学学报（哲学社会科学版）》	双月	湖北大学
209	《湖北经济学院学报》	双月	湖北经济学院
210	《湖北社会科学》	月刊	湖北省社会科学界联合会，湖北省社会科学院
211	《湖北行政学院学报》	双月	中共湖北省委党校，湖北省行政学院
212	《湖南大学学报（社会科学版）》	双月	湖南大学
213	《湖南科技大学学报（社会科学版）》	双月	湖南科技大学
214	《湖南社会科学》	双月	湖南省社会科学界联合会
215	《湖南师范大学社会科学学报》	双月	湖南师范大学
216	《湖湘论坛》	双月	中共湖南省委党校
217	《华东经济管理》	月刊	安徽经济管理学院
218	《华东理工大学学报（社会科学版）》	双月	华东理工大学
219	《华东师范大学学报（教育科学版）》	季刊	华东师范大学
220	《华东师范大学学报（哲学社会科学版）》	双月	华东师范大学
221	《华东政法大学学报》	双月	华东政法大学
222	《华南理工大学学报（社会科学版）》	双月	华南理工大学
223	《华南农业大学学报（社会科学版）》	季刊	华南农业大学
224	《华南师范大学学报（社会科学版）》	双月	华南师范大学
225	《华中科技大学学报（社会科学版）》	双月	华中科技大学
226	《华中农业大学学报（社会科学版）》	双月	华中农业大学
227	《华中师范大学学报（人文社会科学版）》	双月	华中师范大学
228	《淮阴师范学院学报（哲学社会科学版）》	双月	淮阴师范学院
229	《环球法律评论》	双月	中国社会科学院法学研究所
230	《回族研究》	季刊	宁夏社会科学院
231	《基础教育》	双月	华东师范大学

续前表

序号	期刊名称	刊期	主办单位
232	《基础教育参考》	半月	教育部教育管理信息中心
233	《基础教育课程》	半月	教育部基础教育课程教材发展中心
234	《吉林大学社会科学学报》	双月	吉林大学
235	《技术经济》	月刊	中国技术经济学会
236	《技术经济与管理研究》	月刊	山西省人民政府发展研究中心
237	《暨南学报（哲学社会科学版）》	月刊	暨南大学
238	《江海学刊》	双月	江苏省社会科学院
239	《江汉大学学报（社会科学版）》	双月	江汉大学
240	《江汉论坛》	月刊	湖北省社会科学院
241	《江淮论坛》	双月	安徽省社会科学院
242	《江南大学学报（人文社会科学版）》	双月	江南大学
243	《江苏大学学报（社会科学版）》	双月	江苏大学
244	《江苏教育研究》	旬刊	江苏省教育科学研究院
245	《江苏社会科学》	双月	江苏省哲学社会科学联合会
246	《江苏师范大学学报（哲学社会科学版）》	双月	江苏师范大学
247	《江苏行政学院学报》	双月	江苏省行政学院
248	《江西财经大学学报》	双月	江西财经大学
249	《江西社会科学》	月刊	江西省社会科学院
250	《江西师范大学学报（哲学社会科学版）》	双月	江西师范大学
251	《教师教育研究》	双月	北京师范大学，华东师范大学，教育部高校师资培训交流北京中心
252	《教学与管理》	旬刊	太原师范学院
253	《教学与研究》	月刊	中国人民大学
254	《教育测量与评价》	半月	湖南省教育考试院
255	《教育导刊》	月刊	广州市教育科学研究所
256	《教育发展研究》	半月	上海市高等教育学会，上海市教育科学研究院
257	《教育科学》	双月	辽宁师范大学
258	《教育科学研究》	月刊	北京教育科学研究院，北京广播电视大学
259	《教育理论与实践》	旬刊	山西省教育科学研究院，山西省教育学会
260	《教育学报》	双月	北京师范大学
261	《教育学术月刊》	月刊	江西省教育科学研究所，江西省教育学会
262	《教育研究》	月刊	中国教育科学研究院
263	《教育研究与实验》	双月	华中师范大学
264	《教育与经济》	双月	华中师范大学，中国教育经济学研究会
265	《教育与职业》	旬刊	中华职业教育社
266	《解放军艺术学院学报》	季刊	解放军艺术学院
267	《金融发展研究》	月刊	山东省金融学会
268	《金融监管研究》	月刊	《中国农村金融》杂志社
269	《金融理论与实践》	月刊	中国人民银行郑州中心支行，河南省金融学会

续前表

序号	期刊名称	刊期	主办单位
270	《金融论坛》	月刊	中国城市金融学会，中国工商银行城市金融研究所
271	《金融评论》	双月	中国社会科学院金融研究所
272	《金融研究》	月刊	中国金融学会
273	《金融与经济》	月刊	江西省金融学会
274	《近代史研究》	双月	中国社会科学院近代史研究所
275	《晋阳学刊》	双月	山西省社会科学院
276	《经济地理》	月刊	中国地理学会，湖南省经济地理研究所
277	《经济管理》	月刊	中国社会科学院工业经济研究所
278	《经济经纬》	双月	河南财经政法大学
279	《经济科学》	双月	北京大学
280	《经济理论与经济管理》	月刊	中国人民大学
281	《经济评论》	双月	武汉大学
282	《经济社会体制比较》	双月	中共中央编译局
283	《经济体制改革》	双月	四川省社会科学院
284	《经济问题探索》	月刊	云南省发展和改革委员会
285	《经济学》	季刊	北京大学出版社
286	《经济学动态》	月刊	中国社会科学院经济研究所
287	《经济学家》	月刊	西南财经大学，四川社会科学学术基金会（新知研究院）
288	《经济研究》	月刊	中国社会科学院经济研究所
289	《经济研究参考》	半月	经济科学出版社
290	《经济与管理评论》	双月	山东财经大学
291	《经济与管理研究》	月刊	首都经济贸易大学
292	《经济纵横》	月刊	吉林省社会科学院，吉林省社会科学界联合会
293	《军事历史研究》	季刊	南京政治学院
294	《开放教育研究》	双月	上海远程教育集团，上海开放大学
295	《开放时代》	双月	广州市社会科学院
296	《抗日战争研究》	季刊	中国社会科学院近代史研究所，中国抗日战争史学会
297	《考古》	月刊	中国社会科学院考古研究所
298	《考古学报》	季刊	中国社会科学院考古研究所
299	《考古与文物》	双月	陕西省考古研究院
300	《科技管理研究》	半月	广东省科学学与科技管理研究会
301	《科技进步与对策》	半月	湖北省科技信息研究院
302	《科技与出版》	月刊	清华大学出版社有限公司
303	《科学发展》	月刊	上海市人民政府发展研究中心
304	《科学技术哲学研究》	双月	山西大学，山西省自然辩证法研究会
305	《科学社会主义》	双月	中国科学社会主义学会

续前表

序号	期刊名称	刊期	主办单位
306	《科学文化评论》	双月	中国科学院自然科学史研究所，中国科学院发展规划局
307	《科学学研究》	月刊	中国科学学与科技政策研究会
308	《科学学与科学技术管理》	月刊	中国科学学与科技政策研究会，天津市科学学研究所
309	《科学与社会》	季刊	中国科学院学部，中国科学院科技政策与管理科学研究所
310	《科研管理》	月刊	中国科学学与科技政策研究会，清华大学技术创新研究中心
311	《课程·教材·教法》	月刊	人民教育出版社有限公司
312	《孔子研究》	双月	中国孔子基金会
313	《会计研究》	月刊	中国会计学会
314	《会计与经济研究》	双月	上海立信会计学院
315	《会计之友》	旬刊	山西社会科学报刊社
316	《兰州大学学报（社会科学版）》	双月	兰州大学
317	《兰州学刊》	月刊	兰州市社会科学院，兰州市社会科学界联合会
318	《理论视野》	月刊	中国马克思主义研究基金会
319	《理论探索》	双月	中共山西省委党校，山西行政学院
320	《理论探讨》	双月	中共黑龙江省委党校
321	《理论学刊》	月刊	中共山东省委党校
322	《理论与改革》	双月	中共四川省委党校
323	《理论月刊》	月刊	湖北省社会科学界联合会
324	《历史档案》	季刊	中国第一历史档案馆
325	《历史教学》	半月	历史教学社（天津）有限公司
326	《历史研究》	双月	中国社会科学院
327	《廉政文化研究》	双月	南通大学
328	《辽宁大学学报（哲学社会科学版）》	双月	辽宁大学
329	《领导科学》	旬刊	河南省社会科学界联合会
330	《鲁迅研究月刊》	月刊	北京鲁迅博物馆
331	《旅游科学》	双月	上海师范大学旅游学院（上海旅游高等专科学校）
332	《旅游学刊》	月刊	北京联合大学旅游学院
333	《旅游研究》	季刊	昆明学院
334	《伦理学研究》	双月	湖南师范大学
335	《马克思主义研究》	月刊	中国社会科学院马克思主义研究院、马克思主义研究学部
336	《马克思主义与现实》	双月	中共中央编译局
337	《毛泽东邓小平理论研究》	月刊	上海社会科学院，上海市中国特色社会主义理论体系研究中心

续前表

序号	期刊名称	刊期	主办单位
338	《毛泽东思想研究》	双月	四川省社会科学院，四川省社会科学界联合会
339	《美国研究》	双月	中国社会科学院美国研究所，中华美国学会
340	《美术》	月刊	中国美术家协会
341	《美育学刊》	双月	杭州师范大学
342	《民国档案》	季刊	中国第二历史档案馆
343	《民俗研究》	双月	山东大学
344	《民族论坛》	半月	湖南省民族事务委员会
345	《民族文学研究》	双月	中国社会科学院民族文学研究所
346	《民族学刊》	双月	西南民族大学
347	《民族研究》	双月	中国社会科学院民族学与人类学研究所
348	《民族艺术》	双月	广西民族文化艺术研究院
349	《民族艺术研究》	双月	云南省民族艺术研究院
350	《民族语文》	双月	中国社会科学院民族学与人类学研究所
351	《明清小说研究》	季刊	江苏省社会科学院文学研究所、明清小说研究中心
352	《南昌大学学报（人文社会科学版）》	双月	南昌大学
353	《南都学坛（南阳师范学院人文社会科学学报）》	双月	南阳师范学院
354	《南方电视学刊》	双月	广东电视台，广东省文化馆
355	《南方金融》	月刊	中国人民银行广州分行
356	《南方经济》	月刊	广东经济学会，广东省社会科学院
357	《南方文坛》	双月	广西文联
358	《南京大学学报（哲学·人文科学·社会科学）》	双月	南京大学
359	《南京工业大学学报（社会科学版）》	季刊	南京工业大学
360	《南京农业大学学报（社会科学版）》	双月	南京农业大学
361	《南京社会科学》	月刊	南京市社会科学界联合会，南京市社会科学院
362	《南京审计学院学报》	双月	南京审计学院
363	《南京师大学报（社会科学版）》	双月	南京师范大学
364	《南京师范大学文学院学报》	季刊	南京师范大学文学院
365	《南京艺术学院学报（美术与设计版）》	双月	南京艺术学院
366	《南京艺术学院学报（音乐与表演版）》	季刊	南京艺术学院
367	《南京政治学院学报》	双月	南京政治学院
368	《南开管理评论》	双月	南开大学商学院
369	《南开经济研究》	双月	南开大学经济学院
370	《南开学报（哲学社会科学版）》	双月	南开大学
371	《南亚研究》	季刊	中国社会科学院亚太与全球战略研究院，中国南亚学会

续前表

序号	期刊名称	刊期	主办单位
372	《农村经济》	月刊	四川省农业经济学会
373	《农林经济管理学报（原江西农业大学学报）》	双月	江西农业大学
374	《农业技术经济》	月刊	中国农业技术经济研究会，中国农业科学院农业经济研究所
375	《农业经济问题》	月刊	中国农业经济学会，中国农业科学院经济与发展研究所
376	《欧洲研究》	双月	中国社会科学院欧洲研究所
377	《齐鲁学刊》	双月	曲阜师范大学
378	《企业经济》	月刊	江西省社会科学院
379	《青海民族研究（社会科学版）》	季刊	青海民族大学民族学与社会学学院，青海民族大学民族研究所
380	《青年探索》	双月	广州市穗港澳青少年研究所
381	《青年研究》	双月	中国社会科学院社会学研究所
382	《青少年犯罪问题》	双月	华东政法大学
383	《清华大学教育研究》	双月	清华大学
384	《清华大学学报（哲学社会科学版）》	双月	清华大学
385	《清华法学》	双月	清华大学
386	《清史研究》	季刊	中国人民大学
387	《情报科学》	月刊	吉林大学，中国科学技术情报学会
388	《情报理论与实践》	月刊	中国国防科学技术信息学会，中国兵器工业集团第二一〇研究所
389	《情报学报》	月刊	中国科学技术情报学会，中国科学技术信息研究所
390	《情报杂志》	月刊	陕西省科学技术信息研究所
391	《情报资料工作》	双月	中国人民大学
392	《求实》	月刊	中共江西省委党校，江西行政学院
393	《求是》	半月	中国共产党中央委员会
394	《求是学刊》	双月	黑龙江大学
395	《全球教育展望》	月刊	华东师范大学
396	《全球科技经济瞭望》	月刊	中国科学技术信息研究所，科学技术文献出版社
397	《人大研究》	月刊	甘肃省人大常委会
398	《人口学刊》	双月	吉林大学
399	《人口研究》	双月	中国人民大学
400	《人口与发展》	双月	北京大学
401	《人口与经济》	双月	首都经济贸易大学
402	《人类工效学》	季刊	中国人类工效学学会，安徽三联事故预防研究所
403	《人民教育》	半月	中国教育报刊社
404	《人民论坛》	旬刊	人民日报社

续前表

序号	期刊名称	刊期	主办单位
405	《人民司法》	半月	最高人民法院
406	《人文地理》	双月	西安外国语大学
407	《人文杂志》	月刊	陕西省社会科学院
408	《日本学刊》	双月	中国社会科学院日本研究所，中华日本学会
409	《软科学》	月刊	四川省科技促进发展研究中心
410	《山东大学学报（哲学社会科学版）》	双月	山东大学
411	《山东社会科学》	月刊	山东省社会科学界联合会
412	《山东师范大学学报（人文社会科学版）》	双月	山东师范大学
413	《山西财经大学学报》	月刊	山西财经大学
414	《山西大学学报（哲学社会科学版）》	双月	山西大学
415	《山西档案》	双月	山西省档案局，山西省档案学会
416	《山西师大学报（社会科学版）》	双月	山西师范大学
417	《陕西师范大学学报（哲学社会科学版）》	双月	陕西师范大学
418	《商业经济与管理》	月刊	浙江工商大学
419	《商业研究》	月刊	哈尔滨商业大学，中国商业经济学会
420	《上海财经大学学报（哲学社会科学版）》	双月	上海财经大学
421	《上海大学学报（社会科学版）》	双月	上海大学
422	《上海对外经贸大学学报（原世界贸易组织动态与研究）》	双月	上海对外经贸大学
423	《上海交通大学学报（哲学社会科学版）》	双月	上海交通大学
424	《上海教育》	旬刊	上海教育报刊总社
425	《上海教育科研》	月刊	上海市教育科学研究院普通教育研究所
426	《上海金融》	月刊	上海市金融学会
427	《上海经济研究》	月刊	上海社会科学院经济研究所
428	《上海师范大学学报（哲学社会科学版）》	双月	上海师范大学
429	《上海体育学院学报》	双月	上海体育学院
430	《上海行政学院学报》	双月	上海行政学院
431	《绍兴文理学院学报》	月刊	绍兴文理学院
432	《社会》	双月	上海大学
433	《社会福利》	月刊	民政部培训中心，北京社会管理职业学院
434	《社会工作》	双月	江西省民政厅
435	《社会工作与管理（原广东工业大学学报（社会科学版））》	双月	广东工业大学
436	《社会观察》	月刊	上海社会科学院
437	《社会科学》	月刊	上海社会科学院
438	《社会科学管理与评论》	季刊	中国社会科学院科研局
439	《社会科学辑刊》	双月	辽宁社会科学院
440	《社会科学论坛》	月刊	河北省社会科学界联合会
441	《社会科学研究》	双月	四川省社会科学院
442	《社会科学战线》	月刊	吉林省社会科学院

续前表

序号	期刊名称	刊期	主办单位
443	《社会学研究》	双月	中国社会科学院社会学研究所
444	《社会主义研究》	双月	华中师范大学
445	《深圳大学学报（人文社会科学版）》	双月	深圳大学
446	《沈阳体育学院学报》	双月	沈阳体育学院
447	《审计研究》	双月	中国审计学会
448	《审计与经济研究》	双月	南京审计学院
449	《生态经济》	月刊	云南教育出版社有限责任公司
450	《史林》	双月	上海社会科学院历史研究所
451	《史学集刊》	双月	吉林大学
452	《史学理论研究》	季刊	中国社会科学院世界历史研究所
453	《史学史研究》	季刊	北京师范大学
454	《史学月刊》	月刊	河南大学，河南省历史学会
455	《世界地理研究》	季刊	中国地理学会
456	《世界电影》	双月	中国电影家协会
457	《世界汉语教学》	季刊	北京语言大学
458	《世界经济》	月刊	中国世界经济学会，中国社会科学院世界经济与政治研究所
459	《世界经济文汇》	双月	复旦大学
460	《世界经济研究》	月刊	上海社会科学院世界经济研究所
461	《世界经济与政治》	月刊	中国社会科学院世界经济与政治研究所
462	《世界经济与政治论坛》	双月	江苏省社会科学院世界经济研究所
463	《世界历史》	双月	中国社会科学院世界历史研究所
464	《世界民族》	双月	中国社会科学院民族学与人类学研究所
465	《世界农业》	月刊	中国农业出版社
466	《世界哲学》	双月	中国社会科学院哲学研究所
467	《世界知识》	半月	世界知识出版社
468	《世界宗教文化》	双月	中国社会科学院世界宗教研究所
469	《世界宗教研究》	双月	中国社会科学院世界宗教研究所
470	《首都经济贸易大学学报》	双月	首都经济贸易大学
471	《首都师范大学学报（社会科学版）》	双月	首都师范大学
472	《首都体育学院学报》	双月	首都体育学院
473	《数理统计与管理》	双月	中国现场统计研究会
474	《数量经济技术经济研究》	月刊	中国社会科学院数量经济与技术经济研究所
475	《数字图书馆论坛》	月刊	中国科学技术信息研究所，北京万方数据股份有限公司
476	《税务研究》	月刊	中国税务杂志社
477	《税务与经济》	双月	吉林财经大学
478	《思想教育研究》	月刊	全国高等学校思想政治教育研究会，北京科技大学

续前表

序号	期刊名称	刊期	主办单位
479	《思想理论教育》	月刊	上海市高等学校思想理论教育研究会，上海市教育科学研究院
480	《思想理论教育导刊》	月刊	高等教育出版社
481	《思想战线》	双月	云南大学
482	《思想政治工作研究》	月刊	中国思想政治工作研究会，中宣部思想政治工作研究所
483	《思想政治教育研究》	双月	哈尔滨理工大学
484	《四川大学学报（哲学社会科学版）》	双月	四川大学
485	《四川师范大学学报（社会科学版）》	双月	四川师范大学
486	《苏州大学学报（哲学社会科学版）》	双月	苏州大学
487	《台湾研究》	双月	中国社会科学院台湾研究所
488	《台湾研究集刊》	双月	厦门大学台湾研究院
489	《太平洋学报》	月刊	中国太平洋学会
490	《探索》	双月	中共重庆市委党校
491	《探索与争鸣》	月刊	上海市社会科学界联合会
492	《体育科学》	月刊	中国体育科学学会
493	《体育学刊》	双月	华南理工大学，华南师范大学
494	《体育与科学》	双月	江苏省体育科学研究所
495	《天府新论》	双月	四川省社会科学界联合会
496	《天津社会科学》	双月	天津社会科学院
497	《天津师范大学学报（社会科学版）》	双月	天津师范大学
498	《天津体育学院学报》	双月	天津体育学院
499	《天津行政学院学报》	双月	天津行政学院
500	《同济大学学报（社会科学版）》	双月	同济大学
501	《统计研究》	月刊	中国统计学会，国家统计局统计科学研究所
502	《统计与信息论坛》	月刊	西安财经学院，中国统计教育学会高教分会
503	《投资研究》	月刊	中国建设银行股份有限公司
504	《图书馆建设》	月刊	黑龙江省图书馆，黑龙江省图书馆学会
505	《图书馆理论与实践》	月刊	宁夏回族自治区图书馆学会，宁夏回族自治区图书馆
506	《图书馆论坛》	月刊	广东省立中山图书馆
507	《图书馆学研究（理论版）》	半月	吉林省图书馆
508	《图书馆杂志》	月刊	上海市图书馆学会，上海图书馆
509	《图书情报工作》	半月	中国科学院文献情报中心
510	《图书情报知识》	双月	武汉大学
511	《图书与情报》	双月	甘肃省图书馆，甘肃省科技情报研究所，甘肃省图书馆学会，甘肃省科技情报学会
512	《外国教育研究》	月刊	东北师范大学
513	《外国经济与管理》	月刊	上海财经大学

续前表

序号	期刊名称	刊期	主办单位
514	《外国文学》	双月	北京外国语大学
515	《外国文学评论》	季刊	中国社会科学院外国文学研究所
516	《外国文学研究》	双月	华中师范大学
517	《外国语》	双月	上海外国语大学
518	《外国中小学教育》	月刊	上海师范大学
519	《外交评论（外交学院学报）》	双月	外交学院
520	《外语教学与研究》	双月	北京外国语大学
521	《外语与外语教学》	双月	大连外国语大学
522	《唯实》	月刊	中共江苏省委党校
523	《文化产业导刊》	月刊	中国人民大学
524	《文化遗产》	双月	中山大学
525	《文化艺术研究》	季刊	浙江省文化艺术研究院
526	《文化纵横》	双月	中国西部研究与发展促进会
527	《文史》	季刊	中华书局有限公司
528	《文史哲》	双月	山东大学
529	《文献》	双月	国家图书馆
530	《文学评论》	双月	中国社会科学院文学研究所
531	《文学遗产》	双月	中国社会科学院文学研究所
532	《文学与文化》	季刊	南开大学出版社
533	《文艺理论研究》	双月	中国文艺理论学会，华东师范大学
534	《文艺理论与批评》	双月	中国艺术研究院
535	《文艺评论》	月刊	黑龙江省文学艺术界联合会
536	《文艺研究》	月刊	中国艺术研究院
537	《文艺争鸣》	月刊	吉林省文学艺术界联合会
538	《武汉大学学报（人文科学版）》	双月	武汉大学
539	《武汉大学学报（哲学社会科学版）》	双月	武汉大学
540	《武汉金融》	月刊	中国金融学会，《武汉金融》杂志社
541	《武汉理工大学学报（社会科学版）》	双月	武汉理工大学
542	《武汉体育学院学报》	月刊	武汉体育学院
543	《物流技术》	月刊	中国物资流通学会物流技术经济委员会，全国物资流通科技情报站，湖北物资流通技术研究所，中国物流生产力促进中心
544	《西安交通大学学报（社会科学版）》	双月	西安交通大学
545	《西安体育学院学报》	双月	西安体育学院
546	《西北大学学报（哲学社会科学版）》	双月	西北大学
547	《西北民族大学学报（哲学社会科学版）》	双月	西北民族大学
548	《西北民族研究》	季刊	西北民族大学
549	《西北师大学报（社会科学版）》	双月	西北师范大学
550	《西藏研究》	双月	西藏社会科学院
551	《西南大学学报（社会科学版）》	双月	西南大学
552	《西南民族大学学报（人文社会科学版）》	月刊	西南民族大学

续前表

序号	期刊名称	刊期	主办单位
553	《西南政法大学学报》	双月	西南政法大学
554	《西亚非洲》	双月	中国社会科学院西亚非洲研究所
555	《西域研究》	季刊	新疆社会科学院
556	《戏剧（中央戏剧学院学报）》	双月	中央戏剧学院
557	《戏剧艺术（上海戏剧学院学报）》	双月	上海戏剧学院
558	《戏曲艺术》	季刊	中国戏曲学院
559	《厦门大学学报（哲学社会科学版）》	双月	厦门大学
560	《现代财经（天津财经大学学报）》	月刊	天津财经大学
561	《现代城市研究》	月刊	南京城市科学研究会
562	《现代出版》	双月	中国大学出版社协会，中国传媒大学出版社，中国传媒大学编辑出版研究中心
563	《现代传播（中国传媒大学学报）》	月刊	中国传媒大学
564	《现代大学教育》	双月	湖南省高等教育学会，中南大学
565	《现代法学》	双月	西南政法大学
566	《现代国际关系》	月刊	中国现代国际关系研究院
567	《现代教育管理》	月刊	辽宁教育研究院
568	《现代经济探讨》	月刊	江苏省社会科学院
569	《现代日本经济》	双月	吉林大学，全国日本经济学会
570	《现代图书情报技术》	月刊	中国科学院文献情报中心
571	《现代外语》	双月	广东外语外贸大学
572	《现代远程教育研究》	双月	四川广播电视大学
573	《现代哲学》	双月	广东哲学学会
574	《现代中文学刊》	双月	全国高等教育自学考试指导委员会文史专业委员会，华东师范大学
575	《湘潭大学学报（哲学社会科学版）》	双月	湘潭大学
576	《小说评论》	双月	陕西省作家协会
577	《心理发展与教育》	双月	北京师范大学
578	《心理科学》	双月	中国心理学会
579	《心理科学进展》	月刊	中国科学院心理研究所
580	《心理学报》	月刊	中国心理学会，中国科学院心理研究所
581	《心理学探新》	双月	江西师范大学
582	《心理研究》	双月	河南大学
583	《心理与行为研究》	双月	天津师范大学
584	《新疆师范大学学报（哲学社会科学版）》	双月	新疆师范大学
585	《新金融》	月刊	交通银行股份有限公司
586	《新美术》	月刊	中国美术学院
587	《新视野》	双月	中共北京市委党校，北京行政学院
588	《新文学史料》	季刊	人民文学出版社有限公司
589	《新闻爱好者》	月刊	河南日报报业集团
590	《新闻大学》	双月	复旦大学

续前表

序号	期刊名称	刊期	主办单位
591	《新闻记者》	月刊	上海报业集团，上海社会科学院新闻研究所
592	《新闻与传播研究》	月刊	中国社会科学院新闻与传播研究所
593	《新闻与写作》	月刊	北京日报报业集团
594	《信息资源管理学报》	季刊	中国高校科技期刊研究会，武汉大学
595	《星海音乐学院学报》	季刊	星海音乐学院
596	《行政法学研究》	季刊	中国政法大学
597	《行政管理改革》	月刊	国家行政学院
598	《行政论坛》	双月	黑龙江省行政学院
599	《徐州工程学院学报（社会科学版）》	双月	徐州工程学院
600	《学海》	双月	江苏省社会科学院
601	《学术界》	月刊	安徽省社会科学界联合会
602	《学术前沿》	半月	人民论坛杂志社
603	《学术研究》	月刊	广东省社会科学界联合会
604	《学术月刊》	月刊	上海市社会科学界联合会
605	《学位与研究生教育》	月刊	国务院学位委员会
606	《学习论坛》	月刊	中共河南省委党校，河南行政学院
607	《学习与实践》	月刊	武汉市社会科学院
608	《学习与探索》	月刊	黑龙江省社会科学院
609	《学校党建与思想教育》	半月	湖北长江报刊传媒集团
610	《亚太经济》	双月	福建社会科学院
611	《研究与发展管理》	双月	复旦大学
612	《扬州大学学报（人文社会科学版）》	双月	扬州大学
613	《扬子江评论》	双月	江苏省作家协会
614	《艺术百家》	双月	江苏省文化艺术研究院
615	《艺术评论》	月刊	中国艺术研究院
616	《音乐研究》	双月	人民音乐出版社有限公司
617	《音乐艺术（上海音乐学院学报）》	季刊	上海音乐学院
618	《银行家》	月刊	山西省经贸委，山西省财政厅，山西省供销社
619	《应用心理学》	季刊	浙江省心理学会，浙江大学
620	《语文研究》	季刊	山西省社会科学院
621	《语言教学与研究》	双月	北京语言大学
622	《语言科学》	双月	江苏师范大学语言研究所
623	《语言文字应用》	季刊	教育部语言文字应用研究所
624	《语言研究》	季刊	华中科技大学中国语言研究所
625	《远程教育杂志》	双月	浙江广播电视大学
626	《阅江学刊》	双月	南京信息工程大学
627	《云南财经大学学报》	双月	云南财经大学
628	《云南大学学报（社会科学版）》	双月	云南大学
629	《云南民族大学学报（哲学社会科学版）》	双月	云南民族大学

续前表

序号	期刊名称	刊期	主办单位
630	《云南师范大学学报（哲学社会科学版）》	双月	云南师范大学
631	《哲学动态》	月刊	中国社会科学院哲学研究所
632	《哲学分析》	双月	上海人民出版社，上海社会科学院哲学研究所
633	《哲学研究》	月刊	中国社会科学院哲学研究所
634	《浙江传媒学院学报》	双月	浙江传媒学院
635	《浙江大学学报（人文社会科学版）》	双月	浙江大学
636	《浙江档案》	月刊	浙江省档案局，浙江省档案学会
637	《浙江工商大学学报》	双月	浙江工商大学
638	《浙江社会科学》	月刊	浙江省社会科学界联合会
639	《浙江师范大学学报（社会科学版）》	双月	浙江师范大学
640	《浙江学刊》	双月	浙江省社会科学院
641	《征信》	月刊	中国人民银行郑州培训学院
642	《证据科学》	双月	中国政法大学
643	《证券市场导报》	月刊	深圳证券交易所综合研究所
644	《郑州大学学报（哲学社会科学版）》	双月	郑州大学
645	《政法论丛》	双月	山东政法学院
646	《政法论坛》	双月	中国政法大学
647	《政治经济学评论》	季刊	中国人民大学
648	《政治学研究》	双月	中国社会科学院政治学研究所
649	《政治与法律》	月刊	上海社会科学院法学研究所
650	《知识产权》	月刊	中国知识产权研究会
651	《职教论坛》	旬刊	江西科技师范大学
652	《职教通讯》	旬刊	江苏理工学院
653	《职业技术教育》	旬刊	吉林工程技术师范学院
654	《中共党史研究》	月刊	中共中央党史研究室
655	《中共福建省委党校学报》	月刊	中共福建省委党校
656	《中共杭州市委党校学报》	双月	中共杭州市委党校，杭州行政学院
657	《中共宁波市委党校学报》	双月	中共宁波市委党校，宁波市行政学院，宁波市社会主义学院
658	《中共天津市委党校学报》	双月	中共天津市委党校
659	《中共浙江省委党校学报》	双月	中共浙江省委党校，浙江行政学院
660	《中共中央党校学报》	双月	中共中央党校
661	《中国比较文学》	季刊	上海外国语大学，中国比较文学学会
662	《中国边疆史地研究》	季刊	中国社会科学院中国边疆史地研究中心
663	《中国编辑》	双月	中国编辑学会，高等教育出版社有限公司
664	《中国出版》	半月	中国新闻出版传媒集团
665	《中国党政干部论坛》	月刊	中共中央党校
666	《中国档案》	月刊	中国档案杂志社
667	《中国德育》	半月	中国教育科学研究院
668	《中国地质大学学报（社会科学版）》	双月	中国地质大学

续前表

序号	期刊名称	刊期	主办单位
669	《中国电化教育》	月刊	教育部中央电化教育馆
670	《中国法学①》	双月	中国法学会
671	《中国改革》	月刊	浙江日报报业集团
672	《中国高等教育》	半月	中国教育报刊社
673	《中国高教研究》	月刊	中国高等教育学会
674	《中国工人》	月刊	中国劳动关系学院
675	《中国工业经济》	月刊	中国社会科学院工业经济研究所
676	《中国管理科学》	月刊	中国优选法统筹法与经济数学研究会，中国科学院科技政策与管理科学研究所
677	《中国广播》	月刊	中央人民广播电台
678	《中国广播电视学刊》	月刊	中国广播电影电视社会组织联合会
679	《中国教师》	半月	北京师范大学
680	《中国教育学刊》	月刊	中国教育学会
681	《中国经济史研究》	季刊	中国社会科学院经济研究所
682	《中国经济问题》	双月	厦门大学经济研究所
683	《中国井冈山干部学院学报》	双月	中国井冈山干部学院
684	《中国军队政治工作》	月刊	军事科学院军队政治工作研究中心
685	《中国科技论坛》	月刊	中国科学技术发展战略研究院
686	《中国劳动》	月刊	人力资源和社会保障部劳动科学研究所，中国劳动学会
687	《中国劳动关系学院学报》	双月	中国劳动关系学院
688	《中国历史地理论丛》	季刊	陕西师范大学
689	《中国流通经济》	月刊	北京物资学院
690	《中国农村观察》	双月	中国社会科学院农村发展研究所
691	《中国农村经济》	月刊	中国社会科学院农村发展研究所
692	《中国农史》	双月	中国农业历史学会，中国农科院、南京农业大学中国农业遗产研究室，中国农业博物馆
693	《中国农业大学学报（社会科学版）》	季刊	中国农业大学
694	《中国浦东干部学院学报》	双月	中国浦东干部学院
695	《中国青年研究》	月刊	中国青少年研究中心，中国青少年研究会
696	《中国青年政治学院学报》	双月	中国青年政治学院
697	《中国人口·资源与环境》	月刊	中国可持续发展研究会，山东省可持续发展研究中心，中国21世纪议程管理中心，山东师范大学
698	《中国人口科学》	双月	中国社会科学院人口与劳动经济研究所
699	《中国人力资源开发》	月刊	中国人力资源开发研究会
700	《中国人民大学教育学刊》	季刊	中国人民大学

① 《中国法学》因自2013年复印报刊资料开始转载，2012年无转载数据。因此，此次评选过程中，该刊综合考虑了专家的同行评议结果和2013年的转载数据，特此说明。

续前表

序号	期刊名称	刊期	主办单位
701	《中国人民大学学报》	双月	中国人民大学
702	《中国人民公安大学学报（社会科学版）》	双月	中国人民公安大学
703	《中国软科学》	月刊	中国软科学研究会
704	《中国社会工作》	半月	中国社会报社
705	《中国社会经济史研究》	季刊	厦门大学历史研究所
706	《中国社会科学》	月刊	中国社会科学院
707	《中国社会科学院研究生院学报》	双月	中国社会科学院研究生院
708	《中国史研究》	季刊	中国社会科学院历史研究所
709	《中国史研究动态》	双月	中国社会科学院历史研究所
710	《中国市场	周刊	中国物流与采购联合会
711	《中国特色社会主义研究》	双月	北京市社会科学界联合会，北京市中国特色社会主义理论体系研究中心，北京市科学社会主义学会
712	《中国图书馆学报》	双月	中国图书馆学会，国家图书馆
713	《中国图书评论》	月刊	中国图书评论杂志社
714	《中国文化研究》	季刊	北京语言大学
715	《中国文学研究》	季刊	湖南师范大学
716	《中国现代文学研究丛刊》	月刊	中国现代文学馆
717	《中国刑事法杂志》	双月	最高人民检察院检察理论研究所
718	《中国行政管理》	月刊	中国行政管理学会
719	《中国延安干部学院学报》	双月	中国延安干部学院
720	《中国音乐学》	季刊	中国艺术研究院
721	《中国语文》	双月	中国社会科学院语言研究所
722	《中国远程教育》	半月	中央广播电视大学
723	《中国哲学史》	季刊	中国哲学史学会
724	《中国政法大学学报》	双月	中国政法大学
725	《中国政协》	半月	中国人民政治协商会议全国委员会
726	《中国职业技术教育》	旬刊	教育部职业技术教育中心研究所，中国职业技术教育学会，高等教育出版社，北京师范大学
727	《中华女子学院学报》	双月	中华女子学院
728	《中华文史论丛》	季刊	上海世纪出版股份有限公司古籍出版社
729	《中南财经政法大学学报》	双月	中南财经政法大学
730	《中南大学学报（社会科学版）》	双月	中南大学
731	《中南民族大学学报（人文社会科学版）》	双月	中南民族大学
732	《中山大学学报（社会科学版）》	双月	中山大学
733	《中外法学》	双月	北京大学
734	《中小学德育》	月刊	华南师范大学
735	《中小学管理》	月刊	北京教育学院
736	《中央财经大学学报》	月刊	中央财经大学
737	《中央民族大学学报（哲学社会科学版）》	双月	中央民族大学

续前表

序号	期刊名称	刊期	主办单位
738	《中央社会主义学院学报》	双月	中央社会主义学院
739	《中央音乐学院学报》	季刊	中央音乐学院
740	《中州学刊》	月刊	河南省社会科学院
741	《周易研究》	双月	山东大学，中国周易学会
742	《资本市场》	月刊	北京首都创业集团
743	《资源科学》	月刊	中国科学院地理科学与资源研究所，中国自然资源学会
744	《自然辩证法通讯》	双月	中国科学院大学
745	《自然辩证法研究》	月刊	中国自然辩证法研究会
746	《自然资源学报》	月刊	中国自然资源学会，中国科学院地理科学与资源研究所
747	《宗教学研究》	季刊	四川大学道教与宗教文化研究所

第三节　各学科期刊名录

（按期刊名称音序排列）

1. 哲学（60种）

序号	期刊名称	刊期	主办单位
1	《北京大学学报（哲学社会科学版）》	双月	北京大学
2	《北京师范大学学报（社会科学版）》	双月	北京师范大学
3	《船山学刊》	季刊	湖南省社会科学界联合会
4	《道德与文明》	双月	中国伦理学会，天津社会科学院
5	《复旦学报（社会科学版）》	双月	复旦大学
6	《国学学刊》	季刊	中国人民大学
7	《河北学刊》	双月	河北省社会科学院
8	《湖北大学学报（哲学社会科学版）》	双月	湖北大学
9	《湖南大学学报（社会科学版）》	双月	湖南大学
10	《华东师范大学学报（哲学社会科学版）》	双月	华东师范大学
11	《华中科技大学学报（社会科学版）》	双月	华中科技大学
12	《吉林大学社会科学学报》	双月	吉林大学
13	《江海学刊》	双月	江苏省社会科学院
14	《江汉论坛》	月刊	湖北省社会科学院
15	《江南大学学报（人文社会科学版）》	双月	江南大学
16	《江苏社会科学》	双月	江苏省哲学社会科学联合会
17	《江苏行政学院学报》	双月	江苏省行政学院
18	《教学与研究》	月刊	中国人民大学
19	《科学技术哲学研究》	双月	山西大学，山西省自然辩证法研究会

续前表

序号	期刊名称	刊期	主办单位
20	《科学文化评论》	双月	中国科学院自然科学史研究所，中国科学院发展规划局
21	《科学与社会》	季刊	中国科学院学部，中国科学院科技政策与管理科学研究所
22	《孔子研究》	双月	中国孔子基金会
23	《伦理学研究》	双月	湖南师范大学
24	《马克思主义研究》	月刊	中国社会科学院马克思主义研究院、马克思主义研究学部
25	《马克思主义与现实》	双月	中共中央编译局
26	《南京大学学报（哲学·人文科学·社会科学）》	双月	南京大学
27	《齐鲁学刊》	双月	曲阜师范大学
28	《清华大学学报（哲学社会科学版）》	双月	清华大学
29	《求是学刊》	双月	黑龙江大学
30	《人文杂志》	月刊	陕西省社会科学院
31	《上海师范大学学报（哲学社会科学版）》	双月	上海师范大学
32	《社会科学》	月刊	上海社会科学院
33	《社会科学辑刊》	双月	辽宁社会科学院
34	《世界哲学》	双月	中国社会科学院哲学研究所
35	《世界宗教文化》	双月	中国社会科学院世界宗教研究所
36	《世界宗教研究》	双月	中国社会科学院世界宗教研究所
37	《苏州大学学报（哲学社会科学版）》	双月	苏州大学
38	《探索与争鸣》	月刊	上海市社会科学界联合会
39	《天津社会科学》	双月	天津社会科学院
40	《文史哲》	双月	山东大学
41	《文艺研究》	月刊	中国艺术研究院
42	《武汉大学学报（人文科学版）》	双月	武汉大学
43	《西北师大学报（社会科学版）》	双月	西北师范大学
44	《厦门大学学报（哲学社会科学版）》	双月	厦门大学
45	《现代哲学》	双月	广东哲学学会
46	《学术研究》	月刊	广东省社会科学界联合会
47	《学术月刊》	月刊	上海市社会科学界联合会
48	《学习与探索》	月刊	黑龙江省社会科学院
49	《云南大学学报（社会科学版）》	双月	云南大学
50	《哲学动态》	月刊	中国社会科学院哲学研究所
51	《哲学分析》	双月	上海人民出版社，上海社会科学院哲学研究所
52	《哲学研究》	月刊	中国社会科学院哲学研究所
53	《中国人民大学学报》	双月	中国人民大学
54	《中国社会科学》	月刊	中国社会科学院
55	《中国哲学史》	季刊	中国哲学史学会

续前表

序号	期刊名称	刊期	主办单位
56	《中山大学学报（社会科学版）》	双月	中山大学
57	《周易研究》	双月	山东大学，中国周易学会
58	《自然辩证法通讯》	双月	中国科学院大学
59	《自然辩证法研究》	月刊	中国自然辩证法研究会
60	《宗教学研究》	季刊	四川大学道教与宗教文化研究所

2. 理论经济学（38 种）

序号	期刊名称	刊期	主办单位
1	《财经研究》	月刊	上海财经大学
2	《财贸经济》	月刊	中国社会科学院财经战略研究院
3	《当代经济研究》	月刊	吉林财经大学（中国《资本论》研究会委托）
4	《改革》	月刊	重庆社会科学院
5	《管理世界》	月刊	国务院发展研究中心
6	《管理学家》	月刊	航空工业信息中心
7	《管理学刊》	双月	新乡学院，中国社会主义经济规律系统研究会
8	《国际金融研究》	月刊	中国银行股份有限公司，中国国际金融学会
9	《国际经济评论》	双月	中国社会科学院世界经济与政治研究所
10	《国际贸易问题》	月刊	对外经济贸易大学
11	《国外理论动态》	月刊	中共中央编译局世界发展战略研究部
12	《教学与研究》	月刊	中国人民大学
13	《金融评论》	双月	中国社会科学院金融研究所
14	《金融研究》	月刊	中国金融学会
15	《经济科学》	双月	北京大学
16	《经济理论与经济管理》	月刊	中国人民大学
17	《经济评论》	双月	武汉大学
18	《经济社会体制比较》	双月	中共中央编译局
19	《经济学》	季刊	北京大学出版社
20	《经济学动态》	月刊	中国社会科学院经济研究所
21	《经济学家》	月刊	西南财经大学，四川社会科学学术基金会（新知研究院）
22	《经济研究》	月刊	中国社会科学院经济研究所
23	《马克思主义研究》	月刊	中国社会科学院马克思主义研究院、马克思主义研究学部
24	《南开学报（哲学社会科学版）》	双月	南开大学
25	《生态经济》	月刊	云南教育出版社有限责任公司
26	《世界经济》	月刊	中国世界经济学会，中国社会科学院世界经济与政治研究所

续前表

序号	期刊名称	刊期	主办单位
27	《世界经济与政治》	月刊	中国社会科学院世界经济与政治研究所
28	《数量经济技术经济研究》	月刊	中国社会科学院数量经济与技术经济研究所
29	《学术月刊》	月刊	上海市社会科学界联合会
30	《政治经济学评论》	季刊	中国人民大学
31	《中国地质大学学报（社会科学版）》	双月	中国地质大学
32	《中国工业经济》	月刊	中国社会科学院工业经济研究所
33	《中国经济史研究》	季刊	中国社会科学院经济研究所
34	《中国农史》	双月	中国农业历史学会，中国农科院、南京农业大学中国农业遗产研究室，中国农业博物馆
35	《中国人口·资源与环境》	月刊	中国可持续发展研究会，山东省可持续发展研究中心，中国 21 世纪议程管理中心，山东师范大学
36	《中国社会经济史研究》	季刊	厦门大学历史研究所
37	《中国社会科学》	月刊	中国社会科学院
38	《资源科学》	月刊	中国科学院地理科学与资源研究所，中国自然资源学会

3. 应用经济学（96 种）

序号	期刊名称	刊期	主办单位
1	《澳门理工学报（人文社会科学版）》	季刊	澳门理工学院
2	《保险研究》	月刊	中国保险学会
3	《北京工商大学学报（社会科学版）》	双月	北京工商大学
4	《财经科学》	月刊	西南财经大学
5	《财经理论与实践》	双月	湖南大学
6	《财经论丛》	月刊	浙江财经大学
7	《财经问题研究》	月刊	东北财经大学
8	《财经研究》	月刊	上海财经大学
9	《财贸经济》	月刊	中国社会科学院财经战略研究院
10	《财贸研究》	双月	安徽财经大学
11	《财政研究》	月刊	中国财政学会
12	《产经评论》	双月	暨南大学
13	《产业经济研究》	双月	南京财经大学
14	《城市发展研究》	月刊	中国城市科学研究会
15	《城市规划学刊》	双月	同济大学
16	《当代财经》	月刊	江西财经大学
17	《当代经济科学》	双月	西安交通大学
18	《当代经济研究》	月刊	吉林财经大学（中国《资本论》研究会委托）

续前表

序号	期刊名称	刊期	主办单位
19	《地方财政研究》	月刊	辽宁省财政科学研究所，东北财经大学财政税务学院
20	《发展研究》	月刊	中国区域经济学会，福建省人民政府发展研究中心
21	《改革》	月刊	重庆社会科学院
22	《管理科学学报》	月刊	天津大学，国家自然科学基金委员会管理科学部
23	《管理评论》	月刊	中国科学院大学
24	《管理世界》	月刊	国务院发展研究中心
25	《广东财经大学学报（原广东商学院学报）》	双月	广东财经大学
26	《广东社会科学》	双月	广东省社会科学院
27	《国际金融》	月刊	中国国际金融学会
28	《国际金融研究》	月刊	中国银行股份有限公司，中国国际金融学会
29	《国际经济评论》	双月	中国社会科学院世界经济与政治研究所
30	《国际经贸探索》	月刊	广东外语外贸大学
31	《国际贸易》	月刊	中国商务出版社
32	《国际贸易问题》	月刊	对外经济贸易大学
33	《国际商务（对外经济贸易大学学报）》	双月	对外经济贸易大学
34	《宏观经济研究》	月刊	国家发展和改革委员会宏观经济研究院
35	《金融发展研究》	月刊	山东省金融学会
36	《金融监管研究》	月刊	《中国农村金融》杂志社
37	《金融理论与实践》	月刊	中国人民银行郑州中心支行，河南省金融学会
38	《金融论坛》	月刊	中国城市金融学会，中国工商银行城市金融研究所
39	《金融研究》	月刊	中国金融学会
40	《金融与经济》	月刊	江西省金融学会
41	《经济管理》	月刊	中国社会科学院工业经济研究所
42	《经济经纬》	双月	河南财经政法大学
43	《经济科学》	双月	北京大学
44	《经济理论与经济管理》	月刊	中国人民大学
45	《经济评论》	双月	武汉大学
46	《经济社会体制比较》	双月	中共中央编译局
47	《经济学》	季刊	北京大学出版社
48	《经济学动态》	月刊	中国社会科学院经济研究所
49	《经济学家》	月刊	西南财经大学，四川社会科学学术基金会（新知研究院）
50	《经济研究》	月刊	中国社会科学院经济研究所
51	《经济研究参考》	半月	经济科学出版社

续前表

序号	期刊名称	刊期	主办单位
52	《经济与管理研究》	月刊	首都经济贸易大学
53	《科学学与科学技术管理》	月刊	中国科学学与科技政策研究会，天津市科学学研究所
54	《南方金融》	月刊	中国人民银行广州分行
55	《南方经济》	月刊	广东经济学会，广东省社会科学院
56	《南开经济研究》	双月	南开大学经济学院
57	《商业经济与管理》	月刊	浙江工商大学
58	《商业研究》	月刊	哈尔滨商业大学，中国商业经济学会
59	《上海财经大学学报（哲学社会科学版）》	双月	上海财经大学
60	《上海对外经贸大学学报（原世界贸易组织动态与研究）》	双月	上海对外经贸大学
61	《上海金融》	月刊	上海市金融学会
62	《上海经济研究》	月刊	上海社会科学院经济研究所
63	《社会科学》	月刊	上海社会科学院
64	《世界经济》	月刊	中国世界经济学会，中国社会科学院世界经济与政治研究所
65	《世界经济文汇》	双月	复旦大学
66	《世界经济研究》	月刊	上海社会科学院世界经济研究所
67	《首都经济贸易大学学报》	双月	首都经济贸易大学
68	《数理统计与管理》	双月	中国现场统计研究会
69	《数量经济技术经济研究》	月刊	中国社会科学院数量经济与技术经济研究所
70	《税务研究》	月刊	中国税务杂志社
71	《税务与经济》	双月	吉林财经大学
72	《统计研究》	月刊	中国统计学会，国家统计局统计科学研究所
73	《统计与信息论坛》	月刊	西安财经学院，中国统计教育学会高教分会
74	《投资研究》	月刊	中国建设银行股份有限公司
75	《文化产业导刊》	月刊	中国人民大学
76	《武汉金融》	月刊	中国金融学会，《武汉金融》杂志社
77	《现代财经（天津财经大学学报）》	月刊	天津财经大学
78	《现代城市研究》	月刊	南京城市科学研究会
79	《现代经济探讨》	月刊	江苏省社会科学院
80	《现代日本经济》	双月	吉林大学，全国日本经济学会
81	《学术月刊》	月刊	上海市社会科学界联合会
82	《学习与实践》	月刊	武汉市社会科学院
83	《亚太经济》	双月	福建社会科学院
84	《银行家》	月刊	山西省经贸委，山西省财政厅，山西省供销社
85	《浙江社会科学》	月刊	浙江省社会科学界联合会

续前表

序号	期刊名称	刊期	主办单位
86	《证券市场导报》	月刊	深圳证券交易所综合研究所
87	《中国工业经济》	月刊	中国社会科学院工业经济研究所
88	《中国管理科学》	月刊	中国优选法统筹法与经济数学研究会，中国科学院科技政策与管理科学研究所
89	《中国经济问题》	双月	厦门大学经济研究所
90	《中国劳动关系学院学报》	双月	中国劳动关系学院
91	《中国流通经济》	月刊	北京物资学院
92	《中国人民大学学报》	双月	中国人民大学
93	《中国软科学》	月刊	中国软科学研究会
94	《中国社会科学》	月刊	中国社会科学院
95	《中南财经政法大学学报》	双月	中南财经政法大学
96	《中央财经大学学报》	月刊	中央财经大学

4. 法学（39种）

序号	期刊名称	刊期	主办单位
1	《北方法学》	双月	黑龙江大学
2	《比较法研究》	双月	中国政法大学
3	《当代法学》	双月	吉林大学
4	《东方法学》	双月	上海市法学会，上海人民出版社
5	《法律科学（西北政法大学学报）》	双月	西北政法大学
6	《法律适用》	月刊	国家法官学院
7	《法商研究》	双月	中南财经政法大学
8	《法学》	月刊	华东政法大学
9	《法学家》	双月	中国人民大学
10	《法学论坛》	双月	山东省法学会
11	《法学评论》	双月	武汉大学
12	《法学杂志》	月刊	北京市法学会
13	《法制与社会发展》	双月	吉林大学
14	《法治研究》	月刊	浙江省法学会
15	《甘肃政法学院学报》	双月	甘肃政法学院
16	《国家检察官学院学报》	双月	国家检察官学院
17	《河北法学》	月刊	河北政法职业学院，河北省法学会
18	《河南财经政法大学学报》	双月	河南财经政法大学
19	《华东政法大学学报》	双月	华东政法大学
20	《环球法律评论》	双月	中国社会科学院法学研究所
21	《暨南学报（哲学社会科学版）》	月刊	暨南大学
22	《青少年犯罪问题》	双月	华东政法大学
23	《清华法学》	双月	清华大学
24	《人民司法》	半月	最高人民法院
25	《苏州大学学报（哲学社会科学版）》	双月	苏州大学

续前表

序号	期刊名称	刊期	主办单位
26	《西南政法大学学报》	双月	西南政法大学
27	《现代法学》	双月	西南政法大学
28	《行政法学研究》	季刊	中国政法大学
29	《证据科学》	双月	中国政法大学
30	《政法论丛》	双月	山东政法学院
31	《政法论坛》	双月	中国政法大学
32	《政治与法律》	月刊	上海社会科学院法学研究所
33	《知识产权》	月刊	中国知识产权研究会
34	《中国法学》①	双月	中国法学会
35	《中国人民公安大学学报（社会科学版）》	双月	中国人民公安大学
36	《中国社会科学》	月刊	中国社会科学院
37	《中国刑事法杂志》	双月	最高人民检察院检察理论研究所
38	《中国政法大学学报》	双月	中国政法大学
39	《中外法学》	双月	北京大学

5. 政治学（68 种）

序号	期刊名称	刊期	主办单位
1	《阿拉伯世界研究》	双月	上海外国语大学
2	《北京大学学报（哲学社会科学版）》	双月	北京大学
3	《长白学刊》	双月	中共吉林省委党校
4	《当代世界》	月刊	中共中央对外联络部
5	《当代世界社会主义问题》	季刊	山东大学当代社会主义研究所
6	《当代世界与社会主义》	双月	中共中央编译局马克思主义研究部，中国国际共运史学会
7	《当代亚太》	双月	中国社会科学院亚太与全球战略研究院，中国亚洲太平洋学会
8	《党建研究》	月刊	中共中央组织部
9	《党政研究（原中共四川省委省级机关党校学报）》	双月	中共四川省委省级机关党校
10	《东北亚论坛》	双月	吉林大学
11	《俄罗斯学刊》	双月	黑龙江大学
12	《观察与思考》	月刊	浙江省社会科学院
13	《国际安全研究》	双月	国际关系学院
14	《国际观察》	双月	上海外国语大学
15	《国际论坛》	双月	北京外国语大学
16	《国际问题研究》	双月	中国国际问题研究所

① 《中国法学》自 2013 年开始转载，2012 年无转载数据。此次评选过程中，综合考虑了专家同行评议结果和 2013 年的转载数据。

续前表

序号	期刊名称	刊期	主办单位
17	《国际展望》	双月	上海国际问题研究院
18	《国际政治研究》	双月	北京大学
19	《国外理论动态》	月刊	中共中央编译局世界发展战略研究部
20	《国外社会科学》	双月	中国社会科学院信息情报研究院
21	《国外社会科学文摘》	月刊	上海社会科学院信息研究所
22	《和平与发展》	双月	和平与发展研究中心
23	《教学与研究》	月刊	中国人民大学
24	《开放时代》	双月	广州市社会科学院
25	《科学社会主义》	双月	中国科学社会主义学会
26	《理论视野》	月刊	中国马克思主义研究基金会
27	《理论探索》	双月	中共山西省委党校，山西行政学院
28	《理论探讨》	双月	中共黑龙江省委党校
29	《理论学刊》	月刊	中共山东省委党校
30	《理论与改革》	双月	中共四川省委党校
31	《领导科学》	旬刊	河南省社会科学界联合会
32	《马克思主义研究》	月刊	中国社会科学院马克思主义研究院、马克思主义研究学部
33	《马克思主义与现实》	双月	中共中央编译局
34	《毛泽东邓小平理论研究》	月刊	上海社会科学院，上海市中国特色社会主义理论体系研究中心
35	《美国研究》	双月	中国社会科学院美国研究所，中华美国学会
36	《欧洲研究》	双月	中国社会科学院欧洲研究所
37	《求实》	月刊	中共江西省委党校，江西行政学院
38	《求是》	半月	中国共产党中央委员会
39	《人大研究》	月刊	甘肃省人大常委会
40	《社会科学》	月刊	上海社会科学院
41	《社会主义研究》	双月	华中师范大学
42	《世界经济与政治》	月刊	中国社会科学院世界经济与政治研究所
43	《世界经济与政治论坛》	双月	江苏省社会科学院世界经济研究所
44	《台湾研究集刊》	双月	厦门大学台湾研究院
45	《太平洋学报》	月刊	中国太平洋学会
46	《探索》	双月	中共重庆市委党校
47	《探索与争鸣》	月刊	上海市社会科学界联合会
48	《外交评论（外交学院学报）》	双月	外交学院
49	《武汉大学学报（哲学社会科学版）》	双月	武汉大学
50	《西亚非洲》	双月	中国社会科学院西亚非洲研究所
51	《现代国际关系》	月刊	中国现代国际关系研究院
52	《新视野》	双月	中共北京市委党校，北京行政学院
53	《学术前沿》	半月	人民论坛杂志社
54	《学习论坛》	月刊	中共河南省委党校，河南行政学院

续前表

序号	期刊名称	刊期	主办单位
55	《浙江社会科学》	月刊	浙江省社会科学界联合会
56	《政治学研究》	双月	中国社会科学院政治学研究所
57	《中共杭州市委党校学报》	双月	中共杭州市委党校，杭州行政学院
58	《中共浙江省委党校学报》	双月	中共浙江省委党校，浙江行政学院
59	《中共中央党校学报》	双月	中共中央党校
60	《中国党政干部论坛》	月刊	中共中央党校
61	《中国井冈山干部学院学报》	双月	中国井冈山干部学院
62	《中国浦东干部学院学报》	双月	中国浦东干部学院
63	《中国社会科学》	月刊	中国社会科学院
64	《中国特色社会主义研究》	双月	北京市社会科学界联合会，北京市中国特色社会主义理论体系研究中心，北京市科学社会主义学会
65	《中国延安干部学院学报》	双月	中国延安干部学院
66	《中国政协》	半月	中国人民政治协商会议全国委员会
67	《中央社会主义学院学报》	双月	中央社会主义学院
68	《中州学刊》	月刊	河南省社会科学院

6. 社会学（27 种）

序号	期刊名称	刊期	主办单位
1	《当代青年研究》	双月	上海社会科学院青少年研究所
2	《妇女研究论丛》	双月	全国妇联妇女研究所，中国妇女研究会
3	《国外社会科学》	双月	中国社会科学院信息情报研究院
4	《华东理工大学学报（社会科学版）》	双月	华东理工大学
5	《江海学刊》	双月	江苏省社会科学院
6	《开放时代》	双月	广州市社会科学院
7	《青年探索》	双月	广州市穗港澳青少年研究所
8	《青年研究》	双月	中国社会科学院社会学研究所
9	《人口学刊》	双月	吉林大学
10	《人口研究》	双月	中国人民大学
11	《人口与发展》	双月	北京大学
12	《人口与经济》	双月	首都经济贸易大学
13	《人文杂志》	月刊	陕西省社会科学院
14	《社会》	双月	上海大学
15	《社会工作》	双月	江西省民政厅
16	《社会工作与管理（原广东工业大学学报（社会科学版））》	双月	广东工业大学
17	《社会科学》	月刊	上海社会科学院
18	《社会学研究》	双月	中国社会科学院社会学研究所
19	《探索与争鸣》	月刊	上海市社会科学界联合会
20	《学海》	双月	江苏省社会科学院

续前表

序号	期刊名称	刊期	主办单位
21	《学术月刊》	月刊	上海市社会科学界联合会
22	《学习与实践》	月刊	武汉市社会科学院
23	《中国青年研究》	月刊	中国青少年研究中心，中国青少年研究会
24	《中国青年政治学院学报》	双月	中国青年政治学院
25	《中国人口科学》	双月	中国社会科学院人口与劳动经济研究所
26	《中国社会工作》	半月	中国社会报社
27	《中国社会科学》	月刊	中国社会科学院

7. 民族学（11种）

序号	期刊名称	刊期	主办单位
1	《广西民族研究》	双月	广西壮族自治区民族问题研究中心
2	《贵州民族研究》	月刊	贵州省民族研究院
3	《黑龙江民族丛刊》	双月	黑龙江省民族研究所
4	《民族论坛》	半月	湖南省民族事务委员会
5	《民族研究》	双月	中国社会科学院民族学与人类学研究所
6	《青海民族研究（社会科学版）》	季刊	青海民族大学民族学与社会学学院，青海民族大学民族研究所
7	《世界民族》	双月	中国社会科学院民族学与人类学研究所
8	《西北民族大学学报（哲学社会科学版）》	双月	西北民族大学
9	《西南民族大学学报（人文社会科学版）》	月刊	西南民族大学
10	《中南民族大学学报（人文社会科学版）》	双月	中南民族大学
11	《中央民族大学学报（哲学社会科学版）》	双月	中央民族大学

8. 马克思主义理论（30种）

序号	期刊名称	刊期	主办单位
1	《北京教育》	月刊	北京教育音像报刊总社
2	《当代世界与社会主义》	双月	中共中央编译局马克思主义研究部，中国国际共运史学会
3	《党的文献》	双月	中共中央文献研究室，中央档案馆
4	《国外理论动态》	月刊	中共中央编译局世界发展战略研究部
5	《江苏行政学院学报》	双月	江苏省行政学院
6	《教学与研究》	月刊	中国人民大学
7	《科学社会主义》	双月	中国科学社会主义学会
8	《马克思主义研究》	月刊	中国社会科学院马克思主义研究院、马克思主义研究学部
9	《马克思主义与现实》	双月	中共中央编译局
10	《毛泽东邓小平理论研究》	月刊	上海社会科学院，上海市中国特色社会主义理论体系研究中心

续前表

序号	期刊名称	刊期	主办单位
11	《毛泽东思想研究》	双月	四川省社会科学院，四川省社会科学界联合会
12	《南京社会科学》	月刊	南京市社会科学界联合会，南京市社会科学院
13	《南京政治学院学报》	双月	南京政治学院
14	《社会主义研究》	双月	华中师范大学
15	《思想教育研究》	月刊	全国高等学校思想政治教育研究会，北京科技大学
16	《思想理论教育》	月刊	上海市高等学校思想理论教育研究会，上海市教育科学研究院
17	《思想理论教育导刊》	月刊	高等教育出版社
18	《思想政治工作研究》	月刊	中国思想政治工作研究会，中宣部思想政治工作研究所
19	《思想政治教育研究》	双月	哈尔滨理工大学
20	《探索与争鸣》	月刊	上海市社会科学界联合会
21	《现代哲学》	双月	广东哲学学会
22	《学术月刊》	月刊	上海市社会科学界联合会
23	《学习论坛》	月刊	中共河南省委党校，河南行政学院
24	《学校党建与思想教育》	半月	湖北长江报刊传媒集团
25	《中国德育》	半月	中国教育科学研究院
26	《中国井冈山干部学院学报》	双月	中国井冈山干部学院
27	《中国军队政治工作》	月刊	军事科学院军队政治工作研究中心
28	《中国浦东干部学院学报》	双月	中国浦东干部学院
29	《中国特色社会主义研究》	双月	北京市社会科学界联合会，北京市中国特色社会主义理论体系研究中心，北京市科学社会主义学会
30	《中国延安干部学院学报》	双月	中国延安干部学院

9. 教育学（66 种）

序号	期刊名称	刊期	主办单位
1	《班主任》	月刊	北京教育科学研究院
2	《班主任之友》	月刊	湖北第二师范学院
3	《北京大学教育评论》	季刊	北京大学
4	《北京师范大学学报（社会科学版）》	双月	北京师范大学
5	《比较教育研究》	月刊	北京师范大学
6	《成人教育》	月刊	黑龙江省教育学院
7	《大学教育科学》	双月	湖南大学，中国机械工业教育协会
8	《当代教育科学》	半月	山东省教育科学研究所，山东省教育学会
9	《当代教育论坛》	双月	湖南省教育科学研究院
10	《当代教育与文化》	双月	西北师范大学

续前表

序号	期刊名称	刊期	主办单位
11	《电化教育研究》	月刊	西北师范大学，中国电化教育研究会
12	《复旦教育论坛》	双月	复旦大学
13	《高等工程教育研究》	双月	华中科技大学，中国工程院教育委员会，中国高教学会工程教育专业委员会，全国重点大学理工科教改协作组
14	《高等教育研究》	月刊	华中科技大学，中国高等教育学会高等教育学专业委员会
15	《高教发展与评估》	双月	武汉理工大学，中国交通教育研究会高教研究分会
16	《高校教育管理》	双月	江苏大学
17	《国家教育行政学院学报》	月刊	国家教育行政学院
18	《河北大学成人教育学院学报》	季刊	河北大学继续教育学院
19	《河北师范大学学报（教育科学版）》	双月	河北师范大学
20	《华东师范大学学报（教育科学版）》	季刊	华东师范大学
21	《基础教育》	双月	华东师范大学
22	《基础教育参考》	半月	教育部教育管理信息中心
23	《基础教育课程》	半月	教育部基础教育课程教材发展中心
24	《江苏教育研究》	旬刊	江苏省教育科学研究院
25	《教师教育研究》	双月	北京师范大学，华东师范大学，教育部高校师资培训交流北京中心
26	《教学与管理》	旬刊	太原师范学院
27	《教育测量与评价》	半月	湖南省教育考试院
28	《教育导刊》	月刊	广州市教育科学研究所
29	《教育发展研究》	半月	上海市高等教育学会，上海市教育科学研究院
30	《教育科学》	双月	辽宁师范大学
31	《教育科学研究》	月刊	北京教育科学研究院，北京广播电视大学
32	《教育理论与实践》	旬刊	山西省教育科学研究院，山西省教育学会
33	《教育学报》	双月	北京师范大学
34	《教育学术月刊》	月刊	江西省教育科学研究所，江西省教育学会
35	《教育研究》	月刊	中国教育科学研究院
36	《教育研究与实验》	双月	华中师范大学
37	《教育与经济》	双月	华中师范大学，中国教育经济学研究会
38	《开放教育研究》	双月	上海远程教育集团，上海开放大学
39	《课程·教材·教法》	月刊	人民教育出版社有限公司
40	《南京社会科学》	月刊	南京市社会科学界联合会，南京市社会科学院
41	《南京师大学报（社会科学版）》	双月	南京师范大学
42	《清华大学教育研究》	双月	清华大学
43	《全球教育展望》	月刊	华东师范大学
44	《人民教育》	半月	中国教育报刊社

续前表

序号	期刊名称	刊期	主办单位
45	《上海教育》	旬刊	上海教育报刊总社
46	《上海教育科研》	月刊	上海市教育科学研究院普通教育研究所
47	《外国教育研究》	月刊	东北师范大学
48	《外国中小学教育》	月刊	上海师范大学
49	《现代大学教育》	双月	湖南省高等教育学会，中南大学
50	《现代教育管理》	月刊	辽宁教育研究院
51	《现代远程教育研究》	双月	四川广播电视大学
52	《学位与研究生教育》	月刊	国务院学位委员会
53	《远程教育杂志》	双月	浙江广播电视大学
54	《职教论坛》	旬刊	江西科技师范大学
55	《职教通讯》	旬刊	江苏理工学院
56	《职业技术教育》	旬刊	吉林工程技术师范学院
57	《中国电化教育》	月刊	教育部中央电化教育馆
58	《中国高等教育》	半月	中国教育报刊社
59	《中国高教研究》	月刊	中国高等教育学会
60	《中国教师》	半月	北京师范大学
61	《中国教育学刊》	月刊	中国教育学会
62	《中国人民大学教育学刊》	季刊	中国人民大学
63	《中国远程教育》	半月	中央广播电视大学
64	《中国职业技术教育》	旬刊	教育部职业技术教育中心研究所，中国职业技术教育学会，高等教育出版社，北京师范大学
65	《中小学德育》	月刊	华南师范大学
66	《中小学管理》	月刊	北京教育学院

10. 心理学（11 种）

序号	期刊名称	刊期	主办单位
1	《北京师范大学学报（社会科学版）》	双月	北京师范大学
2	《南京师大学报（社会科学版）》	双月	南京师范大学
3	《人类工效学》	季刊	中国人类工效学学会，安徽三联事故预防研究所
4	《心理发展与教育》	双月	北京师范大学
5	《心理科学》	双月	中国心理学会
6	《心理科学进展》	月刊	中国科学院心理研究所
7	《心理学报》	月刊	中国心理学会，中国科学院心理研究所
8	《心理学探新》	双月	江西师范大学
9	《心理研究》	双月	河南大学
10	《心理与行为研究》	双月	天津师范大学
11	《应用心理学》	季刊	浙江省心理学会，浙江大学

11. 体育学（11种）

序号	期刊名称	刊期	主办单位
1	《北京体育大学学报》	月刊	北京体育大学
2	《成都体育学院学报》	月刊	成都体育学院
3	《上海体育学院学报》	双月	上海体育学院
4	《沈阳体育学院学报》	双月	沈阳体育学院
5	《首都体育学院学报》	双月	首都体育学院
6	《体育科学》	月刊	中国体育科学学会
7	《体育学刊》	双月	华南理工大学，华南师范大学
8	《体育与科学》	双月	江苏省体育科学研究所
9	《天津体育学院学报》	双月	天津体育学院
10	《武汉体育学院学报》	月刊	武汉体育学院
11	《西安体育学院学报》	双月	西安体育学院

12. 中国语言文学（69种）

序号	期刊名称	刊期	主办单位
1	《北方论丛》	双月	哈尔滨师范大学
2	《北京大学学报（哲学社会科学版）》	双月	北京大学
3	《北京师范大学学报（社会科学版）》	双月	北京师范大学
4	《当代文坛》	双月	四川省作家协会
5	《当代修辞学》	双月	复旦大学
6	《当代语言学》	季刊	中国社会科学院语言研究所
7	《当代作家评论》	双月	辽宁省作家协会
8	《东吴学术》	双月	常熟理工学院
9	《方言》	季刊	中国社会科学院语言研究所
10	《复旦学报（社会科学版）》	双月	复旦大学
11	《古汉语研究》	季刊	湖南师范大学
12	《古籍整理研究学刊》	双月	东北师范大学文学院古籍整理研究所
13	《海南师范大学学报（社会科学版）》	月刊	海南师范大学
14	《汉语学报》	季刊	华中师范大学
15	《汉语学习》	双月	延边大学
16	《汉语言文学研究》	季刊	河南大学
17	《杭州师范大学学报（社会科学版）》	双月	杭州师范大学
18	《河北学刊》	双月	河北省社会科学院
19	《华中师范大学学报（人文社会科学版）》	双月	华中师范大学
20	《江海学刊》	双月	江苏省社会科学院
21	《江汉论坛》	月刊	湖北省社会科学院
22	《江淮论坛》	双月	安徽省社会科学院
23	《江西社会科学》	月刊	江西省社会科学院
24	《鲁迅研究月刊》	月刊	北京鲁迅博物馆

续前表

序号	期刊名称	刊期	主办单位
25	《民族文学研究》	双月	中国社会科学院民族文学研究所
26	《民族语文》	双月	中国社会科学院民族学与人类学研究所
27	《明清小说研究》	季刊	江苏省社会科学院文学研究所、明清小说研究中心
28	《南方文坛》	双月	广西文联
29	《南京师范大学文学院学报》	季刊	南京师范大学文学院
30	《南开学报（哲学社会科学版）》	双月	南开大学
31	《人文杂志》	月刊	陕西省社会科学院
32	《山东师范大学学报（人文社会科学版）》	双月	山东师范大学
33	《山西大学学报（哲学社会科学版）》	双月	山西大学
34	《陕西师范大学学报（哲学社会科学版）》	双月	陕西师范大学
35	《上海师范大学学报（哲学社会科学版）》	双月	上海师范大学
36	《社会科学》	月刊	上海社会科学院
37	《世界汉语教学》	季刊	北京语言大学
38	《苏州大学学报（哲学社会科学版）》	双月	苏州大学
39	《外语教学与研究》	双月	北京外国语大学
40	《文史哲》	双月	山东大学
41	《文学评论》	双月	中国社会科学院文学研究所
42	《文学遗产》	双月	中国社会科学院文学研究所
43	《文学与文化》	季刊	南开大学出版社
44	《文艺理论研究》	双月	中国文艺理论学会，华东师范大学
45	《文艺理论与批评》	双月	中国艺术研究院
46	《文艺评论》	月刊	黑龙江省文学艺术界联合会
47	《文艺研究》	月刊	中国艺术研究院
48	《文艺争鸣》	月刊	吉林省文学艺术界联合会
49	《武汉大学学报（人文科学版）》	双月	武汉大学
50	《现代外语》	双月	广东外语外贸大学
51	《现代中文学刊》	双月	全国高等教育自学考试指导委员会文史专业委员会，华东师范大学
52	《小说评论》	双月	陕西省作家协会
53	《新文学史料》	季刊	人民文学出版社有限公司
54	《学术研究》	月刊	广东省社会科学界联合会
55	《学术月刊》	月刊	上海市社会科学界联合会
56	《扬子江评论》	双月	江苏省作家协会
57	《语文研究》	季刊	山西省社会科学院
58	《语言教学与研究》	双月	北京语言大学
59	《语言科学》	双月	江苏师范大学语言研究所
60	《语言文字应用》	季刊	教育部语言文字应用研究所
61	《语言研究》	季刊	华中科技大学中国语言研究所
62	《郑州大学学报（哲学社会科学版）》	双月	郑州大学
63	《中国比较文学》	季刊	上海外国语大学，中国比较文学学会

续前表

序号	期刊名称	刊期	主办单位
64	《中国社会科学》	月刊	中国社会科学院
65	《中国文化研究》	季刊	北京语言大学
66	《中国文学研究》	季刊	湖南师范大学
67	《中国现代文学研究丛刊》	月刊	中国现代文学馆
68	《中国语文》	双月	中国社会科学院语言研究所
69	《中山大学学报（社会科学版）》	双月	中山大学

13. 外国语言文学（10 种）

序号	期刊名称	刊期	主办单位
1	《当代外国文学》	季刊	南京大学外国文学研究所
2	《俄罗斯文艺》	季刊	北京师范大学
3	《国外文学》	季刊	北京大学
4	《同济大学学报（社会科学版）》	双月	同济大学
5	《外国文学》	双月	北京外国语大学
6	《外国文学评论》	季刊	中国社会科学院外国文学研究所
7	《外国文学研究》	双月	华中师范大学
8	《外国语》	双月	上海外国语大学
9	《外语与外语教学》	双月	大连外国语大学
10	《中国比较文学》	季刊	上海外国语大学，中国比较文学学会

14. 新闻传播学（23 种）

序号	期刊名称	刊期	主办单位
1	《编辑学刊》	双月	上海市编辑学会，上海世纪出版集团
2	《编辑之友》	月刊	山西三晋报刊传媒集团有限责任公司
3	《出版发行研究》	月刊	中国新闻出版研究院
4	《出版广角》	半月	广西出版杂志社
5	《出版科学》	双月	湖北省编辑学会，武汉大学
6	《当代传播》	双月	新疆日报社，新疆新闻工作者协会
7	《对外传播》	月刊	中国外文局对外传播研究中心
8	《国际新闻界》	月刊	中国人民大学
9	《科技与出版》	月刊	清华大学出版社有限公司
10	《南方电视学刊》	双月	广东电视台，广东省文化馆
11	《南京社会科学》	月刊	南京市社会科学界联合会，南京市社会科学院
12	《现代出版》	双月	中国大学出版社协会，中国传媒大学出版社，中国传媒大学编辑出版研究中心
13	《现代传播（中国传媒大学学报）》	月刊	中国传媒大学
14	《新闻爱好者》	月刊	河南日报报业集团
15	《新闻大学》	双月	复旦大学

续前表

序号	期刊名称	刊期	主办单位
16	《新闻记者》	月刊	上海报业集团，上海社会科学院新闻研究所
17	《新闻与传播研究》	月刊	中国社会科学院新闻与传播研究所
18	《新闻与写作》	月刊	北京日报报业集团
19	《中国编辑》	双月	中国编辑学会，高等教育出版社有限公司
20	《中国出版》	半月	中国新闻出版传媒集团
21	《中国广播》	月刊	中央人民广播电台
22	《中国广播电视学刊》	月刊	中国广播电影电视社会组织联合会
23	《中国图书评论》	月刊	中国图书评论杂志社

15. 艺术学（25 种）

序号	期刊名称	刊期	主办单位
1	《北京电影学院学报》	双月	北京电影学院
2	《北京舞蹈学院学报》	双月	北京舞蹈学院
3	《当代电影》	月刊	中国电影艺术研究中心，中国传媒大学
4	《电影艺术》	双月	中国电影家协会
5	《故宫博物院院刊》	双月	故宫博物院
6	《美术》	月刊	中国美术家协会
7	《民族艺术研究》	双月	云南省民族艺术研究院
8	《南京艺术学院学报（美术与设计版）》	双月	南京艺术学院
9	《南京艺术学院学报（音乐与表演版）》	季刊	南京艺术学院
10	《上海大学学报（社会科学版）》	双月	上海大学
11	《世界电影》	双月	中国电影家协会
12	《文化遗产》	双月	中山大学
13	《文化艺术研究》	季刊	浙江省文化艺术研究院
14	《文艺研究》	月刊	中国艺术研究院
15	《戏剧（中央戏剧学院学报）》	双月	中央戏剧学院
16	《戏剧艺术（上海戏剧学院学报）》	双月	上海戏剧学院
17	《戏曲艺术》	季刊	中国戏曲学院
18	《新美术》	月刊	中国美术学院
19	《星海音乐学院学报》	季刊	星海音乐学院
20	《艺术百家》	双月	江苏省文化艺术研究院
21	《艺术评论》	月刊	中国艺术研究院
22	《音乐研究》	双月	人民音乐出版社有限公司
23	《音乐艺术（上海音乐学院学报）》	季刊	上海音乐学院
24	《中国音乐学》	季刊	中国艺术研究院
25	《中央音乐学院学报》	季刊	中央音乐学院

16. 历史学（58种）

序号	期刊名称	刊期	主办单位
1	《安徽史学》	双月	安徽省社会科学院
2	《北京大学学报（哲学社会科学版）》	双月	北京大学
3	《当代中国史研究》	双月	中国社会科学院当代中国研究所
4	《党史研究与教学》	双月	中共福建省委党校
5	《敦煌研究》	双月	敦煌研究院
6	《复旦学报（社会科学版）》	双月	复旦大学
7	《古代文明》	季刊	东北师范大学世界古典文明史研究所，东北师范大学亚洲文明研究院，东北师范大学出版社，东北师范大学世界文明史研究中心
8	《广东社会科学》	双月	广东省社会科学院
9	《贵州社会科学》	月刊	贵州省社会科学院
10	《国学学刊》	季刊	中国人民大学
11	《河北学刊》	双月	河北省社会科学院
12	《华东师范大学学报（哲学社会科学版）》	双月	华东师范大学
13	《江海学刊》	双月	江苏省社会科学院
14	《江汉论坛》	月刊	湖北省社会科学院
15	《近代史研究》	双月	中国社会科学院近代史研究所
16	《晋阳学刊》	双月	山西省社会科学院
17	《军事历史研究》	季刊	南京政治学院
18	《抗日战争研究》	季刊	中国社会科学院近代史研究所，中国抗日战争史学会
19	《考古》	月刊	中国社会科学院考古研究所
20	《考古学报》	季刊	中国社会科学院考古研究所
21	《考古与文物》	双月	陕西省考古研究院
22	《历史档案》	季刊	中国第一历史档案馆
23	《历史教学》	半月	历史教学社（天津）有限公司
24	《历史研究》	双月	中国社会科学院
25	《民国档案》	季刊	中国第二历史档案馆
26	《民族研究》	双月	中国社会科学院民族学与人类学研究所
27	《南京大学学报（哲学·人文科学·社会科学）》	双月	南京大学
28	《清华大学学报（哲学社会科学版）》	双月	清华大学
29	《清史研究》	季刊	中国人民大学
30	《人文杂志》	月刊	陕西省社会科学院
31	《社会科学》	月刊	上海社会科学院
32	《社会科学战线》	月刊	吉林省社会科学院
33	《史林》	双月	上海社会科学院历史研究所
34	《史学集刊》	双月	吉林大学

续前表

序号	期刊名称	刊期	主办单位
35	《史学理论研究》	季刊	中国社会科学院世界历史研究所
36	《史学史研究》	季刊	北京师范大学
37	《史学月刊》	月刊	河南大学，河南省历史学会
38	《世界历史》	双月	中国社会科学院世界历史研究所
39	《首都师范大学学报（社会科学版）》	双月	首都师范大学
40	《四川大学学报（哲学社会科学版）》	双月	四川大学
41	《四川师范大学学报（社会科学版）》	双月	四川师范大学
42	《文史》	季刊	中华书局有限公司
43	《文史哲》	双月	山东大学
44	《武汉大学学报（人文科学版）》	双月	武汉大学
45	《西域研究》	季刊	新疆社会科学院
46	《学海》	双月	江苏省社会科学院
47	《学术研究》	月刊	广东省社会科学界联合会
48	《学术月刊》	月刊	上海市社会科学界联合会
49	《浙江学刊》	双月	浙江省社会科学院
50	《郑州大学学报（哲学社会科学版）》	双月	郑州大学
51	《中共党史研究》	月刊	中共中央党史研究室
52	《中国边疆史地研究》	季刊	中国社会科学院中国边疆史地研究中心
53	《中国历史地理论丛》	季刊	陕西师范大学
54	《中国社会科学》	月刊	中国社会科学院
55	《中国史研究》	季刊	中国社会科学院历史研究所
56	《中国史研究动态》	双月	中国社会科学院历史研究所
57	《中华文史论丛》	季刊	上海世纪出版股份有限公司古籍出版社
58	《中山大学学报（社会科学版）》	双月	中山大学

17. 地理学（8 种）

序号	期刊名称	刊期	主办单位
1	《地理科学》	月刊	中国科学院东北地理与农业生态研究所
2	《地理科学进展》	月刊	中国科学院地理科学与资源研究所，中国地理学会
3	《地理学报》	月刊	中国地理学会，中国科学院地理科学与资源研究所
4	《地理研究》	月刊	中国科学院地理科学与资源研究所，中国地理学会
5	《地域研究与开发》	双月	河南省科学院地理研究所
6	《江汉论坛》	月刊	湖北省社会科学院
7	《人文地理》	双月	西安外国语大学
8	《世界地理研究》	季刊	中国地理学会

18. 工商管理（54种）

序号	期刊名称	刊期	主办单位
1	《北京第二外国语学院学报》	月刊	北京第二外国语学院
2	《北京工商大学学报（社会科学版）》	双月	北京工商大学
3	《北京交通大学学报（社会科学版）》	季刊	北京交通大学
4	《财会通讯》	旬刊	湖北省会计学会
5	《财经论丛》	月刊	浙江财经大学
6	《财经问题研究》	月刊	东北财经大学
7	《当代财经》	月刊	江西财经大学
8	《当代经济管理》	月刊	石家庄经济学院
9	《管理案例研究与评论》	双月	大连理工大学
10	《管理工程学报》	季刊	浙江大学
11	《管理科学》	双月	哈尔滨工业大学管理学院
12	《管理评论》	月刊	中国科学院大学
13	《管理世界》	月刊	国务院发展研究中心
14	《管理学报》	月刊	华中科技大学
15	《技术经济》	月刊	中国技术经济学会
16	《技术经济与管理研究》	月刊	山西省人民政府发展研究中心
17	《经济地理》	月刊	中国地理学会，湖南省经济地理研究所
18	《经济管理》	月刊	中国社会科学院工业经济研究所
19	《经济与管理研究》	月刊	首都经济贸易大学
20	《科技管理研究》	半月	广东省科学学与科技管理研究会
21	《科技进步与对策》	半月	湖北省科技信息研究院
22	《科学学研究》	月刊	中国科学学与科技政策研究会
23	《科学学与科学技术管理》	月刊	中国科学学与科技政策研究会，天津市科学学研究所
24	《科研管理》	月刊	中国科学学与科技政策研究会，清华大学技术创新研究中心
25	《会计研究》	月刊	中国会计学会
26	《会计与经济研究》	双月	上海立信会计学院
27	《会计之友》	旬刊	山西社会科学报刊社
28	《旅游科学》	双月	上海师范大学旅游学院（上海旅游高等专科学校）
29	《旅游学刊》	月刊	北京联合大学旅游学院
30	《旅游研究》	季刊	昆明学院
31	《南京审计学院学报》	双月	南京审计学院
32	《南开管理评论》	双月	南开大学商学院
33	《全球科技经济瞭望》	月刊	中国科学技术信息研究所，科学技术文献出版社
34	《人文地理》	双月	西安外国语大学
35	《软科学》	月刊	四川省科技促进发展研究中心

续前表

序号	期刊名称	刊期	主办单位
36	《山西财经大学学报》	月刊	山西财经大学
37	《商业经济与管理》	月刊	浙江工商大学
38	《商业研究》	月刊	哈尔滨商业大学，中国商业经济学会
39	《审计研究》	双月	中国审计学会
40	《审计与经济研究》	双月	南京审计学院
41	《首都经济贸易大学学报》	双月	首都经济贸易大学
42	《数理统计与管理》	双月	中国现场统计研究会
43	《外国经济与管理》	月刊	上海财经大学
44	《物流技术》	月刊	中国物资流通学会物流技术经济委员会，全国物资流通科技情报站，湖北物资流通技术研究所，中国物流生产力促进中心
45	《现代财经（天津财经大学学报）》	月刊	天津财经大学
46	《研究与发展管理》	双月	复旦大学
47	《中国工业经济》	月刊	中国社会科学院工业经济研究所
48	《中国管理科学》	月刊	中国优选法统筹法与经济数学研究会，中国科学院科技政策与管理科学研究所
49	《中国科技论坛》	月刊	中国科学技术发展战略研究院
50	《中国流通经济》	月刊	北京物资学院
51	《中国人力资源开发》	月刊	中国人力资源开发研究会
52	《中国软科学》	月刊	中国软科学研究会
53	《中南财经政法大学学报》	双月	中南财经政法大学
54	《中央财经大学学报》	月刊	中央财经大学

19. 农林经济管理（14 种）

序号	期刊名称	刊期	主办单位
1	《改革》	月刊	重庆社会科学院
2	《管理世界》	月刊	国务院发展研究中心
3	《华南农业大学学报（社会科学版）》	季刊	华南农业大学
4	《华中农业大学学报（社会科学版）》	双月	华中农业大学
5	《江汉论坛》	月刊	湖北省社会科学院
6	《经济理论与经济管理》	月刊	中国人民大学
7	《经济学动态》	月刊	中国社会科学院经济研究所
8	《经济学家》	月刊	西南财经大学，四川社会科学学术基金会（新知研究院）
9	《南京农业大学学报（社会科学版）》	双月	南京农业大学
10	《农林经济管理学报（原江西农业大学学报）》	双月	江西农业大学
11	《农业技术经济》	月刊	中国农业技术经济研究会，中国农业科学院农业经济研究所

续前表

序号	期刊名称	刊期	主办单位
12	《农业经济问题》	月刊	中国农业经济学会，中国农业科学院经济与发展研究所
13	《中国农村观察》	双月	中国社会科学院农村发展研究所
14	《中国农村经济》	月刊	中国社会科学院农村发展研究所

20. 公共管理（24种）

序号	期刊名称	刊期	主办单位
1	《北京行政学院学报》	双月	北京行政学院
2	《党政研究（原中共四川省委省级机关党校学报）》	双月	中共四川省委省级机关党校
3	《甘肃社会科学》	双月	甘肃省社会科学院
4	《甘肃行政学院学报》	双月	甘肃行政学院
5	《公共管理学报》	季刊	哈尔滨工业大学管理学院
6	《国家行政学院学报》	双月	国家行政学院
7	《华中师范大学学报（人文社会科学版）》	双月	华中师范大学
8	《江海学刊》	双月	江苏省社会科学院
9	《江苏行政学院学报》	双月	江苏省行政学院
10	《经济社会体制比较》	双月	中共中央编译局
11	《经济体制改革》	双月	四川省社会科学院
12	《经济研究》	月刊	中国社会科学院经济研究所
13	《南京社会科学》	月刊	南京市社会科学界联合会，南京市社会科学院
14	《上海行政学院学报》	双月	上海行政学院
15	《社会科学研究》	双月	四川省社会科学院
16	《苏州大学学报（哲学社会科学版）》	双月	苏州大学
17	《天津行政学院学报》	双月	天津行政学院
18	《行政管理改革》	月刊	国家行政学院
19	《行政论坛》	双月	黑龙江省行政学院
20	《学习论坛》	月刊	中共河南省委党校，河南行政学院
21	《浙江社会科学》	月刊	浙江省社会科学界联合会
22	《中共浙江省委党校学报》	双月	中共浙江省委党校，浙江行政学院
23	《中国人民大学学报》	双月	中国人民大学
24	《中国行政管理》	月刊	中国行政管理学会

21. 图书情报与档案管理（26种）

序号	期刊名称	刊期	主办单位
1	《北京档案》	月刊	北京市档案局，北京市档案学会
2	《大学图书馆学报》	双月	北京大学，教育部高等学校图书情报工作指导委员会

续前表

序号	期刊名称	刊期	主办单位
3	《档案》	月刊	甘肃省档案局（馆），甘肃省档案学会
4	《档案学通讯》	双月	中国人民大学
5	《档案学研究》	双月	中国档案学会
6	《档案与建设》	月刊	江苏省档案局，江苏省档案学会
7	《国家图书馆学刊》	双月	中国国家图书馆
8	《情报科学》	月刊	吉林大学，中国科学技术情报学会
9	《情报理论与实践》	月刊	中国国防科学技术信息学会，中国兵器工业集团第二一〇研究所
10	《情报学报》	月刊	中国科学技术情报学会，中国科学技术信息研究所
11	《情报杂志》	月刊	陕西省科学技术信息研究所
12	《情报资料工作》	双月	中国人民大学
13	《数字图书馆论坛》	月刊	中国科学技术信息研究所，北京万方数据股份有限公司
14	《图书馆建设》	月刊	黑龙江省图书馆，黑龙江省图书馆学会
15	《图书馆理论与实践》	月刊	宁夏回族自治区图书馆学会，宁夏回族自治区图书馆
16	《图书馆论坛》	月刊	广东省立中山图书馆
17	《图书馆学研究（理论版）》	半月	吉林省图书馆
18	《图书馆杂志》	月刊	上海市图书馆学会，上海图书馆
19	《图书情报工作》	半月	中国科学院文献情报中心
20	《图书情报知识》	双月	武汉大学
21	《图书与情报》	双月	甘肃省图书馆，甘肃省科技情报研究所，甘肃省图书馆学会，甘肃省科技情报学会
22	《现代图书情报技术》	月刊	中国科学院文献情报中心
23	《信息资源管理学报》	季刊	中国高校科技期刊研究会，武汉大学
24	《浙江档案》	月刊	浙江省档案局，浙江省档案学会
25	《中国档案》	月刊	中国档案杂志社
26	《中国图书馆学报》	双月	中国图书馆学会，国家图书馆

第四节　高等院校主办学报名录（159 种）

（按期刊名称音序排列）

序号	期刊名称	刊期	主办单位
1	《安徽大学学报（哲学社会科学版）》	双月	安徽大学
2	《安徽师范大学学报（人文社会科学版）》	双月	安徽师范大学
3	《澳门理工学报（人文社会科学版）》	季刊	澳门理工学院
4	《北京大学学报（哲学社会科学版）》	双月	北京大学

续前表

序号	期刊名称	刊期	主办单位
5	《北京第二外国语学院学报》	月刊	北京第二外国语学院
6	《北京电影学院学报》	双月	北京电影学院
7	《北京工商大学学报（社会科学版）》	双月	北京工商大学
8	《北京航空航天大学学报（社会科学版）》	双月	北京航空航天大学
9	《北京交通大学学报（社会科学版）》	季刊	北京交通大学
10	《北京联合大学学报（人文社会科学版）》	季刊	北京联合大学
11	《北京师范大学学报（社会科学版）》	双月	北京师范大学
12	《北京体育大学学报》	月刊	北京体育大学
13	《北京舞蹈学院学报》	双月	北京舞蹈学院
14	《财经科学》	月刊	西南财经大学
15	《长沙理工大学学报（社会科学版）》	双月	长沙理工大学
16	《成都体育学院学报》	月刊	成都体育学院
17	《重庆大学学报（社会科学版）》	双月	重庆大学
18	《重庆工商大学学报（社会科学版）》	双月	重庆工商大学
19	《重庆理工大学学报（社会科学）》	月刊	重庆理工大学
20	《东北大学学报（社会科学版）》	双月	东北大学
21	《东北师大学报（哲学社会科学版）》	双月	东北师范大学
22	《东南大学学报（哲学社会科学版）》	双月	东南大学
23	《法律科学（西北政法大学学报）》	双月	西北政法大学
24	《福建师范大学学报（哲学社会科学版）》	双月	福建师范大学
25	《复旦学报（社会科学版）》	双月	复旦大学
26	《甘肃政法学院学报》	双月	甘肃政法学院
27	《广东财经大学学报（原广东商学院学报）》	双月	广东财经大学
28	《广东青年职业学院学报》	季刊	广东青年职业学院
29	《广西大学学报（哲学社会科学版）》	双月	广西大学
30	《广西民族大学学报（哲学社会科学版）》	双月	广西民族大学
31	《广西师范大学学报（哲学社会科学版）》	双月	广西师范大学
32	《广州大学学报（社会科学版）》	月刊	广州大学
33	《国际安全研究》	双月	国际关系学院
34	《国际商务（对外经济贸易大学学报）》	双月	对外经济贸易大学
35	《国家检察官学院学报》	双月	国家检察官学院
36	《哈尔滨工业大学学报（社会科学版）》	双月	哈尔滨工业大学
37	《海南师范大学学报（社会科学版）》	月刊	海南师范大学
38	《杭州师范大学学报（社会科学版）》	双月	杭州师范大学
39	《河北大学学报（哲学社会科学版）》	双月	河北大学
40	《河北经贸大学学报》	双月	河北经贸大学
41	《河北师范大学学报（教育科学版）》	双月	河北师范大学
42	《河北师范大学学报（哲学社会科学版）》	双月	河北师范大学
43	《河南财经政法大学学报》	双月	河南财经政法大学
44	《河南大学学报（社会科学版）》	双月	河南大学

续前表

序号	期刊名称	刊期	主办单位
45	《河南师范大学学报（哲学社会科学版）》	双月	河南师范大学
46	《湖北大学学报（哲学社会科学版）》	双月	湖北大学
47	《湖北经济学院学报》	双月	湖北经济学院
48	《湖南大学学报（社会科学版）》	双月	湖南大学
49	《湖南科技大学学报（社会科学版）》	双月	湖南科技大学
50	《湖南师范大学社会科学学报》	双月	湖南师范大学
51	《华东理工大学学报（社会科学版）》	双月	华东理工大学
52	《华东师范大学学报（教育科学版）》	季刊	华东师范大学
53	《华东师范大学学报（哲学社会科学版）》	双月	华东师范大学
54	《华东政法大学学报》	双月	华东政法大学
55	《华南理工大学学报（社会科学版）》	双月	华南理工大学
56	《华南农业大学学报（社会科学版）》	季刊	华南农业大学
57	《华南师范大学学报（社会科学版）》	双月	华南师范大学
58	《华中科技大学学报（社会科学版）》	双月	华中科技大学
59	《华中农业大学学报（社会科学版）》	双月	华中农业大学
60	《华中师范大学学报（人文社会科学版）》	双月	华中师范大学
61	《淮阴师范学院学报（哲学社会科学版）》	双月	淮阴师范学院
62	《吉林大学社会科学学报》	双月	吉林大学
63	《暨南学报（哲学社会科学版）》	月刊	暨南大学
64	《江汉大学学报（社会科学版）》	双月	江汉大学
65	《江南大学学报（人文社会科学版）》	双月	江南大学
66	《江苏大学学报（社会科学版）》	双月	江苏大学
67	《江苏师范大学学报（哲学社会科学版）》	双月	江苏师范大学
68	《江西财经大学学报》	双月	江西财经大学
69	《江西师范大学学报（哲学社会科学版）》	双月	江西师范大学
70	《解放军艺术学院学报》	季刊	解放军艺术学院
71	《经济经纬》	双月	河南财经政法大学
72	《会计与经济研究》	双月	上海立信会计学院
73	《兰州大学学报（社会科学版）》	双月	兰州大学
74	《辽宁大学学报（哲学社会科学版）》	双月	辽宁大学
75	《南昌大学学报（人文社会科学版）》	双月	南昌大学
76	《南都学坛（南阳师范学院人文社会科学学报）》	双月	南阳师范学院
77	《南京大学学报（哲学·人文科学·社会科学）》	双月	南京大学
78	《南京工业大学学报（社会科学版）》	季刊	南京工业大学
79	《南京农业大学学报（社会科学版）》	双月	南京农业大学
80	《南京审计学院学报》	双月	南京审计学院
81	《南京师大学报（社会科学版）》	双月	南京师范大学
82	《南京政治学院学报》	双月	南京政治学院
83	《南开学报（哲学社会科学版）》	双月	南开大学

续前表

序号	期刊名称	刊期	主办单位
84	《清华大学学报（哲学社会科学版）》	双月	清华大学
85	《求是学刊》	双月	黑龙江大学
86	《山东大学学报（哲学社会科学版）》	双月	山东大学
87	《山东师范大学学报（人文社会科学版）》	双月	山东师范大学
88	《山西财经大学学报》	月刊	山西财经大学
89	《山西大学学报（哲学社会科学版）》	双月	山西大学
90	《山西师大学报（社会科学版）》	双月	山西师范大学
91	《陕西师范大学学报（哲学社会科学版）》	双月	陕西师范大学
92	《上海财经大学学报（哲学社会科学版）》	双月	上海财经大学
93	《上海大学学报（社会科学版）》	双月	上海大学
94	《上海对外经贸大学学报（原世界贸易组织动态与研究）》	双月	上海对外经贸大学
95	《上海交通大学学报（哲学社会科学版）》	双月	上海交通大学
96	《上海师范大学学报（哲学社会科学版）》	双月	上海师范大学
97	《上海体育学院学报》	双月	上海体育学院
98	《绍兴文理学院学报》	月刊	绍兴文理学院
99	《社会工作与管理（原广东工业大学学报（社会科学版））》	双月	广东工业大学
100	《深圳大学学报（人文社会科学版）》	双月	深圳大学
101	《首都经济贸易大学学报》	双月	首都经济贸易大学
102	《首都师范大学学报（社会科学版）》	双月	首都师范大学
103	《首都体育学院学报》	双月	首都体育学院
104	《四川大学学报（哲学社会科学版）》	双月	四川大学
105	《四川师范大学学报（社会科学版）》	双月	四川师范大学
106	《苏州大学学报（哲学社会科学版）》	双月	苏州大学
107	《天津师范大学学报（社会科学版）》	双月	天津师范大学
108	《天津体育学院学报》	双月	天津体育学院
109	《同济大学学报（社会科学版）》	双月	同济大学
110	《外国语》	双月	上海外国语大学
111	《外交评论（外交学院学报）》	双月	外交学院
112	《外语教学与研究》	双月	北京外国语大学
113	《武汉大学学报（人文科学版）》	双月	武汉大学
114	《武汉大学学报（哲学社会科学版）》	双月	武汉大学
115	《武汉理工大学学报（社会科学版）》	双月	武汉理工大学
116	《武汉体育学院学报》	月刊	武汉体育学院
117	《西安交通大学学报（社会科学版）》	双月	西安交通大学
118	《西北大学学报（哲学社会科学版）》	双月	西北大学
119	《西北民族大学学报（哲学社会科学版）》	双月	西北民族大学
120	《西北师大学报（社会科学版）》	双月	西北师范大学
121	《西南大学学报（社会科学版）》	双月	西南大学
122	《西南民族大学学报（人文社会科学版）》	月刊	西南民族大学

续前表

序号	期刊名称	刊期	主办单位
123	《西南政法大学学报》	双月	西南政法大学
124	《戏剧（中央戏剧学院学报）》	双月	中央戏剧学院
125	《戏剧艺术（上海戏剧学院学报）》	双月	上海戏剧学院
126	《戏曲艺术》	季刊	中国戏曲学院
127	《厦门大学学报（哲学社会科学版）》	双月	厦门大学
128	《现代财经（天津财经大学学报）》	月刊	天津财经大学
129	《现代传播（中国传媒大学学报）》	月刊	中国传媒大学
130	《湘潭大学学报（哲学社会科学版）》	双月	湘潭大学
131	《新疆师范大学学报（哲学社会科学版）》	双月	新疆师范大学
132	《星海音乐学院学报》	季刊	星海音乐学院
133	《徐州工程学院学报（社会科学版）》	双月	徐州工程学院
134	《扬州大学学报（人文社会科学版）》	双月	扬州大学
135	《音乐艺术（上海音乐学院学报）》	季刊	上海音乐学院
136	《云南财经大学学报》	双月	云南财经大学
137	《云南大学学报（社会科学版）》	双月	云南大学
138	《云南民族大学学报（哲学社会科学版）》	双月	云南民族大学
139	《云南师范大学学报（哲学社会科学版）》	双月	云南师范大学
140	《浙江传媒学院学报》	双月	浙江传媒学院
141	《浙江大学学报（人文社会科学版）》	双月	浙江大学
142	《浙江工商大学学报》	双月	浙江工商大学
143	《浙江师范大学学报（社会科学版）》	双月	浙江师范大学
144	《郑州大学学报（哲学社会科学版）》	双月	郑州大学
145	《中国地质大学学报（社会科学版）》	双月	中国地质大学
146	《中国劳动关系学院学报》	双月	中国劳动关系学院
147	《中国农业大学学报（社会科学版）》	季刊	中国农业大学
148	《中国青年政治学院学报》	双月	中国青年政治学院
149	《中国人民大学学报》	双月	中国人民大学
150	《中国人民公安大学学报（社会科学版）》	双月	中国人民公安大学
151	《中国政法大学学报》	双月	中国政法大学
152	《中华女子学院学报》	双月	中华女子学院
153	《中南财经政法大学学报》	双月	中南财经政法大学
154	《中南大学学报（社会科学版）》	双月	中南大学
155	《中南民族大学学报（人文社会科学版）》	双月	中南民族大学
156	《中山大学学报（社会科学版）》	双月	中山大学
157	《中央财经大学学报》	月刊	中央财经大学
158	《中央民族大学学报（哲学社会科学版）》	双月	中央民族大学
159	《中央音乐学院学报》	季刊	中央音乐学院

第五节　社科院（联）主办综合性期刊名录（54 种）

（按期刊名称音序排列）

序号	期刊名称	刊期	主办单位
1	《北京社会科学》	月刊	北京市社会科学院
2	《城市观察》	双月	广州市社会科学界联合会
3	《重庆社会科学》	月刊	重庆社会科学院
4	《船山学刊》	季刊	湖南省社会科学界联合会
5	《东南学术》	双月	福建省社会科学界联合会
6	《东岳论丛》	月刊	山东社会科学院
7	《福建论坛（人文社会科学版）》	月刊	福建社会科学院
8	《改革》	月刊	重庆社会科学院
9	《甘肃社会科学》	双月	甘肃省社会科学院
10	《广东社会科学》	双月	广东省社会科学院
11	《贵州社会科学》	月刊	贵州省社会科学院
12	《河北学刊》	双月	河北省社会科学院
13	《河南社会科学》	月刊	河南省社会科学界联合会
14	《湖北社会科学》	月刊	湖北省社会科学界联合会，湖北省社会科学院
15	《湖南社会科学》	双月	湖南省社会科学界联合会
16	《江海学刊》	双月	江苏省社会科学院
17	《江汉论坛》	月刊	湖北省社会科学院
18	《江淮论坛》	双月	安徽省社会科学院
19	《江苏社会科学》	双月	江苏省哲学社会科学联合会
20	《江西社会科学》	月刊	江西省社会科学院
21	《晋阳学刊》	双月	山西省社会科学院
22	《开放时代》	双月	广州市社会科学院
23	《兰州学刊》	月刊	兰州市社会科学院，兰州市社会科学界联合会
24	《理论月刊》	月刊	湖北省社会科学界联合会
25	《美国研究》	双月	中国社会科学院美国研究所，中华美国学会
26	《南京社会科学》	月刊	南京市社会科学界联合会，南京市社会科学院
27	《南亚研究》	季刊	中国社会科学院亚太与全球战略研究院，中国南亚学会
28	《欧洲研究》	双月	中国社会科学院欧洲研究所
29	《人文杂志》	月刊	陕西省社会科学院
30	《日本学刊》	双月	中国社会科学院日本研究所，中华日本学会

续前表

序号	期刊名称	刊期	主办单位
31	《山东社会科学》	月刊	山东省社会科学界联合会
32	《社会科学》	月刊	上海社会科学院
33	《社会科学管理与评论》	季刊	中国社会科学院科研局
34	《社会科学辑刊》	双月	辽宁社会科学院
35	《社会科学论坛》	月刊	河北省社会科学界联合会
36	《社会科学研究》	双月	四川省社会科学院
37	《社会科学战线》	月刊	吉林省社会科学院
38	《台湾研究》	双月	中国社会科学院台湾研究所
39	《探索与争鸣》	月刊	上海市社会科学界联合会
40	《天府新论》	双月	四川省社会科学界联合会
41	《天津社会科学》	双月	天津社会科学院
42	《西藏研究》	双月	西藏社会科学院
43	《西亚非洲》	双月	中国社会科学院西亚非洲研究所
44	《学海》	双月	江苏省社会科学院
45	《学术界》	月刊	安徽省社会科学界联合会
46	《学术研究》	月刊	广东省社会科学界联合会
47	《学术月刊》	月刊	上海市社会科学界联合会
48	《学习与实践》	月刊	武汉市社会科学院
49	《学习与探索》	月刊	黑龙江省社会科学院
50	《浙江社会科学》	月刊	浙江省社会科学界联合会
51	《浙江学刊》	双月	浙江省社会科学院
52	《中国社会科学》	月刊	中国社会科学院
53	《中国社会科学院研究生院学报》	双月	中国社会科学院研究生院
54	《中州学刊》	月刊	河南省社会科学院

第六节　党政干部院校主办学报名录（31 种）

（按期刊名称音序排列）

序号	期刊名称	刊期	主办单位
1	《北京行政学院学报》	双月	北京行政学院
2	《长白学刊》	双月	中共吉林省委党校
3	《党史研究与教学》	双月	中共福建省委党校
4	《党政研究（原中共四川省委省级机关党校学报）》	双月	中共四川省委省级机关党校
5	《甘肃理论学刊》	双月	中共甘肃省委党校
6	《甘肃行政学院学报》	双月	甘肃行政学院
7	《国家行政学院学报》	双月	国家行政学院
8	《湖北行政学院学报》	双月	中共湖北省委党校，湖北省行政学院

续前表

序号	期刊名称	刊期	主办单位
9	《湖湘论坛》	双月	中共湖南省委党校
10	《江苏行政学院学报》	双月	江苏省行政学院
11	《理论探索》	双月	中共山西省委党校，山西行政学院
12	《理论探讨》	双月	中共黑龙江省委党校
13	《理论学刊》	月刊	中共山东省委党校
14	《理论与改革》	双月	中共四川省委党校
15	《上海行政学院学报》	双月	上海行政学院
16	《探索》	双月	中共重庆市委党校
17	《天津行政学院学报》	双月	天津行政学院
18	《新视野》	双月	中共北京市委党校，北京行政学院
19	《行政论坛》	双月	黑龙江省行政学院
20	《学习论坛》	月刊	中共河南省委党校，河南行政学院
21	《中共福建省委党校学报》	月刊	中共福建省委党校
22	《中共杭州市委党校学报》	双月	中共杭州市委党校，杭州行政学院
23	《中共宁波市委党校学报》	双月	中共宁波市委党校，宁波市行政学院，宁波市社会主义学院
24	《中共天津市委党校学报》	双月	中共天津市委党校
25	《中共浙江省委党校学报》	双月	中共浙江省委党校，浙江行政学院
26	《中共中央党校学报》	双月	中共中央党校
27	《中国党政干部论坛》	月刊	中共中央党校
28	《中国井冈山干部学院学报》	双月	中国井冈山干部学院
29	《中国浦东干部学院学报》	双月	中国浦东干部学院
30	《中国延安干部学院学报》	双月	中国延安干部学院
31	《中央社会主义学院学报》	双月	中央社会主义学院

图书在版编目（CIP）数据

中国人民大学复印报刊资料转载指数排名研究报告 2015 / 武宝瑞主编 . —北京：中国人民大学出版社，2015. 10

（中国人民大学研究报告系列）

ISBN 978-7-300-22038-3

Ⅰ. ①中… Ⅱ. ①武… Ⅲ. ①社会科学-文献分析-研究报告-中国- 2015 Ⅳ. ①G353. 1

中国版本图书馆 CIP 数据核字（2015）第 251305 号

中国人民大学研究报告系列

中国人民大学复印报刊资料转载指数排名研究报告 2015

主编　武宝瑞

Zhongguo Renmin Daxue Fuyin Baokan Ziliao Zhuanzai Zhishu Paiming Yanjiu Baogao 2015

出版发行	中国人民大学出版社		
社　　址	北京中关村大街 31 号	**邮政编码**	100080
电　　话	010－62511242（总编室）		010－62511770（质管部）
	010－82501766（邮购部）		010－62514148（门市部）
	010－62515195（发行公司）		010－62515275（盗版举报）
网　　址	http://www. crup. com. cn		
	http://www. ttrnet. com(人大教研网)		
经　　销	新华书店		
印　　刷	北京易丰印捷科技股份有限公司		
规　　格	185 mm×260 mm　16 开本	**版　　次**	2015 年 10 月第 1 版
印　　张	15 插页 1	**印　　次**	2015 年 10 月第 1 次印刷
字　　数	314 000	**定　　价**	32.00 元
